Wissenschaftliche Taschenbücher WTB

Mathematik · Physik

A. R. Kessel

Akustische Kernresonanz

Akademie-Verlag · Berlin

WTB Wissenschaftliche Taschenbücher

ROLF BORSDORF / MANFRED SCHOLZ
Spektroskopische Methoden in der organischen Chemie

WERNER HABERDITZL
Magnetochemie

GERHARD HEBER
Mathematische Hilfsmittel der Physik, Teil I und II

A. A. SOKOLOW
Elementarteilchen

HEINZ AHRENS
Varianzanalyse

HANS-JÜRGEN TREDER
Relativität und Kosmos
Raum und Zeit in der Physik, Astronomie und Kosmologie

ALBERT EINSTEIN
Grundzüge der Relativitätstheorie

ALBERT EINSTEIN
Über die spezielle und die allgemeine Relativitätstheorie

GÜNTHER LUDWIG
Wellenmechanik. Einführung und Originaltexte

HARRY PAUL
Lasertheorie, Teil I und II

FRANZ RUDOLF KESSLER
Einführung in die physikalischen Grundlagen der Kernenergiegewinnung

EBERHARD TEUSCHER
Pharmakognosie, Teil I und II

D. TER HAAR
Quantentheorie. Einführung und Originaltexte

J. H. SANDERS
Die Lichtgeschwindigkeit. Einführung und Originaltexte

JEAN KUNTZMANN
Unendliche Reihen
Mathematische Hilfsmittel der Physik und Chemie
Mit 94 Übungen und 29 Aufgaben

JEAN KUNTZMANN
Systeme von Differentialgleichungen
Mathematische Hilfsmittel der Physik und Chemie
Mit 88 Übungen und 40 Aufgaben

JEAN KUNTZMANN
Komplexe Veränderliche
Mathematische Hilfsmittel der Physik und Chemie
Mit 90 Übungen und 37 Aufgaben

FERDINAND CAP
Einführung in die Plasmaphysik
I. Theoretische Grundlagen

FERDINAND CAP
Einführung in die Plasmaphysik
II. Wellen und Instabilität

FERDINAND CAP
Einführung in die Plasmaphysik
III. Magnetohydrodynamik

J. A. ROSANOW
Wahrscheinlichkeitstheorie

HARRY PFEIFER
Theorie linearer Bauelemente
Elektronik für den Physiker I

HARRY PFEIFER
Die Elektronenröhre
Elektronik für den Physiker II

HARRY PFEIFER
Schaltungen mit Elektronenröhren
Elektronik für den Physiker III

HARRY PFEIFER
Leitungen und Antennen
Elektronik für den Physiker IV

HARRY PFEIFER
Mikrowellenelektronik
Elektronik für den Physiker V

HARRY PFEIFER
Halbleiterelektronik
Elektronik für den Physiker VI

SIEGFRIED HAUPTMANN
Über den Ablauf organisch-chemischer Reaktionen

GERHARD HÜBNER / KLAUS JUNG / ECKART WINKLER
Die Rolle des Wassers in biologischen Systemen

STEPHEN G. BRUSH
Kinetische Theorie, Teil I und II
Einführung und Originaltexte

EBERHARD HOFMANN
Eiweiße und Nucleinsäuren als biologische Makromoleküle
Dynamische Biochemie, Teil I

EBERHARD HOFMANN
Enzyme und energieliefernde Stoffwechselreaktionen
Dynamische Biochemie, Teil II

EBERHARD HOFMANN
Intermediärstoffwechsel
Dynamische Biochemie, Teil III

EBERHARD HOFMANN
Grundlagen der Molekularbiologie und Regulation des Zellstoffwechsels
Dynamische Biochemie, Teil IV

HERBERT GOERING
Elementare Methoden zur Lösung von Differentialgleichungsproblemen

PETER KRUMBIEGEL
Isotopieeffekte

D. M. BRINK
Kernkräfte. Einführung und Originaltexte

DIETER ONKEN
Steroide
Zur Chemie und Anwendung

HEINZ GEILER
Ökologie der Land- und Süßwassertiere

ARTHUR P. CRACKNELL
Angewandte Gruppentheorie
Einführung und Originaltexte

DIETER KLAUA
Elementare Axiome der Mengenlehre

GÜNTER TEMBROCK
Grundlagen der Tierpsychologie

J. P. VINSON
Optische Kohärenz in der klassischen Theorie und in der Quantentheorie

W. R. HINDMARSH
Atomspektren. Einführung und Originaltexte

GÜNTER TEMBROCK
Biokommunikation
Informationsübertragung im biologischen Bereich
Teil I und II

ADOLF ZSCHUNKE
Kernmagnetische Resonanzspektroskopie in der organischen Chemie

DIETER MERKEL
Riechstoffe

JOHN CUNNINGHAM
Vektoren

GEORG DAUTCOURT
Relativistische Astrophysik

ERNST SCHMUTZER
Symmetrien und Erhaltungssätze der Physik

GERHARD LERCH
Pflanzenökologie

MICHAEL GÖSSEL
Angewandte Automatentheorie, Band I
Grundbegriffe

MICHAEL GÖSSEL
Angewandte Automatentheorie, Band II
Lineare Automaten und Schieberegister

HEINRICH KINDLER
Der Regelkreis. Eine Einführung

HARRY PAUL
Nichtlineare Optik, Teil I und II

WOLFRAM BRAUER/HANS-WALDEMAR STREITWOLF
Theoretische Grundlagen der Halbleiterphysik

HANS BANDEMER / ANDREAS BELLMANN
WOLFHART JUNG / KLAUS RICHTER
Optimale Versuchsplanung

DIETRICH BENDER/ERNST-EGON PIPPIG
Einheiten, Maßsysteme, SI

HELMUT FRIEMEL / JOSEF BROCK
Einführung in die Immunologie

E. G. GOLSTEIN
Konvexe Optimierung

A. R. KESSEL
Akustische Kernresonanz

Vorschau auf die nächsten Bände:

R. A. R. TRICKER
Frühe Elektrodynamik

WTB

BAND 51

A. R. Kessel

Akustische Kernresonanz

Mit 30 Abbildungen und 5 Tabellen

AKADEMIE-VERLAG · BERLIN

Reihe MATHEMATIK UND PHYSIK

Herausgeber:
Prof. Dr. rer. nat. habil. G. Heber, Dresden
Prof. Dr. phil. habil. W. Holzmüller, Leipzig
Prof. Dr. phil. habil. A. Lösche, Leipzig
Prof. Dr. phil. habil. H. Reichardt, Berlin
Prof. Dr. phil. habil. K. Schröder, Berlin
Prof. Dr. phil. habil. K. Schröter, Berlin
Prof. Dr. rer. nat. habil. H.-J. Treder, Potsdam

Übersetzung aus dem Russischen und Bearbeitung der deutschen Ausgabe:

Dr. Werner Burkersrode
Dr. Siegbert Grande
Dr. Heinz Schulze

Titel der Originalausgabe:
А. Р. Кессель, Ядерный акустический резонанс
Verlag Nauka, Moskau

1973

Lizenznummer: 202 · 100/557/73
Herstellung: VEB Druckhaus „Maxim Gorki", 74 Altenburg
Bestellnummer: 761 538 7 (7051) · ES 18 B 1, 18 B 5
Printed in German Democratic Republic

Vorwort zur deutschen Ausgabe

Mit diesem Buch wird dem deutschen Leser die erste zusammenfassende Darstellung über das Gesamtgebiet der akustischen Kernresonanz in Festkörpern vorgelegt. Die akustische Resonanz ist ein Teilgebiet der Hochfrequenzspektroskopie. Sie ist besonders geeignet zur Untersuchung der Spin-Phonon-Wechselwirkung in Festkörpern.

Der Autor gibt im vorliegenden Buch eine ausführliche und klare Darstellung der theoretischen Grundlagen der akustischen Kernresonanz sowie einen Überblick über die experimentelle Technik und die bisher gewonnenen Ergebnisse. Dieses Taschenbuch stellt daher eine wertvolle Ergänzung zu der auf dem Gebiet der Hochfrequenzspektroskopie erschienenen Literatur dar. Die theoretische Behandlung geschieht so ausführlich, daß zum Verständnis des Buches nur die allgemeinen Grundlagen der Quantenmechanik und der Hochfrequenzspektroskopie bekannt sein müssen. Deshalb ist das Buch für Physiker und Physikstudenten höherer Studienjahre, die sich mit dem Gebiet der akustischen Kernresonanz vertraut machen wollen, zu empfehlen.

Bei der Übersetzung wurden einige vom Autor dankenswerterweise durchgeführte Abänderungen und Berichtigungen berücksichtigt.

Inhaltsverzeichnis

Vorwort

Der Plan für dieses Buch entstand im Jahre 1966, als ich vom Organisationskomitee der „Konferenz über neue Richtungen in der Akustik“ (Leningrad 1966) eingeladen wurde, einen Vortrag über die Theorie und experimentellen Resultate auf dem Gebiet der akustischen Kernresonanz (NAR) zu halten. Seit ALTSCHULER und KASTLER die Idee der akustischen Resonanz äußerten, wurden auf diesem Gebiet in den vergangenen Jahren mehr als hundert theoretische und experimentelle Untersuchungen durchgeführt.

In den letzten Jahren vergrößerte sich die Zahl der Forschungsgruppen, die sich mit der NAR beschäftigen, und erweiterte sich die Thematik ihrer Untersuchungen. Die akustische Resonanz ist jetzt ein selbständiges Wissenschaftsgebiet mit eigenen Untersuchungsmethoden und Aufgaben.

Die experimentellen Methoden der akustischen Resonanz sind wahrscheinlich die genauesten und geeignetsten für das detaillierte Studium der Wechselwirkung der Gitterschwingungen mit anderen Untersystemen in Festkörpern. Insbesondere wurde schon viel interessantes Material über die Natur der Spin-Phonon-Wechselwirkungsmechanismen in verschiedenen Arten von Elektronen- und Kernparamagnetika erhalten. Mittels der akustischen Resonanz wurden einige außerordentlich interessante Versuche durchgeführt, die eine Reihe neuer physikalischer Resultate allgemeinen Charakters gaben (Abschn. 7).

Um sich eine genügend vollständige Vorstellung über die NAR durch Artikel, die in großer Zahl in physikalischen Zeitschriften publiziert wurden, zu verschaffen, muß man zur Zeit viel Mühe aufwenden. Deshalb entstand das Bedürfnis, diese Resultate in Form einer Monographie darzulegen. Wie mir bekannt ist, ist dieses Buch der erste Versuch dieser Art, bei dem die grundlegenden theoretischen und experimentellen Resultate auf dem Gebiet der NAR, die bis Ende 1967 publiziert wurden, dargelegt sind.

Die akustische Resonanz beobachtet man in der Regel an einer Gruppe von Energieniveaus, die bisher mit Methoden der magnetischen Resonanz untersucht wurden. Somit fallen die Aufgaben, wie die Aufnahme der Spektren, die Ursache der Linienverbreiterung, die Mechanismen der Einstellung des thermischen Gleichgewichts zwischen den Niveaus, in beiden Fällen zusammen. Alle diese Fragen wurden genügend gut und vollständig in der Theorie der magnetischen Resonanz behandelt.

Zur Vollständigkeit der Darstellung und zur Bequemlichkeit des Lesers werden solche Fragen im vorliegenden Buch behandelt. Jedoch werden sie nach Möglichkeit vereinfacht dargelegt und nur mit den wichtigsten Beispielen illustriert. In allen Fällen wird auf die Literatur verwiesen, in der sie ausführlicher betrachtet werden. Die Fragen, die die akustische Resonanz betreffen, werden ausführlich behandelt.

Im gesamten Buch werden die akustischen Schwingungen mit klassischen Methoden beschrieben, weil die akustische Resonanz mit genügend intensiven Phononenströmen arbeitet, d. h., die Zahl der Phononen ist darin so groß, daß man Quanteneffekte vernachlässigen kann. Im Unterschied dazu wird das Spinsystem mit quantenmechanischen Methoden entsprechend der logischen Notwendigkeit und Tradition beschrieben, die sich in der magnetischen Resonanz ergab. Die klassischen Modelle der magnetischen Resonanzprozesse fanden keine weitere Verbreitung, trotz ihrer großen Anschaulichkeit. Das liegt daran, daß sie nur für relativ einfache Fälle entwickelt werden können. Oft zeigt es sich dabei, daß es anfangs einfacher ist, die quantenmechanische Lösung zu erhalten und danach das klassische Modell auszudenken. Aus diesem Grunde ist z. B. im Buch nicht die aus dem allgemeinen Zusammenhang herausfallende Arbeit [11] enthalten (siehe Literaturverzeichnis der Einführung), in der die klassische Behandlung der Theorie der akustischen Resonanz entwickelt ist.

Der größere Teil des Buches kann Personen empfohlen werden, die Grundkenntnisse auf dem Gebiet der Quantenmechanik und Festkörperphysik besitzen. Eine Ausnahme bildet Abschnitt 4, zu dessen Verständnis man einige Spezialkenntnisse der Quantentheorie des Festkörpers und der Theorie irreversibler Prozesse benötigt.

Ich halte es für meine angenehme Pflicht, W. A. Golenistschew-Kutusow, U. C. Kopwillem, I. W. Owzinnikow und W. A. Schutilow zu danken für die Durchsicht einzelner Teile des Manuskriptes dieses Buches und für eine Vielzahl von wertvollen Ratschlägen und Bemerkungen.

Dezember 1967 A. R. Kessel

Einführung

§ 1. Akustische Kernresonanz

Als akustische Kernresonanz (NAR — Nuclear Acoustic Resonance) bezeichnet man gewöhnlich die Gesamtheit der Erscheinungen, die mit der akustischen Anregung von Übergängen zwischen Energieniveaus, die durch die unterschiedliche Einstellung von Kernen in konstanten magnetischen und elektrischen Feldern hervorgerufen werden und deren Abstand gleich den Energiequanten der akustischen Schwingungen ist, verbunden sind.

Die akustische Resonanz (AR) — Kern- und Elektronenresonanz — entstand unter dem Einfluß der intensiven Entwicklung der magnetischen Resonanz (MR) und ist das Analogon zu dieser. Eine Anfangsvorstellung über die AR kann man aus dem qualitativen Bild der magnetischen Resonanz erhalten, wenn man die Quanten der akustischen Schwingungen — Phononen — an Stelle der Quanten des äußeren elektromagnetischen Feldes — Photonen — einfügt. Es ist charakteristisch, daß die Frage nach der AR schon bald nach der Entdeckung der MR von J. K. Sawoiski gestellt wurde.

Die ersten Arbeiten, die sich mit der akustischen Resonanz befaßten und den Wechselwirkungsmechanismus des Schalls mit den paramagnetischen Teilchen aufzeigten, wurden 1952 unabhängig von S. A. Altschuler [1] und A. Kastler [2] veröffentlicht. In den folgenden Arbeiten führte Altschuler [3] quantenmechanische Berechnungen der Größen der Absorptionskoeffizienten für verschiedene Arten von Elektronenparamagnetika durch und gab eine grobe Abschätzung des Effektes für Kerne.

Der erste experimentelle Nachweis der AR gelang 1955 Proctor und Tanttila [4], die mit Ultraschall der

Frequenz $\nu \approx 30$ MHz die Linie der Cl^{35}-Kernquadrupolresonanz im $NaClO_3$-Einkristall sättigten. Vier Jahre danach beobachteten JACOBSON, SHIREN und TUCKER [5] die akustische Elektronenresonanz an F-Zentren in Quarz.

Es ist keineswegs zufällig, daß die AR zuerst an Kernen nachgewiesen wurde, obwohl die Größe des Effektes in Elektronenparamagnetika um einige Größenordnungen höher ist [3, 6]. Das wird durch die Schwierigkeiten bei der Erzeugung von Hyperschall der Frequenzen von 10^3-10^4 MHz und dessen Einführung in die Probe erklärt. Für die Elektronenresonanz sind derartig hohe Frequenzen notwendig, während für die Kernresonanz Frequenzen im Gebiet von 1—100 MHz ausreichend sind.

Die Energie der Wechselwirkung der Kerne mit den elektrischen Feldern des Kristallgitters und den äußeren konstanten Magnetfeldern von einigen Kilooersted liegt in diesem Frequenzbereich. Die physikalische Natur dieser Wechselwirkungen wird im folgenden Paragraphen behandelt. Hier soll nur bemerkt werden, daß es sich um Energieniveaus handelt, die mit den Orientierungen eines nichtsphärischen Kernes in bezug zum äußeren Magnetfeld und Kristallgitter in Zusammenhang stehen. (Die Energie der COULOMB-Wechselwirkung der Kernladung mit den umgebenden Ladungen, die nur von der Entfernung zwischen den Ladungen abhängt, aber nicht von der Kernorientierung, fällt in den Bereich der Röntgenstrahlung und des sichtbaren Lichtes.)

Zur Beobachtung der AR-Absorption wird in die Probe Ultraschall eingeführt, dessen Frequenz ν mit der Energiedifferenz zwischen einem beliebigen Paar von Niveaus E und E' der untersuchten Teilchen zusammenfällt: $h\nu = |E - E'|$ (h — PLANCKsche Konstante). Die akustischen Schwingungen führen zur Bewegung der vorhandenen elektrischen Ladungen und magnetischen Dipole, wodurch ein elektromagnetisches Wechselfeld der Frequenz ν erzeugt wird. Es ruft Übergänge der untersuchten Teilchen vom Niveau E zum Niveau E'

und in umgekehrter Richtung hervor, wobei die durch den Schall induzierte Übergangswahrscheinlichkeit W (wie auch bei beliebigen induzierten Übergängen) des einzelnen Kernes nicht von der Richtung des Überganges abhängt: $W_{E \to E'} = W_{E' \to E}$.

Die resultierende Absorption der akustischen Energie in der Materie erfolgt, da sich normalerweise auf den unteren Energieniveaus mehr Teilchen befinden als auf den oberen, und die Zahl der Übergänge nach oben übertrifft somit die Zahl der Übergänge in der umgekehrten Richtung. Dabei entsteht die Tendenz zum Ausgleich der Besetzungszahlen der Niveaus E und E' und folglich zum Verschwinden der Absorption. Den vollständigen Ausgleich der Besetzungszahlen verhindern aber die Relaxationsprozesse, die eine Gleichgewichtsverteilung auf den Energieniveaus, die der Gittertemperatur entspricht, anstreben. Unter dem Einfluß dieser beiden in entgegengesetzter Richtung wirkenden Prozesse stellt sich eine stationäre AR-Absorption ein, bei der die Besetzungszahldifferenz der Niveaus E und E' unverändert bleibt (und nicht der Gittertemperatur entspricht), wobei die gesamte absorbierte akustische Energie an das Gitter übergeht, das dabei die Rolle des „Thermostaten" spielt.

Diese Absorption zeigt sich als kaum merkbarer Zusatz zur resonanzunabhängigen Energiedissipation in dem Moment, wenn die Frequenz der akustischen Schwingungen durch die Resonanz geht. Der Resonanzdurchgang wird gewöhnlich durch langsame Modulation des Magnetfeldes, die periodische Änderungen des Abstandes zwischen den Energieniveaus hervorruft, bewirkt.

Zur Beobachtung der NAR-Absorption wurde von Bolef und Menes [7] ein Spezialspektrometer entwickelt. Es gelang ihnen damit, die Empfindlichkeit eines NMR-Spektrometers mit den notwendigen Elementen der akustischen Technik zu verbinden. Dieses Spektrometer erlaubt es, zuverlässig NAR-Absorptionskoeffizienten der Größenordnung von 10^{-9} cm^{-1} zu messen.

Eine andere (indirekte) Methode des AR-Nachweises besteht in der Beobachtung der Änderungen der MR-Kurven, die durch die akustischen Schwingungen der Resonanzfrequenz verursacht werden. Infolge der relativen Einfachheit dieser Methode fanden ihre verschiedenen Varianten breite Anwendung bei den Untersuchungen. Insbesondere wurde gerade mit dieser Methode zum ersten Male die AR nachgewiesen.

Auf der Grundlage der auf dem Gebiet der AR angesammelten Erfahrungen kann man schon jetzt schließen, daß infolge der Schwierigkeiten bei der Erzeugung von intensiven Schallströmen hoher Frequenzen in den Proben die AR eine nicht so universelle Methode zur Untersuchung mikroskopischer Eigenschaften in Festkörpern werden kann, wie das die MR ist. Trotzdem wurden mit den experimentellen AR-Methoden schon Untersuchungen an einer Reihe von Stoffen durchgeführt (an Kernen in Ionenkristallen, Antiferromagnetika, an F-Zentren und paramagnetischen Atomen in Ionenkristallen usw.). Die damit erhaltenen Informationen betreffen nicht nur die Natur der Wechselwirkung der untersuchten Teilchen mit dem Schall, sondern auch solche Stoffeigenschaften, wie die Zahl der Versetzungen, die Relaxationsmechanismen, die Natur der chemischen Bindung der Atome usw.

Es ist nützlich, AR- und MR-Messungen zu verbinden. In diesem Fall erhält der Experimentator gewöhnlich drei Resonanzkurven, von denen zwei AR-Kurven sind, die weniger „strenge“ Auswahlregeln für Spinübergänge als die MR besitzen.

Die AR-Methoden bieten gute Möglichkeiten zur Untersuchung von Metallen und Supraleitern. In diesen Stoffen entfallen für die akustischen Methoden die mit dem Skin-Effekt in Zusammenhang stehenden Schwierigkeiten, und somit ist auch eine Untersuchung massiver Proben möglich.

Das Niveau der experimentellen AR-Untersuchungen wird durch den Entwicklungsstand der akustischen Technik bestimmt. Ihrerseits hat die Entwicklung der experimentellen AR-Methoden wiederum Einfluß auf die akustische Technik. In den letzten Jahren bewirkten die Bedürfnisse der AR einen merklichen Fortschritt bei der Erzeugung und Übertragung von Schall hoher Frequenzen (Hyperschall) in festen Proben sowie in der akustischen Meßtechnik bei Heliumtemperaturen. Beispielsweise gelang es einer Gruppe, die sich mit der AR beschäftigt, Hyperschall ($\nu \approx 10^{10}$ Hz) bei Zimmertemperatur durch Anregung eines piezoelektrischen Kristalls ($LiNbO_3$) durch starke Höchstfrequenzimpulse zu erzeugen [8].

§ 2. Wechselwirkung der Kerne mit elektrischen und magnetischen Feldern

Die Kernabmessungen sind in kondensierten Medien zehntausend Mal kleiner als die Abstände zwischen ihnen, deshalb kann die Wechselwirkung des Kernes mit der Umgebung als Wechselwirkung seiner elektrischen und magnetischen Multipolmomente angesehen werden. Es wurde schon bemerkt, daß die Energie der Coulomb-Wechselwirkung der Kernladung mit den umgebenden Ladungen im optischen Bereich liegt und folglich für die akustische Resonanz unzugänglich ist. Außerdem folgt aus der Kerntheorie auf der Grundlage der Erhaltung der Parität der elektromagnetischen Wechselwirkungen, daß das elektrische Dipolmoment und magnetische Quadrupolmoment des Kernes Null sind. Andererseits zeigen die Abschätzungen, daß die Wechselwirkung der Kernmultipolmomente höherer als zweiter Ordnung mit den elektromagnetischen Feldern, die in den kondensierten Medien existieren, sehr klein ist (siehe § 35). Deshalb ist nur die Wechselwirkungsenergie des magnetischen Dipolmomentes μ des Kernes mit dem magnetischen Feld $\boldsymbol{H}$ und seines Quadrupolmomentes $\overleftrightarrow{\boldsymbol{D}}$ mit dem elektrischen Feldgradienten $\overleftrightarrow{\nabla E}$ von Interesse:

$$\hat{\mathscr{H}} = \hat{\mu}\boldsymbol{H} + \overleftrightarrow{\boldsymbol{D}}\overleftrightarrow{\nabla \boldsymbol{E}} \tag{2.1}$$

(die Komponentenschreibweise der Tensoren $\overleftrightarrow{\boldsymbol{D}}$ und $\overleftrightarrow{\nabla \boldsymbol{E}}$ wird weiter unten gegeben). Die Formel (2.1) ist die allgemeinste Gleichung der Kernresonanz für die Energie eines Kernes.

Die Quellen des elektrischen und magnetischen Feldes können dabei die allerverschiedensten sein: äußere konstante und veränderliche Felder, die elektrischen Felder des Kristallgitters, magnetische Felder paramagnetischer Verunreinigungen usw.

Eine wichtige Kerneigenschaft ist die Größe seines Spins $\hat{\boldsymbol{I}}$. Das magnetische Dipolmoment des Kernes $\hat{\mu}$ ist mit seinem Drehimpuls $\hbar\hat{\boldsymbol{I}}$ (und dadurch mit dem Spinvektor $\hat{\boldsymbol{I}}$) durch das gyromagnetische Verhältnis γ_n verbunden:

$$\hat{\mu} = \gamma_n \hbar \hat{\boldsymbol{I}}, \tag{2.2}$$

wobei $\hbar = h/2\pi$ ist. Folglich ist die Wechselwirkungsenergie des Kernes mit dem magnetischen Feld gleich

$$\hat{\mathscr{H}}_{\mathrm{M}} = -\gamma_n \hbar \hat{\boldsymbol{I}} \boldsymbol{H}. \tag{2.3}$$

Kerne mit einem Spin $I > 1/2$ besitzen ein elektrisches Quadrupolmoment, das ein Maß für die Abweichung der Kernladungsverteilung von der kugelsymmetrischen Form ist. Weil diese Abweichung in bestimmter Weise mit dem inneren Drehimpuls des Kernes $\hbar\hat{\boldsymbol{I}}$ verbunden ist, können die Tensorkomponenten des elektrischen Quadrupolmomentes $D_{q=0,\pm1,\pm2}$ durch die Komponenten des Spinvektors $I_{\alpha=x,y,z}$ ausgedrückt werden. Diese Verbindung kann mit Hilfe gruppentheoretischer Beziehungen hergestellt werden und hat die Form [9, 10]

$$D_q = \mathscr{A}\hat{Q}_{2,q}, \quad \mathscr{A} = eQ/[2I(2I-1)], \tag{2.4}$$

$$\hat{Q}_{2,0} = 3\hat{I}_z^2 - I(I+1), \quad \hat{Q}_{2,\pm2} = \sqrt{3/2}\,\hat{I}_\pm^2,$$

$$\hat{Q}_{2,\pm1} = \mp\sqrt{3/2}\,(\hat{I}_\pm\hat{I}_z + \hat{I}_z\hat{I}_\pm), \quad \hat{I}_\pm = \hat{I}_x \pm i\hat{I}_y,$$

wobei e die Elektronenladung und Q das Kernquadrupolmoment sind. Es wird durch den Ausdruck

$$Q = \langle \psi_{I_z=I} \mid 3z^2 - r^2 \mid \psi_{I_z=I} \rangle = \int |\psi_{I_z=I}|^2 (3z^2 - r^2) dV$$

definiert. $\psi_{I_z=I}$ ($|\psi_{I_z=I}|^2$) ist die Wellenfunktion (Ladungsverteilungsdichte im Kern) für den Zustand, bei dem die z-Komponente des Kernspins gleich I ist; die Integration erfolgt über das Kernvolumen.

Gewöhnlich wird das Kernquadrupolmoment durch den Ausdruck

$$\hat{Q}_{ij} = \frac{eQ}{I(2I-1)} \left[3 \frac{(\hat{\boldsymbol{I}})_i (\hat{\boldsymbol{I}})_j + (\hat{\boldsymbol{I}})_j (\hat{\boldsymbol{I}})_i}{2} - \delta_{ij} \hat{\boldsymbol{I}}^2 \right]$$

eingeführt, wobei $\hat{Q}_{ij}$ die Tensorkomponenten des Quadrupolmomentes $\hat{Q}_{xx}, Q_{xy}, \ldots$ $(i, j = x, y, z)$ sind. Weil die Komponenten von $\boldsymbol{r}$ miteinander kommutieren, wird

$$\hat{Q}_{xy} = \hat{Q}_{yx} \quad \text{usw.}$$

Außerdem ist $\operatorname{Sp} \hat{Q}_{ij} = 0$, d. h.

$$\hat{Q}_{xx} + \hat{Q}_{yy} + \hat{Q}_{zz} = 0 .$$

Auf diese Weise enthält der Tensor des Quadrupolmomentes fünf unabhängige Komponenten (in unseren Bezeichnungen $q = 0, 1, -1, 2, -2$; siehe Formel (2.4)).

Die entsprechenden Komponenten des Tensors des elektrischen Feldgradienten sind

$$\nabla E_0 = \frac{1}{2} V_{zz} = \frac{1}{2} \frac{\partial E_z}{\partial z}, \tag{2.5}$$

$$\nabla E_{\pm 1} = \pm \frac{1}{\sqrt{6}} [V_{zx} \pm i V_{zy}],$$

$$\nabla E_{\pm 2} = \frac{1}{2\sqrt{6}} [V_{xx} - V_{yy} \pm i 2 V_{zz}]$$

$$= \frac{1}{2\sqrt{6}} \left[\frac{\partial E_x}{\partial x} - \frac{\partial E_y}{\partial y} \pm i \left(\frac{\partial E_x}{\partial y} + \frac{\partial E_y}{\partial x} \right) \right],$$

$V_{xy} = \partial^2 V/\partial x\, \partial y$, und $V(x, y, z)$ ist das Potential des elektrischen Feldes, das durch umgebende Ladungen am Kernort erzeugt wird.

Die Wechselwirkungsenergie des Kernes mit dem elektrischen Feld wird durch die Komponenten der Tensoren $\overleftrightarrow{\boldsymbol{D}}$ und $\overleftrightarrow{\nabla \boldsymbol{E}}$ in folgender Weise ausgedrückt:

$$\hat{\mathscr{H}}_E = \mathscr{A} \sum_{q=-2}^{2} (-1)^q \hat{Q}_q \nabla E_{-q}. \tag{2.6}$$

Die elektrischen und magnetischen Felder, die in (2.1) und den folgenden Formeln eingeführt wurden, können vorteilhaft entsprechend ihrer Rolle bei den Resonanzprozessen in vier Gruppen eingeteilt werden:

$$\boldsymbol{E} = \boldsymbol{E}_0 + \boldsymbol{E}_t + \boldsymbol{E}(t) + \boldsymbol{E}', \tag{2.7}$$

$$\boldsymbol{H} = \boldsymbol{H}_0 + \boldsymbol{H}_t + \boldsymbol{H}(t) + \boldsymbol{H}'. \tag{2.8}$$

Unter $\boldsymbol{E}_0$ und $\boldsymbol{H}_0$ verstehen wir die in der gesamten Probe konstanten elektrischen und magnetischen Felder, die im Gitter vorhanden sind oder von außen angelegt werden. Die Wechselwirkung dieser Felder mit den Kernen erzeugt unendlich schmale Energieniveaus, zwischen denen man die Resonanz beobachtet. Diese Niveaus können mit Hilfe der Kernspinquantenzahlen gekennzeichnet werden, und man bezeichnet sie deshalb als Spinniveaus. Es ist üblich, ins Spinsystem alle die Variablen der Kerne der Probe einzubeziehen, die ihre Orientierung bestimmen.

$\boldsymbol{E}_t$ und $\boldsymbol{H}_t$ sind die äußeren Hochfrequenzwechselfelder. Im Fall der akustischen Resonanz läßt man auf die Probe Ultraschall der entsprechenden Frequenz einwirken. Die akustischen Schwingungen erzeugen eine periodische Bewegung der Ladungen und magnetischen Momente der Probe, und folglich induzieren sie Wechselfelder ($\boldsymbol{E}_t$ und $\boldsymbol{H}_t$) der gleichen Frequenz. Diese Felder spielen die Rolle der äußeren Wechselfelder.

Die zeitabhängigen Glieder $\boldsymbol{E}(t)$ und $\boldsymbol{H}(t)$ kennzeichnen die Abweichungen der elektrischen und magnetischen Felder von den Mittelwerten $\boldsymbol{E}_0$ und $\boldsymbol{H}_0$. Sie werden durch die Wärmebewegung hervorgerufen ($\boldsymbol{E}(t)$ und $\boldsymbol{H}(t)$ können von Null verschieden sein, selbst wenn $\boldsymbol{E}_0$ und $\boldsymbol{H}_0$ Null sind). Die Felder $\boldsymbol{E}(t)$ und $\boldsymbol{H}(t)$ sind die Ursache der Spin-Gitter-Relaxation, d. h. des Prozesses, der für die Einstellung der Gleichgewichtsverteilung der Kernspins in der Probe auf die einzelnen Spinniveaus entsprechend der Gittertemperatur verantwortlich ist. Mit anderen Worten, durch diese Felder kommt das Kernspinsystem in sein thermodynamisches Gleichgewicht, aus dem es durch äußere Wechselfelder oder durch adiabatisch schnelle Änderung der thermodynamischen Parameter herausgeführt werden kann. Dabei tauscht das Spinsystem die Energie mit dem Gitter aus, das bis zu sehr tiefen Temperaturen ($T \ll 1$ K) als Thermostat wirkt.

Schließlich bezeichnen $\boldsymbol{E}'$ und $\boldsymbol{H}'$ die Verteilung der statischen lokalen elektrischen und magnetischen Felder in der Nähe der verschiedenartigen paramagnetischen Teilchen der Probe, aber auch an Kristallfeldstörstellen (Versetzungen, Verunreinigungen usw.). Die Mittelwerte von $\boldsymbol{E}'$ und $\boldsymbol{H}'$ über alle Kerne der Probe sind Null (im entgegengesetzten Fall geben sie einen Beitrag zu $\boldsymbol{E}_0$ und $\boldsymbol{H}_0$). Diese konstanten lokalen Felder sind die Hauptursache der Breite der Resonanzlinien.

Bisher wurden nur Einteilchenwechselwirkungen erwähnt, d. h. Wechselwirkungen, bei denen jedes Glied von den Spinvariablen nur eines Teilchens abhängt. Das ist begründet, wenn sich die Quellen der Felder $\boldsymbol{E}$ und $\boldsymbol{H}$ bei einer gegebenen Temperatur nur in einem Zustand befinden können. Dann werden die $\boldsymbol{E}$- und $\boldsymbol{H}$-Felder durch quantenmechanische Mittelung über diese Zustände bestimmt.

Wenn die Quellen der elektrischen und magnetischen Felder sich aber unter den Versuchsbedingungen in verschiedenen Zuständen befinden können (z. B. als magnetische Dipolmomente benachbarter Teilchen), dann müssen sie in den Ausdrücken für die Felder durch entsprechende Operatoren dargestellt werden, und die Mittelung wird bei späteren Etappen der Berechnung durchgeführt.

Insbesondere erzeugen magnetische Dipole μ_k am Kern j ein lokales Magnetfeld

$$\boldsymbol{H}_j' = \sum_k \left\{ -\frac{\boldsymbol{\mu}_k}{r_{jk}^3} + \frac{3\boldsymbol{r}_{jk}(\boldsymbol{\mu}_k \boldsymbol{r}_{jk})}{r_{jk}^5} \right\}, \quad \boldsymbol{\mu}_k = \gamma_k \hbar \boldsymbol{I}_k, \tag{2.9}$$

$\boldsymbol{r}_{jk}$ ist der Abstandsvektor zwischen dem Kern j und dem Dipol k, die Summation wird über alle Dipole der Probe durchgeführt. Setzen wir (2.9) in (2.3) ein, erhalten wir die Energie der magnetischen Dipol-Dipol-Wechselwirkungen, die eine der wichtigsten Ursachen der Verbreiterung der Kernresonanzlinien ist.

Wenn man als Quelle des elektrischen Feldes $\boldsymbol{E}_j'$ am Kern j die Quadrupolmomente benachbarter Kerne nimmt,

$$\boldsymbol{E}_j' = -\sum_k \operatorname{grad}_{r_{jk}} \varphi_{Q_k},$$

$$\varphi_{Q_k} = \frac{1}{16} \frac{\partial^2}{\partial z^2} \frac{1}{r_{jk}} Q_{2,0}^k + \frac{1}{\sqrt{6}} \left(\frac{\partial^2}{\partial z\, \partial x} \frac{1}{r_{jk}} - i \frac{\partial^2}{\partial z\, \partial y} \frac{1}{r_{jk}} \right) Q_{2,1}^k$$
$$+ \frac{1}{2\sqrt{6}} \left(\frac{\partial^2}{\partial x^2} \frac{1}{r_{jk}} - \frac{\partial^2}{\partial y^2} \frac{1}{r_{jk}} - 2i \frac{\partial^2}{\partial x\, \partial y} \frac{1}{r_{jk}} \right) Q_{2,2}^k$$
$$+ \text{konj. kompl.},$$

kann man nach der Substitution von $\boldsymbol{E}_j'$ in (2.5) und (2.6) die Energie der Quadrupol-Quadrupol-Wechselwirkungen der Kerne erhalten.

Einen merklichen Einfluß auf die Resonanzlinienform haben in einigen Fällen auch die Austauschwechselwirkungen der Kerne

$$\hat{\mathscr{H}}'_{\text{aust}} = \sum_{j<k} \sum_{\alpha,\beta=x,y,z} A_{\alpha\beta}^{jk} \hat{\boldsymbol{I}}_\alpha^k \hat{\boldsymbol{I}}_\beta^j, \tag{2.10}$$

wobei $A_{\alpha k}^{jk}$ das Austauschintegral ist.

Die Spin-Spin-Wechselwirkungen können nicht nur zur Verbreiterung, sondern auch zur Aufspaltung der NMR-Linien führen. Dieser Sachverhalt erlaubt es, die Spin-Spin-Wechselwirkungen mit hoher Genauigkeit durch die NMR zu untersuchen und somit wichtige Angaben für chemische Anwendungen zu erhalten.

Das Spektrum des Spinsystems und die Spin-Gitter-Relaxationsprozesse sind nur durch die Eigenschaften der Substanz bestimmt, an der die Untersuchungen durchgeführt werden. Sie sind deshalb für die AR und MR identisch, wobei in Betracht zu ziehen ist, daß sie entsprechend den Anforderungen der MR teilweise ausführlich untersucht und beschrieben worden sind. Dagegen sind die Resonanzübergangswahrscheinlichkeiten zwischen den Spinniveaus und die Linienform jeweils von der Art der Anregung der Resonanzübergänge abhängig und folglich für die AR und MR unterschiedlich. Aus diesem Grund werden im folgenden die Fragen der Wechselwirkung der Kerne mit den Feldern des zweiten und vierten Termes von Gl. (2.7) bzw. (2.8) ziemlich ausführlich betrachtet und den Feldern der ersten und dritten Gruppe weniger Aufmerksamkeit gewidmet.

Literatur

[1] S. A. Altschuler, Doklady Akad. Nauk UdSSR **85**, 1285, 1952.
[2] A. Kastler, Experimentia **8**, 1, 1952.
[3] S. A. Altschuler, Shurn. eksper. teor. Fis. **28**, 38, 1955; und **28**, 49, 1955.
[4] W. G. Proctor, W. H. Tanttila, Phys. Rev. **98**, 1855, 1955.
[5] E. H. Jacobson, N. S. Shiren, E. B. Tucker, Phys. Rev. Lett. **3**, 81, 1959.
[6] S. A. Altschuler, B. I. Kotschelaew, A. M. Leuschin, Uspechi Fiz. Nauk **75**, 459, 1961.
[7] D. I. Bolef, M. Menes, Phys. Rev. **114**, 1441, 1959.

[8] B. P. SMOLJAKOW, Thesen der „Konferenz über Quantenakustik", 1967, S. 9; B. P. SMOLJAKOW, L. M. MEILMAN, W. P. KLJUJEW, D. A. SCHPILKO, U. C. KOPWILLEM, Fis. twerd. Tela **9**, 3002, 1967.
[9] T. R. DAS, E. L. HAHN, Solid State Physics, Suppl. I, N. Y. Acad. Press 1958.
[10] A. ABRAGAM, The Principles of Nuclear Magnetism, Oxford Univ. Press, London u. New York, 1961, Abschn. VI.
[11] A. R. KESSEL, Fis. twerd. Tela **3**, 3342, 1961.

1. Theoretische Grundlagen

§ 3. Kernresonanzspektren

Der Spin-Hamiltonoperator (2.3) für die Energie der Kerne in einem äußeren konstanten Magnetfeld H_0 nimmt folgende Gestalt an:

$$\hat{\mathscr{H}}_M = -\gamma_n \hbar H_0 \hat{I}_z = -\hbar \omega_0 \hat{I}_z, \tag{3.1}$$

wenn wir die Richtung des Feldes als z-Achse wählen. Die Frequenz $\omega_0 = \gamma_n H_0$ ist die LARMOR-Frequenz.

Aus der Quantenmechanik ist bekannt, daß der Spinoperator $\hat{\boldsymbol{I}}$ insgesamt $(2I + 1)$ ganz- oder halbzahlige Eigenwerte $m = -I, -I + 1, \ldots, I - 1, I$ besitzt. Deshalb spaltet auch die Energie des Kernes im konstanten Magnetfeld H_0 in $2I + 1$ Energieniveaus $E_m = -\hbar\omega_0 m$ mit gleichem Abstand untereinander auf. Ein solches äquidistantes Energieniveausystem wird als ZEEMAN-Aufspaltung oder Spektrum der magnetischen Resonanz bezeichnet.

Die Eigenfunktionen $\chi(I, m)$ zu den Energieniveaus E_m sind Eigenzustände des Kernes zum Gesamtspin $\hat{\boldsymbol{I}}$ und zur Projektion des Spins in die H_0-Richtung $\hat{\boldsymbol{I}}_z$ mit den

Eigenwerten

$$\left.\begin{aligned} &\hat{I}^2\chi(I, m) = (\hat{I}_x^2 + \hat{I}_y^2 + \hat{I}_z^2)\,\chi(I, m) \\ &= I(I+1)\chi(I,m), \quad \hat{I}_z\chi(I, m) = m\chi(I, m). \end{aligned}\right\} \quad (3.2)$$

Die Funktionen $\chi(I, m)$ werden häufig abgekürzt als χ_m geschrieben und Eigenfunktionen des Kernspins oder kurz Spinfunktionen genannt.

Für die Energieniveauaufspaltungen, bedingt durch die Wechselwirkung (2.6), wurde in der Literatur die Bezeichnung „Spektren der reinen Quadrupolresonanz" eingeführt. Die Schreibweise der Tensorkomponenten des elektrischen Feldgradienten in (2.5) bezieht sich auf ein beliebiges Koordinatensystem. Wählt man die Hauptachsen des Tensors $V_{\alpha\beta}$ als Koordinatensystem, so verschwinden die gemischten Ableitungen (V_{xy}, V_{xz}, V_{yz}), und der HAMILTON-Operator (2.6) nimmt eine viel einfachere Gestalt an:

$$\hat{\mathscr{H}}_E = \frac{e^2qQ}{4I(2I-1)}\left[(3\hat{I}_z^2 - \hat{I}(\hat{I}+1)\right. \\ \left. + \frac{1}{2}\,\eta\,(\hat{I}_+^2 + \hat{I}_-^2)\right]. \quad (3.3)$$

Dabei wurden folgende Beziehungen eingeführt:

$$eq = V_{zz}, \quad \eta = (V_{xx} - V_{yy})/V_{zz}.$$

Die Reihenfolge der Hauptachsen X, Y, Z wurde so gewählt, daß $|V_{zz}| \geqq |V_{xx}| \geqq |V_{yy}|$.

Die Größe η nennt man Asymmetrieparameter. Für axialsymmetrische Felder gilt $\eta = 0$.

Wenn das Feld am Kernort kubische Symmetrie besitzt, gilt für die Gradienten $V_{xx} = V_{yy} = V_{zz}$. Diese Bedingung in Verbindung mit der LAPLACE-Gleichung $V_{xx} + V_{yy} + V_{zz} = 0$ führt zu dem Ergebnis, daß der elektrische Feldgradient und damit die Quadrupol-Wechselwirkung in einem Feld kubischer Symmetrie verschwindet.

Das Spektrum der Quadrupolresonanz hängt sehr wesentlich davon ab, ob der Spin ganz- oder halbzahlig ist. Im Falle eines halbzahligen Spins gilt das KRAMERS-Theorem [25]. Demzufolge kann das elektrische Feld eine verbleibende zweifache Spinentartung nicht aufheben. Das Spektrum besteht aus $I + 1/2$ zweifach entartéten Energieniveaus, genannt KRAMERS-Dubletts. In einem Feldgradienten mit axialer Symmetrie ($\eta = 0$) entsprechen dabei jedem KRAMERS-Dublett die zwei Spinzustände mit den Eigenfunktionen $\chi(I, m)$ und $\chi(I, -m)$. Für die Energie dieser zweifach entarteten Niveaus ergibt sich

$$E_m = E_{-m} = \frac{e^2 q Q}{4I(2I-1)} \left[3m^2 - I(I+1)\right]. \quad (3.4)$$

Das allgemeine Verhalten ist in Abb. 1a dargestellt.

Für $\eta \neq 0$ tritt eine Mischung der Zustände mit verschiedenem m ein. Jede der Eigenfunktionen des Du-

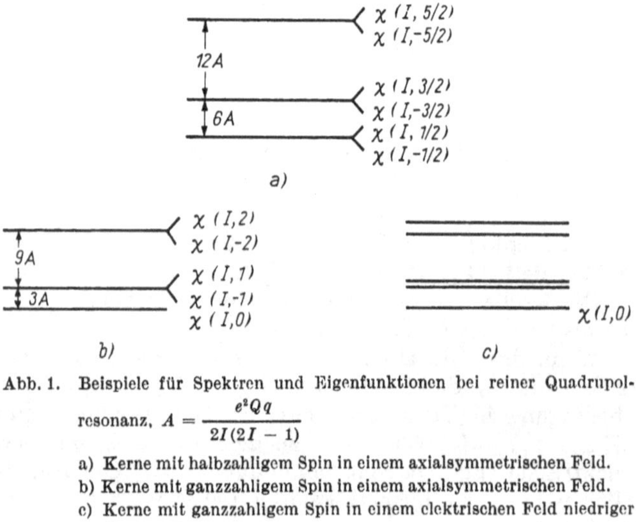

Abb. 1. Beispiele für Spektren und Eigenfunktionen bei reiner Quadrupolresonanz, $A = \frac{e^2 Q q}{2I(2I-1)}$

a) Kerne mit halbzahligem Spin in einem axialsymmetrischen Feld.

b) Kerne mit ganzzahligem Spin in einem axialsymmetrischen Feld.

c) Kerne mit ganzzahligem Spin in einem elektrischen Feld niedriger Symmetrie bletts wird jetzt eine Linearkombination der Eigenfunktionen mit den unterschiedlichen Quantenzahlen m. Die Energieniveaus hängen in komplizierter Weise vom Asymmetrieparameter η und von den Quantenzahlen m ab [8]. Die KRAMERS-Entartung wird davon nicht beeinflußt und bleibt auch in diesem Fall erhalten.

Besitzt der Kern einen ganzzahligen Spin, so hebt ein elektrisches Feld niedriger Symmetrie ($\eta \neq 0$) die Entartung vollständig auf, wie in Abb. 1c dargestellt ist. Felder höherer Symmetrie, darunter die axialsymmetrischen ($\eta = 0$), heben auch für den Fall des ganzzahligen Spins die Entartung nicht vollständig auf. Dann sind für die Energieniveaus und die Wellenfunktionen die gleichen Beziehungen gültig, wie für den halbzahligen Spin im axialsymmetrischen Feld, mit Ausnahme des nichtentarteten Energieniveaus $m = 0$, dafür gilt

$$E_0 = -\frac{e^2 qQ(I+1)}{4(2I-1)} \quad \text{und } \chi(I, 0), \text{ s. Abb. 1b.}$$

Zur anschaulichen Demonstration der Form der Kernresonanz-Spektren wurden bisher die einfachsten und wichtigsten Fälle betrachtet. Die Spektren von Kernspins, auf die gleichzeitig ein konstantes Magnetfeld und ein elektrischer Feldgradient einwirkt, werden wesentlich komplizierter. In den Übersichtsartikeln [1, 2] werden die Methoden und Ergebnisse der Bestimmung der Energieniveaus und der Spineigenfunktionen ausführlich für die verschiedenen Fälle dargelegt. Im folgenden werden wir je nach Bedürfnis die berechneten Energieniveaus und Wellenfunktionen für diese komplizierten Fälle aus der Literatur heranziehen.

§ 4. Operator der Spin-Phonon-Kopplung

Eines der wichtigsten Probleme der Akustischen Resonanz ist die Frage nach dem Wechselwirkungs-Mechanismus zwischen den paramagnetischen Teilchen und den akustischen Schwingungen.

Die akustischen Schwingungen im Inneren des Körpers führen zu einer periodischen Bewegung der Teilchen:

$$\boldsymbol{U}_i = \boldsymbol{e}_i A_0 \sin(\omega t - \boldsymbol{k}\boldsymbol{r}_i). \tag{4.1}$$

Hierbei sind A_0, $\boldsymbol{e}$ und $\boldsymbol{k}$ entsprechend die Amplitude, der Polarisationsvektor und der Wellenvektor der Schwingung, $|\boldsymbol{k}| = 2\pi/\lambda$, λ ist die Wellenlänge und $\boldsymbol{r}_i$ der Radiusvektor des betrachteten Teilchens i.

Die Schwingungen verursachen eine Veränderung U_{ij} des relativen Abstandes $\boldsymbol{r}_{ij} = \boldsymbol{r}_i - \boldsymbol{r}_j$ zwischen den Teilchen j und i, für den gilt

$$\boldsymbol{U}_{ji} = \boldsymbol{U}_j - \boldsymbol{U}_i \approx \boldsymbol{e} A_0 \boldsymbol{k}\boldsymbol{r}_{ji} \cos(\omega t - \boldsymbol{k}\boldsymbol{r}_i). \tag{4.2}$$

Zur Ableitung dieser Gleichung wurde vorausgesetzt, daß der Gleichgewichtsabstand r_{ij} klein ist im Vergleich zur Wellenlänge der akustischen Schwingung,

$$r_{ji} \ll \lambda \quad \text{oder} \quad \boldsymbol{k}\boldsymbol{r}_{ij} \ll 1, \tag{4.3}$$

so daß man sich auf das erste Glied der Reihenentwicklung beschränken kann. Diese Voraussetzung ist in Festkörpern gut erfüllt, denn bei $r_{ij} \approx 10^{-8}$—10^{-7} cm und Schallgeschwindigkeiten $v = 10^5$ cm/s entspricht einer Wellenlänge, vergleichbar mit r_{ij}, eine akustische Frequenz von 10^{12}—10^{13} Hz (die höchsten Frequenzen, die momentan mit akustischen Schwingungen erregt werden können, liegen bei 10^{11} Hz). Hinzu kommt noch, daß praktisch im Ultraschallbereich die Schwingungsamplitude immer klein gegen die Wellenlänge ist, $A_0 \ll \lambda$, so daß die relative Verschiebung klein zum Abstand zwischen den Teilchen ist,

$$U_{ji}/r_{ji} \approx 2\pi A_0/\lambda \ll 1. \tag{4.4}$$

Dieser Umstand wird im folgenden häufig benutzt werden.

Die akustischen Schwingungen (4.1) verursachen an jedem Gitterpunkt $\boldsymbol{r}_i$ Deformationen, die am geeignetsten durch Benutzung des Deformationstensors $E_{\alpha\beta}$ charakterisiert werden:

$$E_{\alpha\beta}(\boldsymbol{r}_i) = \frac{1}{2}\left(\frac{\partial U_{\alpha i}}{\partial x_\beta} + \frac{\partial U_{\beta i}}{\partial x_\alpha}\right) = E_0 \cos(\omega t - \boldsymbol{k}\boldsymbol{r}_i)\{e_\alpha \lambda_\beta\}, \tag{4.5}$$

$$E_0 = \frac{2\pi A_0}{\lambda}, \quad \{e_\alpha \lambda_\beta\} = \frac{1}{2}(e_\alpha \lambda_\beta + e_\beta \lambda_\alpha),$$

$\lambda = \frac{\boldsymbol{k}}{|\boldsymbol{k}|}$ ist der Einheitsvektor in Ausbreitungsrichtung der Schallwelle. Für stehende akustische Wellen

$$\boldsymbol{U}_i = \boldsymbol{e} A_0 \cos \boldsymbol{k}\boldsymbol{r}_i \cos \omega t \tag{4.1a}$$

erhalten wir anstelle von (4.2) und (4.5)

$$\boldsymbol{U}_{ji} \approx \boldsymbol{e} A_0 \boldsymbol{k}\boldsymbol{r}_{ji} \sin \boldsymbol{k}\boldsymbol{r}_i \cos \omega t, \tag{4.2a}$$

$$E_{\alpha\beta} = -E_0 \sin \boldsymbol{k}\boldsymbol{r}_i \cos \omega t\{e_\alpha, \lambda_\beta\}. \tag{4.5a}$$

Eine Methode zur Bestimmung des Operators der Spin-Phonon-Kopplung wurde bereits in den ersten Arbeiten zur akustischen Resonanz demonstriert und besteht in folgendem Verfahren. Der Hamilton-Operator der Wechselwirkung des paramagnetischen Teilchens i mit der Umgebung $\hat{\mathscr{H}}_i = \sum_j \hat{\mathscr{H}}_i(\hat{\boldsymbol{I}}_i, \boldsymbol{r}_{ij})$ hängt von den Spinkoordinaten des i-ten Teilchens und seinen räumlichen Abständen zu allen umgebenden Teilchen ab. Durch die Modulation der Abstände $\boldsymbol{r}_{ij}$ bei akustischer Anregung hängt die Energie $\mathscr{H}_i$ periodisch von der Zeit ab. Unter Benutzung der Näherungen (4.3) und (4.4) kann man diese Abhängigkeit abtrennen:

$$\sum_j \hat{\mathscr{H}}_i(\hat{\boldsymbol{I}}_i, \boldsymbol{r}_{ji} + \boldsymbol{U}_{ji}) = \sum_j \hat{\mathscr{H}}_i(\hat{\boldsymbol{I}}_i \boldsymbol{r}_{ji}) + \sum_j \operatorname{grad}_{r_{ij}} \hat{\mathscr{H}}_i(\hat{\boldsymbol{I}}_i \boldsymbol{r}_{ji}) \boldsymbol{U}_{ji}. \tag{4.6}$$

Da die Energie $\hat{\mathscr{H}}_i$ mit wachsendem Abstand $\boldsymbol{r}_{ij}$ abnimmt, liefern in der Summe nur die nächsten Nachbarn bis zum Abstand von einigen Gitterkonstanten einen wesentlichen Beitrag. Die Anwendung der Beziehung (4.3) bleibt daher gerechtfertigt, da ihre Gültigkeit im Festkörper erst für solche akustischen Frequenzen eingeschränkt wird, die weit oberhalb der üblichen Kern- und Elektronen-Resonanzfrequenzen liegen.

Das 2. Glied in (4.6),

$$\hat{\mathcal{H}}_t{}^i = \sum_j \operatorname{grad}_{r_{ji}} \hat{\mathcal{H}}_i(\hat{\boldsymbol{I}}_i, \boldsymbol{r}_{ji})\boldsymbol{U}_{ji}, \tag{4.7}$$

beschreibt die Wechselwirkung des Spinteilchens i mit den akustischen Schwingungen und stellt damit den gesuchten Operator der Spin-Phonon-Kopplung dar.

Jedem Wechselwirkungsmechanismus $\mathcal{H}_i$ des Spins i mit seiner Umgebung entspricht ein Operator der Spin-Phonon-Kopplung $\mathcal{H}_t{}^i$. Normalerweise überwiegt eine Wechselwirkung gegenüber den anderen und bewirkt die akustische Resonanzabsorption. Für Kerne mit dem Spin $I > 1/2$ beispielsweise überwiegt in den meisten Fällen die elektrische Quadrupolwechselwirkung. Deshalb soll als Beispiel auch der Operator $\mathcal{H}_t{}^i$ bei elektrischer Quadrupolwechselwirkung (2.6) des Kernes in einem Ionen-Kristall kubischer Symmetrie vom NaCl-Typ berechnet werden [3]. Dabei sollen nur die 6 Nachbarn in der ersten Koordinationssphäre mit den Koordinaten $(\pm a, 0, 0)$, $(0, \pm a, 0)$ und $(0, 0, \pm a)$ Berücksichtigung finden, wobei angenommen wird, daß die rechtwinkligen Koordinatenachsen mit den kubischen Kristallachsen zusammenfallen.

Das elektrostatische Potential in den Ausdrücken (2.4) bis (2.6) für die Energie der Quadrupolwechselwirkung kann jetzt über die effektiven Punktladungen $Z\gamma_Q e$ der 6 Ionen bestimmt werden:

$$V \equiv V^i = \sum_{j=1}^{6} \frac{Z\gamma_Q e}{r_{ji}},$$

Z ist die Kernladungszahl des Ions und γ_Q ein dimensionsloser Faktor, der als Antishielding-Faktor bekannt ist. Er wird eingeführt, um die Polarisation der Elektronenwolke des Atoms i infolge seines Kernquadrupolmomentes und der umgebenden Ladungen zu berücksichtigen. (Näheres s. § 30.)

Wenn wir dieses Potential in die Gleichungen (2.4) bis (2.6) einsetzen, erhalten wir die Energie $\mathcal{H}_i$, aus der wir über die Beziehung (4.7) den Operator der Spin-Phonon-Kopplung gewinnen:

$$\hat{\mathcal{H}}^i_{Et} = \mathcal{A} \sum_{j=1}^{6} \sum_{q=-2}^{2} (-1)^q \hat{Q}^i_{2,q} \operatorname{grad} (\nabla E_{-q}(\boldsymbol{r}_j)) \boldsymbol{U}_j \tag{4.8}$$

mit den Bedeutungen

$$\operatorname{grad} \nabla E_0(\boldsymbol{r}_j) \boldsymbol{U}_j = \frac{3z\gamma_Q e}{2r_j^5} [U_j r_j + 2z_j U_{zj} - 5z_j^3 U_{zj} r_j^{-2}],$$

$$\operatorname{grad} \nabla E_{\pm 1}(\boldsymbol{r}_j) \boldsymbol{U}_j = \mp \frac{3z\gamma_Q e}{2r_j^5} [(x_j \pm iy_j) U_{zj} + z_j (U_{xj} \pm i U_{yj})],$$

$$\operatorname{grad} \nabla E_{\pm 2}(\boldsymbol{r}_j) \boldsymbol{U}_j = \frac{3z\gamma_Q e}{4r_j^5} \left[2(x_j \pm iy_j) U_{xj} - 2(y_i \mp ix_j) U_{yj} + \frac{5y_j^3 U_{yj} - 5x_j^3 U_{xj}}{r_i^2}\right].$$

Zur Vereinfachung wurde hierbei der Index i des betrachteten Kernes weggelassen. Die gemischten Produkte der Koordinaten $x_j y_j$, $x_j z_j$, $z_j x_j$ wurden nicht aufgeführt, da sie für die 6 nächsten Nachbarn im kubischen Gitter vom NaCl-Typ Null sind.

Für U_j ($\equiv U_{ji}$) setzen wir in (4.8) den Ausdruck (4.2) ein und finden nach der Summierung über j

$$\hat{\mathcal{H}}^i_{Et} = \frac{3ze\gamma_Q Q \mathcal{A}}{2I(2I-1)a^3} \frac{2\pi A_0}{\lambda} \cos(\omega t - \boldsymbol{k}\boldsymbol{r}_i) \times \sum_{q=-2}^{2} (-1)^q \hat{Q}^i_{2q} \{\boldsymbol{e}\lambda\}_{-q} \tag{4.9}$$

mit den Abkürzungen

$$\{e\lambda\}_0 = \lambda e - 3\lambda_z e_z,$$

$$\{e\lambda\}_{\pm 1} = \mp \sqrt{\frac{2}{3}}\,[(e_x \pm i e_y)\,\lambda_z + (\lambda_x \pm i\lambda_y)\,e_z],$$

$$\{e\lambda\}_{\pm 2} = \sqrt{\frac{2}{3}}\left[\frac{3}{2}\,(e_y\lambda_y - e_x\lambda_x) \pm i(\lambda_x e_y + e_y\lambda_x)\right].$$

Q^i_{2q} ist durch die Gleichung (2.4) festgelegt.

Der Operator (4.9) läßt sich mit Hilfe des Deformationstensors (4.5) auch in folgender Form aufschreiben:

$$\hat{\mathscr{H}}^i_{Et} = \hbar\,\omega_a \sum_{q=-2}^{2} (-1)^q\,\hat{Q}^i_{2q}\,\{\mathrm{E}\}_{-q}, \qquad (4.9\,\mathrm{a})$$

$$\{\mathrm{E}\}_0 = \mathrm{E}_{xx} + \mathrm{E}_{yy} - 2\,\mathrm{E}_{zz},\ \{\mathrm{E}\}_{\pm 2} = \sqrt{\frac{2}{3}}\left[\frac{3}{2}\,(\mathrm{E}_{yy} - \mathrm{E}_{xx}) \pm i\,2\,\mathrm{E}_{xy}\right];$$

$$\{\mathrm{E}\}_{\pm 1} = \pm\sqrt{\frac{8}{3}}\,[\mathrm{E}_{xz} \pm i\,\mathrm{E}_{yz}],\quad \hbar\,\omega_a = \frac{3z\gamma_Q eQ\,\mathscr{A}}{2I(2I-1)a^3}.$$

Wir wollen darauf aufmerksam machen, daß die Form der Gleichungen (4.9) und (4.9a) für die Spin-Phonon-Wechselwirkung nur zutrifft, wenn die Koordinatenachsen mit den kubischen Kristallachsen zusammenfallen. Zur Beschreibung der Deformation durch Ultraschall ist ein solches System das gegebenste und einfachste. Doch für die Darstellung der von den Spinkomponenten abhängigen Quadrupoloperatoren $\hat{Q}_{2q}$ ist es bei weitem nicht das geeignetste System. Die Wellenfunktionen $\chi(I, m)$ der Spinzustände im Magnetfeld[1])

[1]) Die Quadrupolwechselwirkung eines Kernes mit einem elektrischen Feldgradienten kubischer Symmetrie ist Null. Deshalb werden die Spektren durch die ZEEMAN-Aufspaltungen bestimmt, während der Operator (4.9) Übergänge zwischen den Niveaus induzieren kann.

sind Eigenfunktionen zu $I_{\tilde{z}}$, der Projektion des Gesamtspins I in Richtung des Magnetfeldes. Wenn die Richtung des äußeren Magnetfeldes mit einer der kubischen Kristallachsen zusammenfällt (wir wählen diese als z-Achse), fallen die Operatoren $I_{\tilde{z}}$ und I_z zusammen, und die Matrixelemente der Operatoren $\hat{Q}_{2q}$ lassen sich leicht ermitteln (vgl. dazu (3.2) und (A.4)):

$$\langle m \,|\hat{Q}_{2,0}|\, m'\rangle = [3m^2 - I(I+1)]\,\delta_{m,m'}, \qquad (4.10)$$

$$\langle m \,|\hat{Q}_{2,\pm 1}|\, m'\rangle = \mp\sqrt{\frac{3}{2}}\,\xi_{m,m\mp 1}\,\delta_{m',m\mp 1},$$

$$\langle m \,|\hat{Q}_{2,\pm 2}|\, m'\rangle = \sqrt{\frac{3}{2}}\,\xi_{m,m\mp 2}\,\delta_{m',m\mp 2},$$

$$\xi_{m,m\mp 1} = (2m \mp 1)\sqrt{(I \pm m)(I \mp m + 1)},$$

$$\xi_{m,m\mp 2} = \sqrt{(I \pm m)(I \pm m - 1)(I \mp m + 1)(I \mp m + 2)}.$$

Hierbei wurde die abkürzende Schreibweise $\langle m\,|\hat{Q}_{2q}|\,m'\rangle = \langle \chi(I, m)\,|\hat{Q}_{2q}|\,\chi(I, m')\rangle$ eingeführt.

Fällt die Richtung des Magnetfeldes nicht mit einer der kubischen Kristallachsen zusammen, so muß man die Quadrupoloperatoren zuerst in ein neues Koordinatensystem transformieren, dessen z-Achse mit der Richtung des Magnetfeldes übereinstimmt. Anschließend kann man die Matrixelemente entsprechend den Ausdrücken (4.10) benutzen. Die notwendigen Beziehungen für die Transformation der Operatoren $\hat{Q}_{2q}$ in das neue Koordinatensystem sind im Anhang A zusammengestellt.

Die Richtung des Magnetfeldes im System der kubischen Kristallachsen wird mit Hilfe der Winkel θ und φ entsprechend Abb. 2 festgelegt. Die gewünschte Transformation ergibt sich durch Drehung des Koordinatensystems um die Eulerschen Winkel φ, θ und $\psi = 0$. Der Spin-Hamiltonoperator (4.9a) erhält dann folgende

Gestalt:

$$\hat{\mathscr{H}}^i_{Et} = \hbar\,\omega_a \sum_p (-1)^p \hat{\tilde{Q}}^i_{2,p} \{\tilde{\mathrm{E}}\}_{-p}, \tag{4.9b}$$

$$\{\tilde{\mathrm{E}}\}_{-p} = \sum_q d^{(2)}_{-q,\,-p}(\theta)\, e^{iq\varphi}\, \{\mathrm{E}\}_{-q}.$$

Dabei ist $\hat{Q}_{2p}$ der Operator des Quadrupolmomentes im neuen Koordinatensystem (er wird auf die gleiche Weise durch die $\hat{I}_{\tilde{\alpha}}$ ausgedrückt wie $\hat{Q}_{2p}$ durch die $\hat{I}_\alpha$). Die Drehmatrix $d^{(2)}_{pq}(\theta)$ ist im Anhang A gegeben.

Die Darstellung (4.10) der Matrixelemente der Operatoren $\hat{Q}_{2q}$ läßt erkennen, daß bei Wechselwirkung des Schallfeldes mit den Kernen über das elektrische Quadrupolmoment Übergänge zwischen den Spinniveaus induziert werden mit Änderung der magnetischen Quantenzahl $\Delta m = \pm 1$ und $\Delta m = \pm 2$.

Ein anderer Mechanismus ist die Spin-Phonon-Kopplung über die magnetischen Dipol-Wechselwirkungen. Der Wechselwirkungsoperator zweier magnetischer Dipole ist leicht aufzustellen, wenn man das Zusatzfeld (2.9) in (2.3) einsetzt. Wir wollen es in folgender Form aufschreiben:

$$\hat{\mathscr{H}}'_{ij} = \gamma_i \gamma_j \hbar^2 \sum_{q=-2}^{2} \mathscr{P}^q_{ji}\, \{ij\}_{-q}, \tag{4.11}$$

$$\mathscr{P}^0_{ji} = (1 - 3\cos^2\theta_{ji})\, r_{ji}^{-3},$$

$$\{ij\}_0 = \hat{I}_z{}^i \hat{I}_z{}^j - \frac{1}{4}\left(\hat{I}_+{}^i \hat{I}_-{}^j + \hat{I}_-{}^i \hat{I}_+{}^j\right),$$

$$\mathscr{P}^{\pm 1}_{ji} = -\frac{3}{2}\sin\theta_{ji}\cos\theta_{ji}\, e^{\pm i\varphi_{ji}}\, r_{ji}^{-3},$$

$$\{ij\}_{\pm 1} = \hat{I}_\pm{}^i \hat{I}_z{}^j + \hat{I}_z{}^i \hat{I}_\pm{}^j,$$

$$\mathscr{P}^{\pm 2}_{ji} = -\frac{3}{4}\sin^2\theta_{ji}\, e^{\pm i2\varphi_{ji}}\, r_{ji}^{-3}, \quad \{ij\}_{\pm 2} = \hat{I}_\pm{}^i \hat{I}_\pm{}^j,$$

γ_i, γ_j sind die gyromagnetischen Verhältnisse der Kerne i und j; r_{ij}, θ_{ij}, φ_{ij} sind die Polarkoordinaten des Verbindungsvektors $\boldsymbol{r}_{ij}$ der beiden Kerne.

Die Darstellung des Hamiltonoperators $\hat{\mathcal{H}}'_{ij}$ in Form von Produktoperatoren $\{ij\}_q$ wird gewählt, weil diese Operatoren angewandt auf die Spineigenfunktionen nur dann von Null verschiedene Matrixelemente zwischen zwei Zuständen haben, wenn die Änderung der Quantenzahlen der beiden Spins $\Delta(m_i + m_j)$ gerade gleich q ist. Wenn die Aufspaltungen der paramagnetischen Teilchen nur durch die Wechselwirkung mit einem äußeren konstanten Magnetfeld verursacht werden, so beschreiben die Operatoren $\{ij\}_0$, $\{ij\}_{\pm 1}$ und $\{ij\}_{\pm 2}$ in Übereinstimmung mit diesen Auswahlregeln Übergänge zwischen den Energieniveaus der beiden Spins mit den Energiedifferenzen $\pm \hbar(\omega_0^i - \omega_0^j)$, $\pm \hbar\omega_0^i$ und $\pm \hbar\omega_0^j$, $\pm \hbar(\omega_0^i + \omega_0^j)$ (ω_0^i, ω_0^j sind die LARMOR-Frequenzen des Kernes i bzw. j).

Für den Operator der Spin-Phonon-Kopplung über die Dipol-Wechselwirkung findet man nach dem oben dargelegten Prinzip

$$\hat{\mathcal{H}}^t_{ji} = \nabla \hat{\mathcal{H}}'_{ji} \boldsymbol{U}_{ji} = \gamma_i \gamma_j \hbar^2 A_0 \cos(\omega t - \boldsymbol{k r}_i)(\boldsymbol{k r}_{ji}) \times \sum_{q=-2}^{2} (\boldsymbol{e} \nabla \mathcal{P}^q_{ji}) \{ij\}_{-q}, \tag{4.12}$$

A_0, ω, $\boldsymbol{k}$ und $\boldsymbol{e}$ sind entsprechend Amplitude, Frequenz, Wellenvektor und Polarisation der akustischen Schwingungen. Für den Fall longitudinaler akustischer Schwingungen, die sich in x-Richtung ausbreiten, nimmt (4.12) die Gestalt

$$\hat{\mathcal{H}}^t_{ji} = \gamma_i \gamma_j \hbar^2 \mathrm{E}_{xx}(t) \sum_q x_{ij} \frac{\partial \mathcal{P}^q_{ji}}{\partial x_{ji}} \{ij\}_{-q} \tag{4.13}$$

an, wobei $\mathrm{E}_{xx}(t) = A_0 k \cos(\omega t - k z_i)$ die einzige von Null verschiedene Komponente des Deformationstensors ist.

Handelt es sich um die Wechselwirkung zwischen einem Kernspin $\hat{\boldsymbol{I}}_i = \hat{\boldsymbol{I}}$ und einem Elektronenspin $\hat{\boldsymbol{I}}_j = \hat{\mathbf{S}}$, so ist die akustische Kernresonanz nur über die Glieder proportional zu $\hat{S}_z\hat{I}_\pm$ (d. h. $q = \pm 1$) möglich:

$$\hat{\mathscr{H}}^t_{ji} = \gamma_e\gamma_n\hbar^2 \mathrm{E}_{xx}(t)\, F(r_{ji}, \theta_{ji}, \varphi_{ji})\, \hat{S}_z\hat{I}_+ + \text{konj. kompl.},$$

$$\begin{aligned} F(r_{ji}, \theta_{ji}, \varphi_{ji}) &= 3 \sin\theta_{ji} \cos\theta_{ji} \cos\varphi_{ji} \\ &\times (5 \sin\theta_{ij} e^{-i\varphi_{ji}} - 1)/2r^3_{ji}. \end{aligned} \tag{4.14}$$

Die übrigen Glieder bewirken nicht nur Übergänge im Kernspinsystem, sondern auch im Elektronenspinsystem und benötigen daher zur Realisierung der Resonanz annähernd 1000mal höhere Schallfrequenzen.

§ 5. Phänomenologische Form des Operators der Spin-Phonon-Kopplung

Die bisher behandelte Methode zur Konstruktion des Operators der Spin-Phonon-Kopplung kann man als mikroskopisches Verfahren bezeichnen. Daneben wurde in späterer Zeit eine andere Methode über die phänomenologische Beschreibung häufig benutzt. Sie beruht ausschließlich auf gruppentheoretischen Darstellungen.

Wir wollen nach diesem Verfahren den Operator der Spin-Phonon-Kopplung über die elektrische Quadrupol wechselwirkung [(2.4) bis (2.6)] zwischen Spinsystem und Gitter ableiten. Die akustischen Schwingungen verursachen eine Deformation E, die periodisch das elektrische Kristallfeld moduliert. Analog zur linearen Elastizitätstheorie besteht über den Tensor 4. Ranges $S_{\alpha\beta\gamma\delta}$ ein direkter Zusammenhang zwischen dem Tensor des elektrischen Feldgradienten $V_{\alpha\beta}$ und dem Deformationstensor $\mathrm{E}_{\gamma\delta}$:

$$V_{\alpha\beta} = \sum_{\gamma,\delta=x,y,z} S_{\alpha\beta\gamma\delta} \mathrm{E}_{\gamma\delta}. \tag{5.1}$$

Infolge der Symmetrie der Tensoren $\overleftrightarrow{\mathrm{E}}$ ($\mathrm{E}_{\gamma\delta} = \mathrm{E}_{\delta\gamma}$) und $\overleftrightarrow{V}$ ($V_{\alpha\beta} = V_{\beta\alpha}$) besitzt der $\overleftrightarrow{S}$-Tensor folgende Symmetrieeigenschaften:

$$S_{\alpha\beta\gamma\delta} = S_{\beta\alpha\gamma\delta}, \quad S_{\alpha\beta\gamma\delta} = S_{\alpha\beta\delta\gamma}.$$

Mit den Bezeichnungen nach VOIGT

$$xx = 1,\ yy = 2,\ zz = 3,\ yz = 4,\ zx = 5,\ xy = 6 \quad (5.2)$$

erhält Gleichung (5.1) die einfachere Form

$$V_\alpha = \sum_{\beta=1}^{6} S_{\alpha\beta} \mathrm{E}_\beta . \quad (5.1\,\mathrm{a})$$

Mit diesen Beziehungen lassen sich die Energieänderungen der elektrischen Quadrupolwechselwirkungen (2.6) infolge der akustischen Gitterdeformation $\mathrm{E}_{\gamma\delta}$ in folgender Form schreiben:

$$\mathscr{H}^i_{Et} = \mathcal{A} \sum_{q=-2}^{2} (-1)^q \hat{Q}_{2,q} \nabla E_{-q}(\mathrm{E}), \quad (5.3)$$

$$\nabla E_0(\mathrm{E}) = \frac{1}{2} \sum_{\beta=1}^{6} S_{3\beta} \mathrm{E}_\beta ,$$

$$\nabla E_{\pm 1}(\mathrm{E}) = \pm \frac{1}{\sqrt{6}} \sum_{\beta=1}^{6} (S_{5\beta} \pm i S_{4\beta})\, \mathrm{E}_\beta ,$$

$$\nabla E_{\pm 2}(\mathrm{E}) = \frac{1}{2\sqrt{6}} \sum_{\beta=1}^{6} (S_{1\beta} - S_{2\beta} \pm i\, 2 S_{6\beta})\, \mathrm{E}_\beta .$$

Der Tensor $S_{\alpha\beta\gamma\delta}$ heißt Tensor der dynamischen Quadrupolkopplung. Die größte Zahl von 30 unabhängigen Komponenten besitzt der S-Tensor für Kristalle mit trikliner Symmetrie. Die restlichen 6 Komponenten sind linear abhängig.

Das folgt daraus, daß das Potential des elektrischen Feldes V, erzeugt durch die umgebenden äußeren Ladungen, außerdem die LAPLACE-Gleichung erfüllen muß:

$$\Delta V \equiv V_{xx} + V_{yy} + V_{zz} = \sum_{\alpha=1}^{3} \sum_{\beta=1}^{6} S_{\alpha\beta} \mathrm{E}_\beta = 0 . \quad (5.4)$$

Da die Deformation E durch äußere Kräfte erzeugt wird und daher beliebig sein kann, ist die Gleichung (5.4) den

6 Beziehungen

$$\sum_{\alpha=1}^{3} S_{\alpha\beta} = 0 \tag{5.5}$$

äquivalent.

In Kristallen mit höherer Symmetrie des Kristallfeldes verringert sich die Zahl der linear unabhängigen S-Komponenten ganz beträchtlich.

Betrachten wir als Beispiel einen Kristall mit kubischer Symmetrie. Die Koordinatenachsen sollen mit den vierzähligen Drehachsen C_4 zusammenfallen. Wir führen eine Drehung des Koordinatensystems um die z-Achse um 90° durch, so daß die x-Achse in die y'- und die y-Achse in die $-x'$-Achse übergeht. Die Tensorkomponenten transformieren sich wie die Produkte der entsprechenden Koordinaten. Deshalb erhalten die Tensorkomponenten, in denen y ein- oder dreimal auftritt, im neuen System ein anderes Vorzeichen,

$$S_{zzxy} \to -S_{z'z'y'x'} = -S_{z'z'x'y'} \quad \text{usw.},$$

während alle anderen Vorzeichen unverändert bleiben.

Andererseits kann eine Transformation, die in der Symmetriegruppe des Kristalles erhalten ist, seine Eigenschaften nicht ändern: $S_{\alpha\beta\gamma\delta} = S_{\alpha'\beta'\gamma'\delta'}$. Deshalb müssen alle Tensorkomponenten mit einer ungeraden Häufigkeit von y verschwinden.

Analoge Schlußfolgerungen kann man leicht für den Index x und z beweisen, wenn man Drehungen um die anderen C_4-Achsen betrachtet. So verbleiben schließlich nur 12 von Null verschiedene Komponenten des S-Tensors:

$$S_{11},\quad S_{22},\quad S_{33},\quad S_{44},\quad S_{55},\quad S_{66},$$
$$S_{12},\quad S_{23},\quad S_{31},\quad S_{21},\quad S_{32}.\quad S_{13}.$$

Weiterhin müssen in einem Kristallfeld kubischer Symmetrie die 3 Koordinatenachsen physikalisch äquivalent sein. Das führt dazu, daß zwischen den von Null verschiedenen Komponenten des S-Tensors weitere Beziehungen existieren:

$$\begin{aligned} S_{11} &= S_{22} = S_{33}, & S_{12} &= S_{23} = S_{31}, \\ S_{44} &= S_{55} = S_{66}, & S_{21} &= S_{32} = S_{13}. \end{aligned} \tag{5.6}$$

Benutzt man außerdem die LAPLACE-Gleichung (5.4), so bleiben insgesamt nur 3 linear unabhängige Tensorkomponenten übrig. Die Matrix $S_{\alpha\beta}$ erhält damit folgende Gestalt:

$$\|S\| = \left|\begin{matrix} S_{11} & S_{12} & -(S_{11}+S_{12}) & 0 & 0 & 0 \\ -(S_{11}+S_{12}) & S_{11} & S_{12} & 0 & 0 & 0 \\ S_{12} & -(S_{11}+S_{12}) & S_{11} & 0 & 0 & 0 \\ 0 & 0 & 0 & S_{44} & 0 & 0 \\ 0 & 0 & 0 & 0 & S_{44} & 0 \\ 0 & 0 & 0 & 0 & 0 & S_{44} \end{matrix}\right| \tag{5.7}$$

Die bisherige Betrachtung bezog sich auf die Klassen T und T_h der kubischen Symmetriegruppe. Die zusätzlichen Symmetrieelemente in den Klassen T_d, O und O_h gestatten es, S_{12} durch S_{11} auszudrücken: $S_{12} = -S_{11}/2$. Folglich besitzt der S-Tensor in Kristallen dieser Klassen nur 2 unabhängige Komponenten S_{11} und S_{44}.

Die Matrizen $\|S\|$ für die verschiedenen Klassen der Punktgruppen wurden in der Arbeit von DOBROW [4] bestimmt. Sie sind im Anhang B aufgeführt.

Ein Vergleich der Operatoren $\hat{\mathscr{H}}_{Et}$, die einerseits mit Hilfe des Punktladungsmodells (4.9) unter Berücksichtigung des Einflusses der Ionen der ersten Koordinationssphäre auf den Kern und andererseits mit den phänomenologischen Operatoren (5.3) und (5.7) berechnet wurden, gestattet es, die Komponenten des S-Tensors durch mikroskopische Parameter auszudrücken:

$$-S_{11} = 2S_{12} = S_{44} = 12\gamma_Q ZeQa^{-3}. \tag{5.8}$$

Wir wollen den Operator $\mathscr{H}_{Et}$ für 2 spezielle Fälle darstellen, die durch bestimmte Orientierungen des Magnetfeldes und der Polarisations- und Ausbreitungsrichtungen des Schalles bezüglich der Kristallachsen charakterisiert sind. Solche Anordnungen wurden bei experimentellen Untersuchungen der NAR in kubischen Kristallen benutzt.

In den Experimenten von BOLEF und MENES [5, 6] und auch bei anderen Untersuchungen wurden die akustischen Längsschwingungen in Richtung einer vierzähligen Drehachse des kubischen Kristalles angelegt. Bezeichnet man diese Richtung als z-Achse, so haben wir nur eine von Null verschiedene Tensorkomponente $\mathrm{E}_{zz} = \mathrm{E}_3$. Damit folgt für den Feldgradienten aus (5.1) und (5.7), daß nur die Tensorkomponenten $V_3 = -2V_2 = -2V_1 = S_{11}\mathrm{E}_3$ von Null verschieden sind. Der Operator der Spin-Phonon-Kopplung erhält damit die einfache Form:

$$\hat{\mathscr{H}}_{Et} = \frac{1}{2}\mathcal{A}S_{11}\mathrm{E}_3[3\hat{I}_z^2 - I(I+1)]. \tag{5.9}$$

In den Experimenten von BOLEF und MENES wurde die Probe im Magnetfeld gedreht. Es ist deshalb günstig, den spinabhängigen Teil des Operators (5.9) vom kubischen Kristallachsensystem x, y, z in ein Laborsystem $\tilde{x}, \tilde{y}, \tilde{z}$ zu transformieren, dessen $\tilde{z}$-Achse mit der Richtung des angelegten Magnetfeldes zusammenfällt. Der Spinanteil $3\hat{I}_z^2 - I(I+1)$ ist die nullte Komponente $\hat{Q}_{20}$ des nicht ausreduzierten Tensors 2. Stufe $\hat{Q}_{2\lambda}$, der sich aus den Projektionen des Spinvektors aufbaut (s. Anhang A). Bei Drehungen transformiert sich der Tensor $\hat{Q}_{2\lambda}$ wie die Kugelfunktionen 2. Ordnung. Unter Benutzung der EULERschen Winkel ψ, θ, φ erhalten wir anstelle von

(5.9) im Laborsystem folgende Gleichung:

$$\mathscr{H}_{Et} = \frac{1}{2} \mathcal{A} S_{11} \mathrm{E}_3 \sum_{q=-2}^{2} (-1)^q \hat{Q}_{2,q} f_2^{-q}(\theta, \varphi), \tag{5.10}$$

$$\hat{Q}_{2,0} = 3\hat{I}_z^2 - I(I+1), \quad f_2^0(\theta, \varphi) = \frac{1}{2}(3\cos^2\theta - 1),$$

$$\hat{Q}_{2,\pm 1} = \mp \sqrt{\frac{3}{2}} (\hat{I}_\pm \hat{I}_z + \hat{I}_z \hat{I}_\pm),$$

$$f_2^{\pm 1}(\theta, \varphi) = \mp \sqrt{\frac{3}{2}} \sin\theta \cos\theta e^{\pm i\varphi},$$

$$\hat{Q}_{2,\pm 2} = \sqrt{\frac{3}{2}} \hat{I}_\pm^2, \quad f_2^{\pm 2}(\theta, \varphi) = \frac{1}{2}\sqrt{\frac{3}{2}} \sin^2\theta e^{\pm 2i\varphi}.$$

θ ist der Winkel zwischen der Ausbreitungsrichtung des Schalles und dem Magnetfeld.

In den Experimenten von Taylor und Bloembergen [7] wurden die longitudinalen akustischen Schwingungen in einem NaCl-Einkristall in [110]-Richtung bezüglich des kubischen Systems angelegt. Die Achse wählen wir als $\tilde{x}$-Achse des Laborsystems. Das Magnetfeld (die $\tilde{z}$-Richtung) wurde senkrecht zur Ausbreitungsrichtung des Schalles mit einem Winkel θ zur [1$\bar{1}$0]-Richtung angelegt.

Wir wollen einen anderen Weg zur Aufstellung des Spinphononoperators an Hand der Experimente von Taylor und Bloembergen demonstrieren. Dabei benutzen wir eine Methode, die praktisch entgegengesetzt zur Ableitung der Gleichung (5.10) verläuft.

Im Experiment [7] wurde Ultraschall zur Anregung von Übergängen mit $\Delta m = \pm 2$ angelegt. Diese Übergänge werden im Ausdruck für die elektrische Quadrupol-Wechselwirkung (2.6) durch Terme proportional zu $\hat{I}_\pm^2$ beschrieben, wobei $\tilde{z}$ in Feldrichtung H_0 angenommen wurde. Im Laborsystem $\tilde{x}, \tilde{y}, \tilde{z}$ lautet dieser Term dann[1])

$$\hat{\mathscr{H}}_{Et}^{(\pm 2)} = \frac{1}{4} \mathcal{A} \hat{I}_{\pm}{}^{2} \left(V_{\tilde{x}\tilde{x}} - V_{\tilde{y}\tilde{y}} \mp i\, 2 V_{\tilde{x}\tilde{y}}\right). \quad (5.11)$$

Im Laborsystem $\tilde{x}, \tilde{y}, \tilde{z}$ hat der durch die Schalleinwirkung erzeugte Deformationstensor nur eine von Null verschiedene Komponente $\mathrm{E}_{\tilde{x}\tilde{x}}$ oder $\mathrm{E}_{\tilde{1}}$ in der VOIGTschen Schreibweise. Daraus ergeben sich folgende von Null verschiedene Komponenten des elektrischen Feldgradienten:

$$V_{\tilde{\alpha}} = S_{\tilde{1}\tilde{\alpha}} \mathrm{E}_{\tilde{1}}. \quad (5.12)$$

Jetzt müssen nur noch die Tensorkomponenten $S_{\tilde{1}\tilde{\alpha}}$ ($\alpha = 1, 2, 6$) der dynamischen Quadrupol-Wechselwirkung durch die Komponenten im System der kubischen

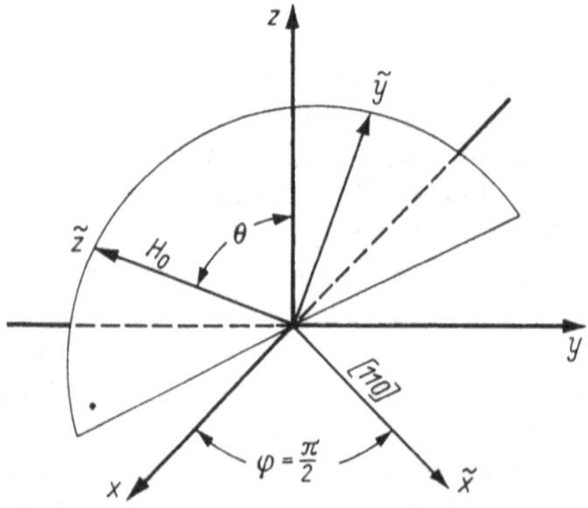

Abb. 2. Anordnung der Koordinatenachsen $\tilde{x}, \tilde{y}, \tilde{z}$ des Laborsystems in bezug auf das Kristallachsensystem x, y, z nach [7].

Kristallachsen x, y, z ausgedrückt werden. In Abb. 2 ist die relative Lage zwischen dem Laborsystem $\tilde{x}, \tilde{y}, \tilde{z}$ und dem Kristallsystem x, y, z dargestellt. Beide Systeme

[1]) Der HAMILTON-Operator ist invariant gegenüber der Drehgruppe, deshalb hat er in allen Koordinatensystemen das gleiche Aussehen.

fallen zusammen, wenn man um die EULERschen Winkel $\varphi = \pi/2$ und θ dreht. Die Transformationsmatrix lautet für diese Drehung

$$\|a\| = \begin{vmatrix} 1/\sqrt{2} & 1/\sqrt{2} & 0 \\ -\sin\theta/\sqrt{2} & \sin\theta/\sqrt{2} & \cos\theta \\ \cos\theta/\sqrt{2} & -\cos\theta/\sqrt{2} & \sin\theta \end{vmatrix}. \tag{5.13}$$

Die unmittelbare Berechnung erfolgt nach dem allgemeinen Gesetz für Tensortransformationen:

$$S_{\tilde{\alpha}\tilde{\beta}\tilde{\gamma}\tilde{\delta}} = \sum_{\alpha,\beta,\gamma,\delta=x,y,z} a_{\alpha\tilde{\alpha}} a_{\beta\tilde{\beta}} a_{\gamma\tilde{\gamma}} a_{\delta\tilde{\delta}} S_{\alpha\beta\gamma\delta},$$

wobei die $a_{\alpha\tilde{\alpha}}$ die Elemente der Matrix (5.13) darstellen. Wir erhalten schließlich

$$S_{\tilde{1}\tilde{1}} = \frac{1}{4} S_{11} + S_{44},$$

$$S_{\tilde{1}\tilde{2}} = \frac{1}{4} S_{11}(3\cos^2\theta - 2) - S_{44}\sin^2\theta, \quad S_{\tilde{1}\tilde{6}} = 0. \tag{5.14}$$

Setzen wir (5.14) und (5.12) in den Operator (5.11) ein, so ergibt sich der endgültige Ausdruck

$$\hat{\mathscr{H}}_{Et}^{(\pm 2)} = \frac{1}{4} \mathcal{A} \hat{I}_{\pm}{}^2 S_{11} \mathrm{E}_{\tilde{x}\tilde{x}} \left[\frac{S_{44}}{S_{11}} + \frac{3}{4} + \left(\frac{S_{44}}{S_{11}} - \frac{3}{4}\right)\sin^2\theta\right]. \tag{5.15}$$

Falls das Kernquadrupolmoment klein ist oder vollständig fehlt, kann die Wechselwirkung zwischen den Schallschwingungen und dem Kern, wie bereits erwähnt, auch über sein magnetisches Dipolmoment stattfinden. Der Operator dieser Wechselwirkung ist proportional zur Spinkomponente $\hat{I}_\alpha{}^i$ des betrachteten Kernes. Ein Beispiel dieser Art war der Operator (4.12) der Spin-Phonon-Kopplung über Dipol-Wechselwirkung. Phänomenologisch kann man ihn in der Form

$$\hat{\mathscr{H}}_t^{\,i} = \sum_{j=1}^{N} \sum_{\alpha,\beta,\gamma,\delta=x,y,z} F^j_{\alpha\beta\gamma\delta} \hat{S}_\alpha^{\,j} \hat{I}_\beta^{\,i} \mathrm{E}_{\gamma\delta}(\boldsymbol{r}_i) \tag{5.16}$$

darstellen, wobei $\hat{S}_\alpha^{\,j}$ die Komponente α des betrachteten Kern- oder Elektronenspins j bezeichnet.

§ 6. Übergangswahrscheinlichkeit zwischen den Spin-Niveaus bei Einwirkung von Ultraschall

In der Quantenmechanik wird gezeigt, daß die Übergangswahrscheinlichkeit zwischen zwei Niveaus m und n bei Einwirkung einer periodisch von der Zeit abhängigen Störung $\hat{\mathscr{H}}_t^{\,a} = \hat{\mathscr{H}}^a \cos \omega t$ symmetrisch bezüglich m und n ist und folgende Form [8] hat:

$$P^A_{mn} = \frac{g_a(\nu)}{4\hbar^2} \,|\langle \psi_m \,|\, \hat{\mathscr{H}}^a \,|\psi_n\rangle|^2, \tag{6.1}$$

ψ_m und ψ_n sind die Eigenfunktionen der Energieniveaus m und n, $g_a(\nu)$ ist die normierte Linienformfunktion des Überganges $m \leftrightarrow n$ für die gegebene Störung $\mathscr{H}_t^{\,a}$.

Die Absorption des Schalles in Materie wird üblicherweise durch den Schallabsorptionskoeffizienten σ charakterisiert. Er ist definiert durch das Verhältnis der pro Zeiteinheit und Volumeneinheit im Stoff absorbierten Energie E_1 zu dem pro Zeiteinheit zugeführten Energiestrom J pro cm² senkrecht zur Ausbreitungsrichtung.

$$\sigma = \frac{E_1}{J} = \frac{\hbar\omega\,\Delta n_{mn} P^A_{mn}}{\frac{1}{2}\,d v^3 \mathrm{E}_0^{\,2}} = \frac{\omega\,\Delta n_{mn}}{2\hbar d v^3}\,\frac{g_a(\nu)}{\mathrm{E}_0^{\,2}}\,|\langle\psi_m|\,\hat{\mathscr{H}}^a\,|\psi_n|\rangle^2. \tag{6.2}$$

Hier bedeuten ν die Schallfrequenz, E_0 die Deformationsamplitude, d die Dichte des Stoffes, v die Schallgeschwindigkeit im Kristall, Δn_{mn} den Überschuß der

Kerne im unteren Energieniveau pro Volumeneinheit und $\hbar\omega$ die Energiequanten der akustischen Schwingungen. Der so bestimmte Absorptionskoeffizient σ hat die Dimension cm^{-1}. Sein reziproker Wert σ^{-1} charakterisiert den Abstand, bei dem die Energie der einfallenden akustischen Schwingungen auf den e-ten (1/2,73) Teil abgeklungen ist.

Die Absorptionskoeffizienten für longitudinale und transversale akustische Schwingungen, die sich in beliebigen Richtungen relativ zu den Hauptachsen in Kristallen kubischer Symmetrie der Klassen T_d, O, O_h ausbreiten, wurden in der Arbeit [4] berechnet. Dabei wurde die Wechselwirkung mit den Kernen über die Modulation der Kern-Quadrupol-Energie vorausgesetzt. Analoge Ergebnisse wurden in der Arbeit [9] für Kristalle mit trigonaler Symmetrie (C_{3v}, D_3, D_{3d}) erhalten. Im weiteren werden wir die Berechnung der Absorptionskoeffizienten für einige spezielle Probleme angeben, die zur Deutung und Analyse von Versuchsergebnissen notwendig sind.

Das Termschema des Kernspinsystems in einem kubischen Kristall wird durch die Wechselwirkung mit dem äußeren Magnetfeld bestimmt. Die ZEEMAN-Niveaus der Spins im äußeren Feld H_0 haben alle den gleichen Energiebestand $\hbar\gamma_n H_0 = \hbar\omega_0$. Sie werden durch die Eigenfunktionen $\chi(I, m)$ des Operators $\hat{I}_z$ beschrieben.

Die Gleichgewichtsverteilung der Spins auf die Energieniveaus befolgt die BOLTZMANN-Statistik

$$N_m = N e^{-E_m/kT} \Big/ \sum_m e^{-E_m/kT} = N e^{m\hbar\omega_0/kT} \Big/ \sum_m e^{m\hbar\omega_0/kT}.$$

N ist die Gesamtzahl der Kerne, T die Kristalltemperatur und k die BOLTZMANN-Konstante. Alle Messungen der Kernresonanz erfolgen normalerweise unter den Voraussetzungen $\hbar\omega_0 \ll kT$. Deshalb kann man die Exponenten entwickeln und in 1. Näherung für die Differenz der

Besetzungszahlen der Niveaus m und $m - q$ schreiben

$$\Delta n_q = N_m - N_{m-q} = q \frac{N}{2I + 1} \frac{\hbar \omega_0}{kT}. \qquad (6.3)$$

$2I + 1$ ist die Zahl der Kernspin-Niveaus.

Der Operator der Spin-Phonon-Kopplung (5.10) für die Versuchsbedingungen von Bolef und Menes [5, 6] hat, bei Anwendung auf die Funktion $\chi(I, m)$, von Null verschiedene Matrixelemente für die Übergänge zwischen den Niveaus m und $m \pm 1$ sowie m und $m \pm 2$. Das bedeutet, daß Resonanzübergänge angeregt werden können, wenn die Ultraschallfrequenz ω in der Nähe von ω_0 oder $2\,\omega_0$ liegt.

Zur Bestimmung dieser Übergangswahrscheinlichkeiten setzen wir die Matrixelemente des Operators (5.10) in Gleichung (6.1) ein:

$$P^A_{m,m-q} = \frac{9}{256} \frac{A^2 S^2_{11} \mathrm{E}_3{}^2}{\hbar^2} \sin^{2q}\left(\frac{2\,\theta}{q}\right) \xi^2_{m,m-q}\, g_q(\nu),$$

$$\xi^2_{m,m\mp 1} = (2m - 1)^2 (I \pm m)(I \mp m + 1), \qquad (6.4)$$

$$\xi^2_{m,m\mp 2} = (I \pm m)(I \pm m - 1)(I \mp m + 2)(I \mp m + 1).$$

$g_q(\nu)$ ist dabei die Linienformfunktion der akustischen Resonanz mit der Auswahlregel $\Delta m = q$.

Für die Ermittlung des Absorptionskoeffizienten ist es jetzt nur noch nötig, (6.3) und (6.4) in (6.2) einzusetzen und über m von I bis $-I$ zu summieren:

$$\sigma_q = \frac{3}{320} I(I + 1)(2I - 1)(2I + 3) \frac{N \omega^2 A^2 S^2_{11}}{kTdv^3} \times g_q(\nu) \sin^{2q}\left(\frac{2\,\theta}{q}\right) \qquad (6.5)$$

mit $q = 1$ und 2.

Der Absorptionskoeffizient σ_q in Ionenkristallen des Typs KJ, KBr, NaJ usw. liegt in Übereinstimmung mit den Experimenten von BOLEF und MENES [6] in der Größenordnung von 10^{-8} cm^{-1}.

Die Ausdrücke für die Übergangswahrscheinlichkeit durch akustische Schallanregung in den Versuchen von TAYLOR und BLOEMBERGEN [7] kann man leicht aus den Gleichungen (6.1) und (5.15) ermitteln:

$$P^A_{\pm 3/2, \mp 1/2} = P^A_{\mp 1/2, \pm 3/2} = \frac{3}{16} \frac{A^2 S_{11}^2 \mathrm{E}^2_{0\bar{x}\bar{x}}(\boldsymbol{r})}{\hbar^2} \left[\frac{3}{4} + \frac{S_{44}}{S_{11}} + \left(\frac{S_{44}}{S_{11}} - \frac{3}{4}\right) \sin^2\theta\right]^2 g_2(\nu). \quad (6.6)$$

$\mathrm{E}_{0\bar{x}\bar{x}}(\boldsymbol{r})$ ist die Amplitude der akustischen Deformation, $\mathrm{E}_{\bar{x}\bar{x}}(t) = \mathrm{E}_{0\bar{x}\bar{x}}(\boldsymbol{r}) \cos \omega t$ im Punkt $\boldsymbol{r}$.

Die Übergangswahrscheinlichkeit zwischen den Kernspinniveaus, verursacht durch akustische Störung der magnetischen Dipolwechselwirkung des Kernspins mit paramagnetischen Verunreinigungen, ergibt sich mit den Formeln (6.1) und (4.14) zu

$$P^A_{m,m-1} = \frac{9}{16} \gamma_e^2 \gamma_n^2 \bar{S}_z^2 \mathrm{E}_0^2 g_a(\nu)\, \eta^2_{m,m-1} \sum_j |f(r_{jk}, \theta_{jk}, \varphi_{jk})|^2. \quad (6.7)$$

$$\eta^2_{m,m\mp 1} = (I \pm m)(I \mp m + 1).$$

Hier ist $\bar{S}_z^2 = \sum_{m_e=-S}^{S} m_e^2 = S(S+1)/3$ der Mittelwert von S_z^2, m_e die magnetische Quantenzahl des Elektrons. Die Summierung über j in (6.7) erstreckt sich über alle paramagnetischen Zentren der Probe.

$\sum_j |f|^2$ kann näherungsweise durch $N_e \overline{|f|^2}$ ersetzt werden, wobei N_e die Anzahl der paramagnetischen Zentren in der Probe und $\overline{|f|^2}$ den mittleren Wert von $|f|^2$ bezeichnen. Wenn wir eine homogene Verteilung der paramagnetischen Zentren im Probenvolumen V voraussetzen, erhalten wir dafür

$$N_e \, \overline{|f|^2} = \frac{N_e}{V} \int_0^\infty r_{jk}^2 \, dr_{jk} \int_0^\pi \sin \theta_{jk} d\theta_{jk} \int_0^{2\pi} d\varphi_{jk} \, |f(r_{jk}, \theta_{jk}, \varphi_{jk})|^2$$

$$= \frac{328}{315} \frac{\pi}{a^3} N_e^0. \tag{6.8}$$

a ist die Gitterkonstante und N_e^0 die Zahl der paramagnetischen Zentren im Einheitsvolumen.

Eine andere Näherung besteht darin, an Stelle der Summierung über j nur die Wechselwirkung mit einem benachbarten paramagnetischen Ion zu betrachten, das dann einen mittleren Abstand R von $|N_e^0|^{-1/3}$ hat. Ein solches Vorgehen ist gerechtfertigt, da $|f|^2$ mit wachsendem r_{jk} schnell abfällt. Bei nicht zu großen Konzentrationen N_e^0 ist es unwahrscheinlich, daß Ionen mit Abständen größer als der mittlere Radius R einen merklichen Einfluß auf den Kern haben. Beide Näherungen geben übereinstimmende Größenordnungen der Resultate.

Wenn wir (6.8) in (6.7) einsetzen, erhalten wir als endgültiges Ergebnis

$$P_{m,m-1}^A = \frac{41\pi}{210} \gamma_e^2 \gamma_n^2 \hbar^2 a^{-3} S(S+1) \, \mathrm{E}_0^2 N_e^0 g_a(\nu) \, \eta_{m,m-1}. \tag{6.9}$$

Wir wollen auch die Wahrscheinlichkeit für die Spinübergänge $m_k \leftrightarrow m_k - 1$ des Kernes k bei akustischer Modulation der magnetischen Dipolkopplung mit den benachbarten Kernen des regulären Gitters berechnen. Dazu betrachten wir einen kubischen Kristall vom Typ des NaCl. Eine seiner kubischen Achsen, z. B. z, zeige in Richtung des konstanten Magnetfeldes. In Richtung der anderen kubischen Achse x erfolgt die Anregung mit transversalen akustischen Schwingungen, die in z-Richtung polarisiert sein sollen. Für diesen Fall erhalten wir mit den Gleichungen (4.7), (6.1) und (4.11) für die Übergangswahrscheinlichkeit

$$P^A_{m_k,m_k-1} = \frac{9\gamma_k^2\gamma_j^2\hbar^2 E^2_{0xz} g_a(\nu)}{16}$$

$$\left|\sum_j \langle m_k, m_j|\hat{I}_+{}^k \hat{I}_z{}^j|\, m_k - 1, m_j\rangle x_{jk} \frac{\partial}{\partial z_{jk}} \cdot \left\{\frac{z_{jk}(x_{jk} - i y_{jk})^2}{r^5_{jk}}\right\}\right|^2$$

$$= \frac{9\hbar^2\gamma_k^2 g_a(\nu)}{16}\, \eta^2_{m,m-1}\, E^2_{0xz} \sum_j \gamma_j^2 \overline{m}_j{}^2 \frac{x^2_{jk}(x^2_{jk} + y^2_{jk})}{r^{10}_{jk}}.$$

Da die Dipol-Kopplung (4.11) mit wachsendem r_{jk} wieder stark abfällt, wollen wir uns bei der Berechnung der Summe über j auf die nächsten Nachbarn mit den Koordinaten $(\pm a, 0, 0)$, $(0, \pm a, 0)$ und $(0, 0, \pm a)$ beschränken:

$$P^A_{m_k,m_k-1} = \frac{3}{8} \frac{\gamma_k^2\gamma_j^2\hbar^2}{a^6} E^2_{0xz} I_j(I_j + 1)\, \eta^2_{m_k,m_{k-1}}\, g_a(\nu). \quad (6.10)$$

E_{0xz} ist die Deformationsamplitude $\overline{m}_j{}^2 = \frac{1}{3} I_j\,(I_j + 1)$.

Die Berechnung der Übergangswahrscheinlichkeit für die anderen Auswahlregeln ($\Delta m_k = 1$, $\Delta m_j = 1$ oder $\Delta m_k = 1, \Delta m_j = -1$ usw.) bei gleichem Wechselwirkungsmechanismus unterscheidet sich wenig von den oben angeführten Ableitungen.

Für das Verhältnis der Übergangswahrscheinlichkeiten bei Dipol-Kopplung der Kerne mit paramagnetischen Zentren (6.9) und der Kerne untereinander (6.1) ergibt sich

$$\frac{P^A\,(\text{nach (6.9)})}{P^A\,(\text{nach (6.10)})} \approx 1{,}6\, \frac{\mu_e{}^2}{\mu_n{}^2} \frac{a^3}{R^3} \frac{\Delta\nu_a}{\Delta\nu_a{}^e}. \quad (6.11)$$

$\Delta\nu_a$ und $\Delta\nu_a{}^e$ sind die Linienbreiten der NAR ohne und mit Anwesenheit von paramagnetischen Zentren.

Die Wahrscheinlichkeit (6.9) für Spinübergänge beim Anlegen von Ultraschall wird durch den Einbau von paramagnetischen Zentren nicht wesentlich vergrößert, trotz des im Vergleich zum Kern ca. 1000mal größeren Elektronenmomentes, da gleichzeitig der mittlere Abstand des Kernes vom Zentrum $R = (N_e^0)^{-1/3}$ stark anwächst und die Linienbreite $\Delta\nu_a^e$ bedeutend größer wird (s. § 22).

Wir wollen als nächstes die Wahrscheinlichkeit für akustische Übergänge zwischen den Spinniveaus desselben Kernes bei magnetischer Dipol-Kopplung und elektrischer Quadrupol-Kopplung zwischen Phononen- und Spinsystem vergleichen. Wir schätzen das Verhältnis der Wahrscheinlichkeiten (6.10) und (6.4) für einen Kern mit dem Spin $I = 3/2$ unter der Voraussetzung gleicher Linienbreiten und $\theta = \pi/4$ ab:

$$\frac{\left(\sum_{m_k} P^A_{m_k,m_k-1}\right)_{\text{Dipol}}}{\left(\sum_{m_k} P^A_{m_k,m_k-1}\right)_{\text{Quadr.}}} = \frac{10}{9}\, I_j\,(I_j+1)\,\frac{\gamma_k^2\gamma_j^2\hbar^4}{Z^2\gamma_Q^2 e^4 Q^2}. \qquad (6.12)$$

Mit $\gamma_j \approx \gamma_k = 2\pi \cdot 10^3\ \mathrm{G^{-1}\,s^{-1}}$, $Q \approx 10^{-25}\ \mathrm{cm^2}$ ergibt sich für das Verhältnis (6.12) $\approx 3 \cdot 10^{-6}\, I_j\,(I_j+1)\,\gamma_Q^{-2}$. Daraus ist ersichtlich, daß die Wahrscheinlichkeit für Übergänge durch Dipol-Kopplung wesentlich geringer ist als über die Quadrupol-Kopplung.

Im folgenden werden wir auch den Ausdruck für die Übergangswahrscheinlichkeit zwischen den Kern-Zeemanniveaus bei Anlegen eines zeitlich veränderlichen hochfrequenten Magnetfeldes $2H_1 \cos\omega t$ benötigen:

$$P^M_{m,m-1} = \frac{1}{4}\,\gamma_n^2 H_1^2 \eta^2_{m,m-1} \sin^2\theta\, g_M(\nu). \qquad (6.13)$$

$\theta_M(\nu)$ ist die Linienform der magnetischen Resonanz und g der Winkel zwischen dem konstanten und dem zeitlich veränderlichen Feld.

§ 7. Phononen, Prozesse der Spin-Gitter-Relaxation

Im § 6 wurde in den phänomenologischen Ausdrücken für die Operatoren der Spin-Phonon-Wechselwirkung die spezielle Ursache der Deformation nicht näher spezifiziert. Deshalb können diese Ausdrücke auch zur Beschreibung der Wechselwirkung zwischen den Kernen und den Wärmebewegungen des Gitters, d. h. zur Untersuchung der Prozesse der Spin-Gitter Relaxation, benutzt werden. Dazu müssen nur die von den Wärmebewegungen hervorgerufenen Deformationen bestimmt werden.

Man kann die statistischen Wärmebewegungen der Atome im Gitter des festen Körpers in eine Summe von sogenannten Normalschwingungen zerlegen, die den Schwingungen von harmonischen Oszillatoren äquivalent sind. In der Festkörpertheorie wird gezeigt [10], daß die Komponente α der Verschiebung $U_\alpha(\boldsymbol{r})$ eines beliebigen Gitterpunktes $\boldsymbol{r}$ des Kristalles in folgender Form als Summe von Normalschwingungen dargestellt werden kann:

$$U_\alpha(\boldsymbol{r}) = \sqrt{\frac{2\hbar}{M}} \sum_{\boldsymbol{p}} \omega_p^{-1/2} e_{\boldsymbol{p}\alpha} (\hat{q}_{\boldsymbol{p}} + \hat{q}_{\boldsymbol{p}}^+) \cos(\boldsymbol{p}\boldsymbol{r} + \Delta_{\boldsymbol{p}}). \quad (7.1)$$

Dabei ist $\boldsymbol{p}$ der Wellenvektor der Normalschwingung mit der Frequenz ω_p, $e_{\boldsymbol{p}\alpha}$ die Komponente α des Polarisationsvektors $e_{\boldsymbol{p}}$, $\Delta_{\boldsymbol{p}}$ eine willkürliche Phase der Normalschwingung $\boldsymbol{p}$, $\hat{q}_{\boldsymbol{p}}$ und $\hat{q}_{\boldsymbol{p}}^+$ hermitesch konjugierte Operatoren der Normalschwingungen und M die Masse des gesamten Kristalles.

Jeder Schwingungsmode entspricht ein Gitteroszillator mit der Eigenfrequenz ω_p und ein Satz äquidistanter Energieniveaus

$$E_{n\boldsymbol{p}} = \hbar\omega_{\boldsymbol{p}}(n_{\boldsymbol{p}} + 1/2),$$

mit $n_{\boldsymbol{p}} = 0, 1, 2, \ldots$ als Quantenzahl des Oszillators $\boldsymbol{p}$. Zu jedem Schwingungsniveau mit der Energie $E_{n\boldsymbol{p}}$ gehört eine Eigenfunktion $|n_{\boldsymbol{p}}\rangle$. Diese Eigenfunktionen sind im Zusammenhang mit den Operatoren $\hat{q}_{\boldsymbol{p}}$ und $\hat{q}_{\boldsymbol{p}}^{+}$ so beschaffen, daß die einzigen von Null verschiedenen Matrixelemente folgende Werte haben:

$$\langle n_{\boldsymbol{p}} | \hat{q}_{\boldsymbol{p}} | n_{\boldsymbol{p}} + 1 \rangle \langle n_{\boldsymbol{p}} + 1 | \hat{q}_{\boldsymbol{p}}^{+} | n_{\boldsymbol{p}} \rangle = \sqrt{n_{\boldsymbol{p}} + 1}\,. \quad (7.2)$$

Es ist üblich, davon zu sprechen, daß im Kristall n_p Quanten der akustischen Schwingungen oder $n_{\boldsymbol{p}}$ Phononen mit dem Wellenvektor $\boldsymbol{p}$ existieren, wenn sich der Oszillator $\boldsymbol{p}$ im angeregten Zustand $E_{n\boldsymbol{p}} = \hbar\,\omega_{\boldsymbol{p}}(n_{\boldsymbol{p}} + 1)$ befindet. Aus den Eigenschaften der Matrixelemente der Operatoren $\hat{q}$ und $\hat{q}^{+}$ ist ersichtlich, daß $\hat{q}$ den Oszillator aus dem Zustand $|n + 1\rangle$ in den Zustand $|n\rangle$ umwandelt, d. h. die Phononenzahl um 1 vermindert, und $\hat{q}^{+}$ entgegengesetzt dazu den Zustand $|n\rangle$ in den Zustand $|n + 1\rangle$ überführt oder die Phononenzahl um 1 erhöht. Deshalb heißen die Operatoren $\hat{q}$ und $\hat{q}^{+}$ entsprechend auch Vernichtungs- und Erzeugungsoperatoren von Phononen.

Die Phononen gehorchen der Bose-Statistik, so daß für die mittlere Phononenzahl der Mode $\boldsymbol{p}$ im Kristall der Gittertemperatur T gilt

$$\langle n_{\boldsymbol{p}}\rangle = \left\{\exp\frac{\hbar\,\omega_{\boldsymbol{p}}}{kT} - 1\right\}^{-1}, \quad (7.3)$$

k ist die Boltzmann-Konstante.

Ein weiteres wichtiges Charakteristikum der Wärmebewegung der Kristalle ist die Anzahl $dZ(\omega)$ der verschiedenen Moden der Normalschwingungen, deren Frequenzen zwischen ω und $\omega + d\omega$ liegen. Dieses Problem ist nur für einige einfache Gittertypen gelöst. Es existiert jedoch eine gute Näherungsmethode nach Debye. Die Gitterschwingungen werden hier als Schwingungen eines kontinuierlichen Mediums behandelt. Die Ausbreitungsgeschwindigkeit v der Schwingungen wird als unabhängig vom Wellenvektor und der Polarisationsrichtung angenommen. In dieser Näherung gilt

$$dZ(\omega) = \varrho(\omega)\,d\omega\,, \quad \varrho(\omega) = 3\,V\omega^2/2\pi^2 v^3, \quad \omega < \omega_D, \quad (7.4)$$

und der Zusammenhang zwischen Wellenvektor und Frequenz wird durch den Ausdruck

$$\omega_p = \frac{v}{a}\,|p|, \quad \frac{3}{v^3} = \frac{1}{v_l^3} + \frac{2}{v_{tr}^3}$$

beschrieben. v_l und v_{tr} sind die Ausbreitungsgeschwindigkeiten der longitudinalen und transversalen Schwingungen, $\omega_D = k\theta/\hbar$ die Grenzfrequenz der Schwingung, θ die Debye-Temperatur, a die Gitterkonstante und V das Kristallvolumen.

Wir wollen hier auf den Unterschied zwischen den Wärmeschwingungen und den erzwungenen Gitterschwingungen hinweisen. Ein wesentliches Merkmal ist das Fehlen sowohl der räumlichen (alle Richtungen von $\boldsymbol{p}$ sind gleichwahrscheinlich) als auch der zeitlichen (die Phase Δ_p der Schwingung ist beliebig) Kohärenz der Phononen der Wärmebewegung. Weiterhin ist die Energie der Wärmeschwingungen über das gesamte Frequenzspektrum von Null bis zur Debyeschen Grenzfrequenz $\omega_D \approx 10^{13} \cdot 2\pi$ Hz verteilt, während die von außen dem Kristall zugeführte akustische Energie normalerweise auf einen relativ engen Frequenzbereich $\Delta\omega \leqq 10^3 \cdot 2\pi$ Hz beschränkt ist. Innerhalb dieser Bandbreite ist die Zahl der kohärenten Phononen um das 10^9fache höher als die Zahl der Gitterschwingungs-Phononen im gleichen Frequenzband. In einem Kristall, beispielsweise mit einem Volumen von 1 cm^3, entfallen auf die Frequenz $\omega = 10^7$ Hz bei einer Bandbreite $\Delta\omega = 10^3$ Hz bei Zimmertemperatur

$$N_T = \bar{n}_\omega\,\varrho(\omega)\,\Delta\omega = \frac{3}{2\pi^2}\,\frac{\omega k T}{\hbar v^3}\,\Delta\omega \approx 10^8$$

Phononen der Gitterschwingungen (bei $v = 3 \cdot 10^5$ cm/s). Die Zahl der kohärenten Phononen der gleichen Frequenz bei 1 cm³ Substanz und einer Schwingungsamplitude von $A_0 \approx 10^{-8}$ cm beträgt

$$N_k = \frac{1}{2}\, d A_0^2 \omega^2 / \hbar\omega \approx 2\pi \cdot 10^{18},$$

dabei ist $U = A_0^2\omega^2 \cdot 1/2$ die Energie in 1 cm³ (die Dichte wurde zu $d = 2g/\text{cm}^3$ angenommen).

Die von den Wärmeschwingungen im Punkt $\boldsymbol{r}$ des Kristalles erzeugten Deformationen ergeben sich zu

$$E_{\alpha\beta}(\boldsymbol{r}) = -\sqrt{\frac{2\hbar}{M}} \sum_{\boldsymbol{p}} \frac{\omega_{\boldsymbol{p}}^{1/2}}{v} (\hat{q}_{\boldsymbol{p}} + \hat{q}_{\boldsymbol{p}}^{+}) \times \sin(\boldsymbol{p}\boldsymbol{r} + \Delta_{\boldsymbol{p}}) \{e_{\boldsymbol{p}\alpha}, \lambda_\beta\} \tag{7.5}$$

mit

$$\{e_{\boldsymbol{p}\alpha}, \lambda_\beta\} = \frac{1}{2}(e_{\boldsymbol{p}\alpha}\lambda_\beta + \lambda_\alpha e_{\boldsymbol{p}\beta}),\ \boldsymbol{\lambda} = \boldsymbol{p}/|\boldsymbol{p}|.$$

Wir benutzen die Ergebnisse des § 4 und den Ausdruck (7.5) und finden für den linear von den Deformationen abhängigen Operator der Spin-Phonon-Kopplung die Beziehung

$$\hat{\mathscr{H}}^{(1)}(t) = \sum_{\alpha,\beta,\gamma,\delta = x,y,z} S_{\alpha\beta\gamma\delta} \{\hat{I}_\alpha \hat{I}_\beta\} E_{\alpha\beta} \equiv \sum_{\boldsymbol{p}} \hat{\mathscr{H}}_{\boldsymbol{p}}^{(1)}(t), \tag{7.6}$$

$$\hat{\mathscr{H}}_{\boldsymbol{p}}^{(1)}(t) = -\sqrt{\frac{2\hbar\omega_{\boldsymbol{p}}}{M v^2}} (q_{\boldsymbol{p}} + q_{\boldsymbol{p}}^{+}) \sin(\boldsymbol{p}\boldsymbol{r} + \Delta_{\boldsymbol{p}}) \times \sum_{\alpha\beta\gamma\delta} S_{\alpha\beta\gamma\delta} \{\hat{I}_\alpha \hat{I}_\beta\} \{e_{\boldsymbol{p}\alpha}, \lambda_\beta\}. \tag{7.7}$$

Die Übergangswahrscheinlichkeit eines Kernspins von einem beliebigen Niveau m zu einem Niveau m' unter der Einwirkung einer Normalschwingung $\boldsymbol{p}$ ist nach [8] gleich

$$U^{(1)}_{mm'} = \frac{2\pi}{\hbar} \, |\langle m', n_{\boldsymbol{p}}' \,|\, \hat{\mathscr{H}}_{\boldsymbol{p}}^{(1)}(t) \,|\, m, n_{\boldsymbol{p}}\rangle|^2 \, \delta(E_m + E_{n_{\boldsymbol{p}}} - E_{m'} - E'_{n_{\boldsymbol{p}}})$$

$$= \begin{cases} \dfrac{2\pi}{\hbar} \, |\langle m, n_{\boldsymbol{p}} + 1 \,|\, \hat{\mathscr{H}}_{\boldsymbol{p}}^{(1)}(t) \,|m', n_{\boldsymbol{p}}\rangle|^2 \\ \times \, \delta(\hbar\,\omega_{mm'} - \hbar\,\omega_{\boldsymbol{p}}), \quad \text{wenn } E_m > E_{m'}, \\ \dfrac{2\pi}{\hbar} \, |\langle m, n_{\boldsymbol{p}} - 1 \,|\, \hat{\mathscr{H}}_{\boldsymbol{p}}^{(1)}(t) \,|\, m', n_{\boldsymbol{p}}\rangle|^2 \\ \times \, \delta(\hbar\,\omega_{mm'} - \hbar\,\omega_{\boldsymbol{p}}), \quad \text{wenn } E_m < E_{m'}, \end{cases} \tag{7.8}$$

dabei ist $\omega_{mm'} = \hbar^{-1}(E_m - E_{m'})$ der Abstand der Energieniveaus in Frequenzeinheiten.

Unter Benutzung einer Spektraldichteverteilung $\varrho(\omega)$ nach Debye wird durch Summation der Einfluß aller Gitterschwingungen berücksichtigt, und wir finden

$$W^{(1)}_{mm'} = \int\limits_0^{\omega_D} U_{mm'}(\omega_{\boldsymbol{p}}) \, \varrho(\omega_{\boldsymbol{p}}) \, d\omega_{\boldsymbol{p}}$$

$$= \frac{2\pi}{\hbar^2} \, \varrho(\omega_{mm'}) \, |\langle m', n_{\boldsymbol{p}_1} \pm 1 \,|\, \hat{\mathscr{H}}_{\boldsymbol{p}}'(t) \,|\, m, n_{\boldsymbol{p}_1}\rangle|^2, \tag{7.9}$$

wobei $\boldsymbol{p}_1$ durch die Bedingung $\omega_{\boldsymbol{p}_1} = \omega_{mm'}$ festgelegt ist. In diese Beziehung setzen wir den Hamilton-Operator (7.7) und die Matrixelemente (7.2) ein und erhalten nach Mittelung über die Phase Δ_p für $E_m > E_{m'}$

$$W^{(1)}_{mm'} = \frac{3\,\omega^3_{mm'}}{\pi\,\hbar\,v^5 d} \, [\overline{\langle n_{\boldsymbol{p}_1}\rangle} + 1] A_1,$$

$$A_1 = \left| \sum_{\alpha\beta\gamma\delta} S_{\alpha\beta\gamma\delta} \, \langle m \,|\, \{\hat{I}_{\hat{\alpha}} \hat{I}_{\hat{\beta}}\} \,|\, m'\rangle \, \{e_{\boldsymbol{p}\gamma} \lambda_\delta\} \right|^2. \tag{7.10}$$

d ist die Dichte des Stoffes, und der Querstrich bezeichnet die Mittelung über alle Ausbreitungs- und Polarisationsrichtungen des Ultraschalles.

Der einzige Unterschied bei der Berechnung des umgekehrten Überganges von $E_{m'}$ zum Niveau E_m besteht darin, daß in der Gleichung (7.10) an Stelle von $\langle n_{p_1}\rangle + 1$ nur der Eigenwert $\langle n_{p_1}\rangle$ erscheint. Daraus folgt für das Verhältnis der Übergangswahrscheinlichkeiten

$$W^{(1)}_{mm'}/W^{(1)}_{m'm} = e^{\hbar\omega_{mm'}/kT}, \qquad (7.11)$$

die Boltzmann-Verteilung, wie es auch entsprechend dem Prinzip des detaillierten Gleichgewichtes gefordert wird (s. § 9).

Die Energieniveauaufspaltungen der Kernspins sind praktisch immer viel kleiner als kT, so daß man für das Verhältnis auch schreiben kann

$$W^1_{mm'} = W^1_{m'm} = A_1 \frac{3\,\omega^2_{mm'}\,kT}{\pi\,\hbar^2 v^5 d}. \qquad (7.12)$$

Die Übergangswahrscheinlichkeit (7.12) hängt für alle Einphononenprozesse (bei beliebigem Relaxationsmechanismus) linear von der Temperatur und quadratisch von der Übergangsfrequenz und damit bei äquidistanten Spektren vom Magnetfeld ab. Der Ausdruck unter dem Summenzeichen (A_1) wird durch den speziellen Relaxationsmechanismus bestimmt. Er liefert die Abhängigkeit der Relaxationsübergänge von der Orientierung der Quantisierungsachsen (des konstanten Magnetfeldes) relativ zu den Kristallachsen.

Die Matrixelemente der Spinoperatoren $\{\hat{I}_\alpha \hat{I}_\beta\}$ und die Mittelwerte $\{e_{p\gamma}, \lambda_\delta\}$ können leicht berechnet werden. Sie liefern Zahlenwerte in der Größenordnung von 1. Deshalb wird die Größe von A_1 praktisch durch die unabhängigen Komponenten des S-Tensors festgelegt. Der Absorptionskoeffizient der akustischen Resonanz σ und die Übergangswahrscheinlichkeit unter Einwirkung eines akustischen Resonanzfeldes P^A (s. § 6) waren proportional zu S^2. Daraus kann man interessante Beziehungen zwischen σ und P^A auf der einen Seite und $W^{(1)}$ auf der anderen Seite herstellen [11]. Ausführliche theoretische und experimentelle Untersuchungen zu dieser Problematik wurden von DONOHO [12] für Cr^{3+} in Korund angestellt. Für den Kernparamagnetismus sind diese Beziehungen jedoch von geringem Interesse, da die Übergangswahrscheinlichkeiten durch die Spin-Gitter-Relaxation für die Kerne nicht durch die Einphononenprozesse, sondern durch andere Prozesse bestimmt werden.

Der Name Einphononenprozeß rührt daher, daß beim Übergang zwischen den Kernspinniveaus ein Phonon absorbiert oder emittiert wird (s. Formeln (7.8) und (7.9)). Das wurde durch die Anwendung eines Operators 1. Ordnung bezüglich des Deformationstensors bedingt. In der betrachteten Näherung werden daher Relaxationsübergänge nur durch Resonanzphononen ($\omega_{\boldsymbol{p}_1} = \omega_{mm'}$) hervorgerufen, die im niederfrequenten Teil des Phononenspektrums liegen.

In der Theorie der Spin-Gitter-Relaxation [13] wird gezeigt, daß Einphononenprozesse dann eine wichtige Rolle zu spielen beginnen, wenn die Bedingung $\hbar\omega_{mm'} \approx kT$ erreicht wird. Bei den gegenwärtig in der magnetischen Resonanz benutzten Magnetfeldern erfordert diese Ungleichung Temperaturen von $T \approx 1$ °K bei der Elektronenresonanz und dementsprechend ca. 1000mal niedrigere für die Kernresonanz.

Bei höheren Temperaturen werden die Kernrelaxationsübergänge durch Mehrphononenprozesse, die sogenannte Kombinations- (oder RAMAN-)streuung, bestimmt. Darunter verstehen wir Übergänge zwischen den Spinniveaus bei gleichzeitiger Absorption eines und Emission eines anderen Phonons, wobei die Energiedifferenz der Phononen dem Energieabstand der Spinniveaus entspricht. Der HAMILTON-Operator für diese Prozesse ist proportional zum Quadrat der Deformationsmatrix. Man erhält ihn im Punktladungsmodell, ähnlich der Gleichung (4.7), wenn man die Reihenentwicklung nach den Verschiebungen bis zur 2. Ordnung in U fortführt; phänomenologisch kann der Operator in der Form

$$\hat{\mathscr{H}}^{(2)}(t) = \sum_{\alpha\beta\gamma\delta\varepsilon\eta = x,y,z} G_{\alpha\delta\gamma\delta\varepsilon\eta} \{\hat{I}_\alpha \hat{I}_\beta\} \mathrm{E}_{\gamma\delta} \mathrm{E}_{\varepsilon\eta} \tag{7.13}$$

dargestellt werden.

Die Übergangswahrscheinlichkeit des Kernes vom Zustand m zum Zustand m' bei gleichzeitiger Kombinationsstreuung der Phononen $\boldsymbol{p}$ und $\boldsymbol{p}'$ ist gleich

$$U^{(2)}_{mm'} = \frac{2\pi}{\hbar^2} \left| \langle m', n_{\boldsymbol{p}} \mp 1, n_{\boldsymbol{p}'} \pm 1 \right| \hat{\mathscr{H}}^2(t) \left| m, n_{\boldsymbol{p}}, n_{\boldsymbol{p}'} \rangle \right|^2 \times \delta(\omega_{mm'} + \omega_{\boldsymbol{p}} - \omega_{\boldsymbol{p}'}). \tag{7.14}$$

Setzen wir hier (7.13), (7.5) und (7.2) ein und benutzen wir bei der Summation über alle Phononen wieder eine DEBYE-Verteilung (7.4), so erhalten wir nach Mittelung über die Phasen

$$W^{(2)}_{mm'} = \frac{9 A_2}{(2\pi)^3 d^2 v^{10}} \int_0^{\omega_D} \frac{\omega^3 \omega_1{}^3}{(e^{\hbar\omega/kT} - 1)} \frac{e^{\hbar\omega_1/kT}}{(e^{\hbar\omega_1/kT} - 1)} d\omega, \tag{7.15}$$

$$A_2 = \overline{\left| \sum_{\alpha\beta\gamma\delta\varepsilon\eta} G_{\alpha\beta\gamma\delta\varepsilon\eta} \langle m' \mid \{\hat{I}_\alpha \hat{I}_\beta\} \mid m\rangle \{e_{p\gamma}, \lambda_\delta\} \{e_{p,\varepsilon}, \lambda_\eta\} \right|^2}.$$

Hier ist $\omega_1 = \omega_{mm'} + \omega$, und der Querstrich kennzeichnet wieder die Mittelung über alle Ausbreitungs- und Polarisationsrichtungen der Phononen. Den wesentlichen Beitrag zum Integral (7.15) liefern die Frequenzen in der Nähe der Grenzfrequenz $\omega_D \approx 10^{13}$ Hz. In diesem Bereich kann die Kernresonanzfrequenz $\omega_{mm'}$, deren typische Werte bei 10^7 Hz liegen, vernachlässigt werden. Damit ergibt sich folgende Vereinfachung:

$$W^{(2)}_{mm'} = \frac{9 A_2 J_6}{(2\pi)^3 d^2 v^{10}}, \quad J_6 = \int_0^{k\theta/\hbar} \frac{\omega^6 e^{\hbar\omega/kT}}{(e^{\hbar\omega/kT} - 1)^2} d\omega. \tag{7.16}$$

Die näherungsweise Berechnung des Integrals J_6 liefert

$$J_6 = 720 \left(\frac{kT}{\hbar}\right)^7 \quad \text{bei} \quad T \ll \theta,$$

$$J_6 = \frac{1}{5} \left(\frac{k}{\hbar}\right)^7 \theta^5 T^2 \quad \text{bei} \quad T \gg \theta.$$

Hiernach wird die Temperaturabhängigkeit der Relaxationsübergänge $W^{(2)}$ sehr wesentlich von dem Verhältnis Temperatur zur Debye-Temperatur bestimmt. Die Wahrscheinlichkeit hängt nicht vom energetischen Abstand zwischen den Spinniveaus und damit vom Magnetfeld ab. Das findet seine Erklärung darin, daß bei der Kombinationsstreuung nicht nur die Resonanzphononen ($\omega_{p_1} = \omega_{mm'}$), sondern alle Phononen beteiligt sind, wie das aus der Integration über das gesamte Phononenspektrum in (7.15) hervorgeht.

Die Abhängigkeit der Wahrscheinlichkeit $W^{(2)}$ von der Orientierung ist im Faktor A_2 enthalten. Sie ist bedeutend komplizierter als bei den Einphononenprozessen.

Die Relaxation über Phononenprozesse wurde hier so ausführlich diskutiert, da sie viel Gemeinsames mit den Vorgängen der Übertragung akustischer Energie zum Spinsystem hat. Die Aufklärung des schnellsten Einphononen-Mechanismus für die Relaxation bedeutet praktisch die Bestimmung des stärksten Kanales der Kern-Schall-Kopplung. Einige qualitative Schlußfolgerungen dieser Art kann man auch über die Zwei-Phononen Prozesse ziehen.

Die Relaxationsprozesse sind jedoch in keiner Weise auf Phononenmechanismen beschränkt. In vielen Fällen wird das Gleichgewicht des Kernspinsystems durch Energieaustausch mit anderen (nicht Phononen-)Untersystemen erreicht. Als solche Untersysteme können die Spinsysteme paramagnetischer Verunreinigungen, die Leitungselektronen in Metallen und Halbleitern, die Rotationsschwingungen der Moleküle in Molekülkristallen usw. wirken. Diese Relaxationsmechanismen werden in der Monographie von ABRAGAM [14] und dem Übersichtsartikel von DAS und HAHN [2] ausführlich behandelt. Einige Probleme dazu werden in Abschnitt 4 im Zusammenhang mit dem Einfluß der Bewegung auf die Linienform der akustischen Resonanz betrachtet.

§ 8. Linienform, Momente

Die Form der Resonanzlinie für Übergänge zwischen den Spinniveaus hängt nicht nur von den Eigenschaften dieser Niveaus und der umgebenden paramagnetischen Teilchen, sondern auch von der Art der Anregung dieses Überganges ab. Diese Tatsache folgt allgemein aus der Theorie der Breite von Resonanzlinien. Ihr wurde bei den Untersuchungen mit der magnetischen Kernresonanz wenig Aufmerksamkeit geschenkt, da bei der magnetischen Resonanz nur eine Methode zur Anregung der Resonanzübergänge möglich ist, nämlich über die Wechselwirkung zwischen dem zeitlich veränderlichen Feld und dem magnetischen Kernmoment.

In der akustischen Resonanz können unter der Voraussetzung der Quadrupolwechselwirkung als Kopplung zwischen Spinsystem und Schallfeld zwei Arten von Resonanzübergängen mit Änderung der magnetischen Quantenzahl um ± 1 und ± 2 angeregt werden. Deshalb ergibt ein Vergleich der Linienbreiten der NMR und NAR interessante Informationen über die Wechselwirkungen der paramagnetischen Teilchen in festen Körpern, über Gitterdefekte usw.

Eine exakte Berechnung der Linienform ist praktisch nicht durchführbar, denn schon bei einer Zweiteilchen-Wechselwirkung (wie beispielsweise der Dipol-Kopplung) wäre die Berechnung des Spektrums eines Systems mit vielen wechselwirkenden Teilchen nötig. Wird die Linienform durch eine Einteilchen-Kopplung (Verteilung lokaler Felder) hervorgerufen, so ist zur genauen Behandlung mindestens die Kenntnis der Konzentration und Verteilung aller Typen von Defekten in der Probe (z. B. Versetzungen, Leerstellen, Störstellen usw.) und der von ihnen erzeugten Felder nötig. Die Bestimmung dieser Größen ist auch eine außergewöhnlich schwierige Aufgabe. Deshalb muß man sich in allen Fällen mit Näherungslösungen zufrieden geben. Das entspricht übrigens auch den Anforderungen des Experimentes, denn es können nur einige wichtige Parameter der Linienform sicher gemessen werden.

Das verbreitetste Verfahren der theoretischen Behandlung der Linienform der Resonanzabsorption ist die von VAN VLECK [15] entwickelte Methode der Momente. Dabei werden sowohl Beiträge der Einteilchen- als auch der Zweiteilchen-Wechselwirkung zur Linienform berücksichtigt. Der große Vorteil liegt bei der Zweiteilchen-Wechselwirkung, da an Stelle der Berechnung eines Vielteilchen-Spektrums nur noch die Bestimmung der Spuren von Spin-Operatoren nötig ist.

Nach Definition hat das k-te Moment einer Absorptionslinie bei der Frequenz ν_0 folgendes Aussehen:

$$M_k^a = \int_{-\infty}^{\infty} (\nu - \nu_0)^k \, g_a(\nu) \, d\nu \,, \quad \int_{-\infty}^{+\infty} g_a(\nu) \, d\nu = 1 \,. \qquad (8.1)$$

$g_a(\nu)$ ist die normierte Linienformfunktion für Übergänge infolge der Kopplung $\hat{\mathscr{H}}_t^a$. Die Berechnung aller Momente ist der genauen Kenntnis der Linienform äquivalent. Gewöhnlich bestimmt man die Form nur nach den ersten Momenten, die man tatsächlich berechnen kann.

Aus der Definition (8.1) ist erkenntlich, daß die ungeraden Momente von symmetrischen Linien Null sind. Ein nicht verschwindendes erstes Moment der Linie entspricht einer Verschiebung der Resonanzfrequenz. Wenn ein solches Moment existiert, werden deshalb alle folgenden Momente auf $\nu_0 + M_1$ und nicht auf ν_0 bezogen, wie es die Vorschrift (8.1) fordert. Die neuen Ausdrücke bezeichnet man dann als zentrale Momente. Das 2. Moment entspricht bis auf einen Faktor dem Quadrat der Linienbreite $(\nu_{1/2})^2$, gemessen in halber Höhe.

Ein wichtiger Parameter der Linienform ist das Verhältnis $\varkappa$ zwischen dem vierten und dem Quadrat des 2. Momentes. Dieser Formparameter $\varkappa$ beträgt für GAUSS-Kurven 3. Für $\varkappa < 3$ weicht die Linienform in Richtung einer rechteckigen Kurve und für $\varkappa > 3$ in Richtung einer LORENTZ-Kurve von der GAUSS-Verteilung ab. Für eine GAUSS-Kurve beispielsweise,

$$g_G(\nu) = \frac{1}{\sqrt{2\pi}\,\sigma} \exp\left\{-\frac{(\nu - \nu_0)^2}{2\sigma^2}\right\},$$

lassen sich somit folgende Parameter ermitteln:

$$M_1 = 0,\ M_2 = \sigma^2.\ M_4 = 3\sigma^4,\ \nu^{1/2} = 2\sqrt{2 \ln 2\sigma},\ \varkappa = 3.$$

Für eine LORENTZ-Kurve

$$g_L(\nu) = \frac{\Delta}{\pi} \frac{1}{(\nu - \nu_0)^2 + \Delta^2}$$

sind die 2. und höheren Momente divergent, da $g_L(\nu)$ nicht genügend schnell abfällt. Für solche Linien führt man einen Begrenzungsparameter α ein, mit der Annahme $g(\nu) = 0$ für $|\nu| > \alpha$. In diesem Falle liefert die Rechnung

$$M_1 = 0,\quad M_2 = \frac{2\alpha\Delta}{\pi},\quad M_4 = \frac{2\alpha^3\Delta}{3\pi},$$

$$\nu_{1/2} = \pi\sqrt{\frac{M_2{}^3}{3M_4}},\quad \varkappa = \frac{\pi\alpha}{6\Delta}.$$

In der Arbeit von VAN VLECK [20] wird eine Formel zur Berechnung des 2. Momentes der Resonanzlinie bei Kenntnis der entsprechenden Wechselwirkung abgeleitet. Der Operator $\hat{\mathcal{H}}_0$ bestimmt das Spektrum des paramagnetischen Teilchens und liefert unendlich schmale

Energieniveaus $E_m^{(0)}$. Die Wechselwirkung $\mathcal{H}'$ soll viel kleiner sein als $\hat{\mathcal{H}}_0$ und bewirkt nur eine Verbreiterung der weiterhin noch gut aufgespaltenen Niveaus. Wir können $\hat{\mathcal{H}}'$ als kleine Störung des ungestörten Systems $\hat{\mathcal{H}}_0$ auffassen. Mit der Störungstheorie 1. Ordnung liefern nur die Diagonalelemente von $\hat{\mathcal{H}}'$, gebildet mit den ungestörten Zuständen von $\hat{\mathcal{H}}_0$, einen Beitrag zur Energie $E_m^{(1)} = \mathcal{H}_{0mm} + \mathcal{H}'_{mm}$.

Der Ausdruck für das 2. Moment kann in etwas anderer Form als Summe der Beiträge der einzelnen Übergänge geschrieben werden:

$$M_2 = \sum_{m,n} (\nu_{mn} - \nu_{mn}^0)^2 \, W_{mn}^a = \frac{\sum\limits_{mn} (\nu_{mn} - \nu_{mn}^0)^2 \, |\langle m | \hat{\mathcal{H}}_t^a | n \rangle|^2}{\sum\limits_{mn} |\langle m | \hat{\mathcal{H}}_t^a | n \rangle|^2} . \tag{8.2}$$

Die Summierung erfolgt über alle Energieniveaus des HAMILTON-Operators,

$$\hat{\mathcal{H}} = \hat{\mathcal{H}}_0 + \hat{\mathcal{H}}', \; h\nu_{mn}^{(0)} = E_m^{(0)} - E_n^{(0)},$$

$$h\nu_{mn} = E_m^{(1)} - E_n^{(1)},$$

und

$$W_{mn}^a = \frac{|\langle m \hat{\mathcal{H}}_t^a | n \rangle|^2}{\sum\limits_{mn} |\langle m | \hat{\mathcal{H}}_t^a | n \rangle|^2}$$

ist die normierte Übergangswahrscheinlichkeit zwischen den Niveaus m und n unter dem Einfluß der Wechselwirkung $\hat{\mathcal{H}}_t^a$. Bei der Ableitung von (8.2) wurde vorausgesetzt, daß alle Spinniveaus gleichbesetzt sind. Das ist unter der Voraussetzung $h\nu_{mn} \ll kT$ gerechtfertigt, also wie bereits erwähnt, in der Kernresonanz bis zu Temperaturen in der Größe von 10^{-2} bis 10^{-3} K.

Die Summe (8.2) kann man mathematisch in folgenden Ausdruck umformen:

$$M_2^a = -\mathrm{Sp}\,\{[\hat{\mathcal{H}}', \hat{\mathcal{H}}_t^a]^2\}/h^2\,\mathrm{Sp}\,\{\hat{\mathcal{H}}_t^a\}^2, \tag{8.3}$$

zu dessen Berechnung nur noch die Spuren von Spinoperatoren zu bestimmen sind. Die Umformung erfolgte in $\hat{\mathscr{H}}_0$-Darstellung über die Zwischenschritte

$$
\begin{aligned}
-\mathrm{Sp}\,\{[\hat{\mathscr{H}}', \hat{\mathscr{H}}_t^a]^2\} &= \sum_{mn} \langle m \mid (\hat{\mathscr{H}} - \hat{\mathscr{H}}_0)\,\hat{\mathscr{H}}_t^a - \hat{\mathscr{H}}_t^a \\
&\quad \times (\hat{\mathscr{H}} - \hat{\mathscr{H}}_0)\,|n\rangle \\
&\quad \times \langle n \mid (\hat{\mathscr{H}} - \hat{\mathscr{H}}_0)\,\hat{\mathscr{H}}_t^a - \hat{\mathscr{H}}_t^a\,(\hat{\mathscr{H}} - \hat{\mathscr{H}}_0) \mid m\rangle \\
&= \sum_{mn} \{[\langle m \mid \hat{\mathscr{H}} - \hat{\mathscr{H}}_0 | m\rangle - \langle n | \hat{\mathscr{H}} - \hat{\mathscr{H}}_0 \mid n\rangle]^2 \\
&\quad \times \langle m \mid \hat{\mathscr{H}}_t^a \mid n\rangle \langle n \mid \hat{\mathscr{H}}_t^a \mid m\rangle\} \\
&= h^2 \sum_{mn} (\nu_{mn} - \nu_{mn}^0)^2 \mid \langle m \mid \hat{\mathscr{H}}_t^a \mid n\rangle \mid^2, \\
\mathrm{Sp}\,\{\hat{\mathscr{H}}_t^a\}^2 &= \sum_{mn} \langle m \mid \mathscr{H}_t^a \mid n\rangle \langle n \mid \hat{\mathscr{H}}_t^a \mid m\rangle \\
&= \sum_{mn} \mid \langle m \mid \hat{\mathscr{H}}_t^a \mid n\rangle|^2,
\end{aligned}
$$

die die Identität der Beziehungen (8.3) und (8.4) bestätigen. Auf ähnliche Weise erhält man für das 4. Moment den Ausdruck

$$M_4^a = \mathrm{Sp}\{[\hat{\mathscr{H}}', [\hat{\mathscr{H}}', \hat{\mathscr{H}}_t^a]]\}^2/h^4\,\mathrm{Sp}\,\{\hat{\mathscr{H}}_t^a\}^2. \quad (8.3\,\mathrm{a})$$

Im Anhang C ist die Anwendung der Gleichungen (8.3) und (8.3a) demonstriert. Bei Annahme einer isotropen Austauschwechselwirkung und Anregung von Übergängen mit $\Delta m = \pm 2$ im Zeeman-Spektrum durch Ultraschall wird dort das 2. Moment der Absorptionslinie der NAR ausführlich berechnet.

Es wurde schon bemerkt, daß in die Berechnung mit der Momentenmethode nur die Diagonalterme von $\hat{\mathscr{H}}'$ in der $\hat{\mathscr{H}}_0$-Darstellung eingehen. Wenn $\hat{\mathscr{H}}_0$ der Operator der Zeeman-Energie ist, so besteht der Diagonalteil der Dipol-Kopplung in der Summe (4.11) nur aus den Termen mit $q = 0$. Die isotrope Austauschwechselwirkung der

Kerne $\sum_{j>k} A^{jk} \hat{I}^j \hat{I}^k$ ist vollständig diagonal[1]). Liegt kein reines ZEEMAN-Spektrum vor, so wird der Diagonalteil von $\hat{\mathscr{H}}'$ komplizierter und erfordert die Anwendung spezieller Verfahren (z. B. die Technik der Projektionsoperatoren von PRYCE und STEVENS [16]).

Wenn der Operator der Spin-Phonon-Kopplung die Spinoperatoren nur in 1. Ordnung, wie in (4.14), enthält, unterscheiden sich die Momente der Linien der NMR und NAR nicht voneinander. Deshalb werden in Zukunft unter den Momenten der NAR-Linien die Linienmomente verstanden, die durch Spin-Phonon-Operatoren mit bilinearen Spinkomponenten induziert werden.

Für den Fall der Verbreiterung durch Spin-Spin-Kopplung wurden Berechnungen der Linienform der NAR von KOLOSKOWA und KOPWILLEM [17, 18] und LOUDON [19] durchgeführt. Sie benutzen folgenden Operator zur Beschreibung der Wechselwirkung und damit der Linienbreite:

$$\hat{\mathscr{H}}' = \sum_{k<j} [C_{kj}(\hat{I}_+^k \hat{I}_-^j + \hat{I}_-^k \hat{I}_+^j) + D_{kj} \hat{I}_z^k \hat{I}_z^j] \equiv \sum_{k<j} \sum_{\alpha,\beta=x,y,z} \mathscr{P}_{\alpha\beta}^{kj} \hat{I}_\alpha^k \hat{I}_\beta^j. \quad (8.4)$$

Besteht die Spin-Spin-Wechselwirkung nur aus der Dipol-Kopplung (4.11) und aus der isotropen Kernaustauschwechselwirkung (2.10), so haben die Konstanten C_{kj}, D_{kj} und $\mathscr{P}_{\alpha\beta}^{kj}$ folgende Gestalt:

$$C_{jk} = -1/4 \gamma_n{}^2 \hbar^2 r_{jk}^{-3} (1 - 3\cos^2\theta_{jk}) + 1/2\, A_{jk}, \quad (8.4a)$$

$$D_{jk} = \gamma_n{}^2 \hbar^2 r_{jk}^{-3} (1 - 3\cos^2\theta_{jk}) + A_{jk},$$

$$\mathscr{P}_{\alpha\beta}^{jk} = \gamma_n{}^2 \hbar^2 r_{jk}^{-3} (\delta_{jk} - 3 r_{jk,\alpha}\, r_{jk,\beta}/r_{jk}^2) + A_{jk}.$$

Wir wollen nun die Ergebnisse der Berechnung der 2. Momente der NAR auf der Grundlage der Spin-Spin-Wechselwirkung darlegen.

---

[1]) Es handelt sich hier um die Wechselwirkung zwischen Kernen der gleichen Art.

A. Äquidistantes Spektrum des Spinsystems

In den Arbeiten [17 bis 19] wurden Ausdrücke für die 2. Momente erhalten. Diese lauten für die NMR-Linien

$$M_2 = \frac{3}{4(2\pi)^2} \gamma_n{}^4 \hbar^2 I(I+1) \sum_{j=1}^{N} r_{jk}^{-6} (3\cos^2\theta_{jk} - 1)^2, \tag{8.5}$$

für die Linien der NAR mit $\Delta m = \pm 1$

$$M_2 = 1/3\, I(I+1) \sum_{j=1}^{N} [20 C_{jk}^2 + D_{jk}^2] \frac{1}{\hbar^2} \tag{8.6}$$

und für die Linien der NAR mit $\Delta m = \pm 2$

$$M_2 = 4/3\, I(I+1) \sum_{j=1}^{N} [2 C_{jk}^2 + D_{jk}^2] \frac{1}{\hbar^2}. \tag{8.7}$$

In der Arbeit [19] wurden außerdem Ausdrücke für die 4. Momente der NAR-Linien abgeleitet.

Aus den angeführten Ergebnissen kann man eine Reihe interessanter Schlußfolgerungen ziehen:

Erstens: Die isotrope Austauschwechselwirkung verbreitert die Linien der NAR, denn sie liefert einen Beitrag zu den 2. Momenten. Demgegenüber wurde für die NMR-Linien theoretisch und experimentell eine Verschmälerung der Linie unter dem Einfluß der Austauschkopplung ermittelt [20]. Diese Unterschiede lassen die Möglichkeit zu, die Austauschkopplung mit den Methoden der NAR näher zu untersuchen.

Zweitens: Die Beziehungen (8.5) bis (8.7) zeigen, daß bei alleiniger Wirkung der Dipol-Dipol-Wechselwirkung die 2. Momente der NMR und der NAR mit $\Delta m = \pm 1$ gleiche Größe haben, während das 2. Moment mit $\Delta m = \pm 2$ doppelt so groß ist. Dieser Umstand kann benutzt werden, um die unterschiedliche Größe der Beiträge der verschiedenen Wechselwirkungsmechanismen auf die Linienbreite zu analysieren.

Drittens: Aus den Berechnungen der Arbeit [19] wird schließlich sichtbar, daß bei den vorausgesetzten Verbreiterungsmechanismen die Linienform annähernd einer Gaußkurve entspricht, mit geringen Abweichungen in Richtung Rechteckform. Für die Linien der NAR mit $\Delta m = \pm 1$ ergibt sich beispielsweise für einen Kristall mit einem einfachen kubischen Gitter, der sich in einem konstanten Magnetfeld in [100]-Richtung befindet, für den Parameter $\varkappa$

$$\varkappa = 3\left\{1 - 0{,}348 - \frac{0{,}034}{I(I+1)}\right\} < 3$$

bei magnetischer Dipol-Wechselwirkung,

$$\varkappa = 3\left\{1 - 0{,}390 - \frac{0{,}095}{I(I+1)}\right\} < 3$$

bei Austauschkopplung zwischen den nächsten Nachbarn. Die 2. Momente vom Typ (8.5) bis (8.7) für den Fall der Verbreiterung durch Quadrupol-Wechselwirkung sind in der Arbeit [21] berechnet.

B. Spinsysteme mit nicht äquidistanten Energieniveaus

In diesem Falle werden Resonanzübergänge nur zwischen jeweils zwei definierten Energieniveaus angeregt, wobei sich im allgemeinen die Linienform und damit die Momente für die verschiedenen Übergänge unterscheiden. Diese Unterschiede hängen aber nicht von der Form des induzierenden Wechselfeldes ab.

Koloskowa [22] hat die 2. Momente für nichtäquidistante Spektren berechnet, deren Energieniveaus E_m eindeutig durch Spinzustände χ_m mit einem bestimmten m charakterisiert werden konnten. Für den komplizierten

Fall, daß die Eigenfunktionen durch Linearkombinationen der Spinfunktionen mit verschiedenem m beschrieben werden, liegen keine Rechnungen vor. Für den von KOLOSKOWA [22] betrachteten Fall entspricht das 2. Moment der NAR-Linie mit $\Delta m = \pm 1$ immer dem 2. Moment der NMR-Linie für die gleichen Übergänge zwischen den Energieniveaus. Für die Resonanzübergänge zwischen den Niveaus E_m und E_{m-1} sind sie gleich

$$M_2 = h^{-2} \sum_{j=1}^{N} \left\{ \frac{I(I+1)}{3} (\mathscr{P}_{zz}^{jk})^2 + \frac{m(m+1) - I(I+1)}{2(2I+1)} \right.$$
$$\times \mathscr{P}_{zz}^{jk} (\mathscr{P}_{xx}^{jk} + \mathscr{P}_{yy}^{jk}) + [2\{I(I+1) - m(m+1)\}^2$$
$$+ \{I(I+1) - m(m-1)\}^2 + \{I(I+1) - (m-1)$$
$$\left. \times (m-2)\}^2] \frac{(\mathscr{P}_{xx}^{jk} + \mathscr{P}_{yy}^{jk})^2}{16(2I+1)} \right\}. \tag{8.8}$$

Das 2. Moment der NAR-Linie für den Übergang $E_m \leftrightarrow E_{m-2}$ ist gleich

$$M_2 = h^{-2} \sum_{j=1}^{N} \left\{ \frac{4}{3} I(I+1) (\mathscr{P}_{zz}^{jk})^2 + [4(m+1)^2 \right.$$
$$+ \{I(I+1) - m(m-1)\}^2 + \{I(I+1) - (m+2)$$
$$\left. \times (m+3)\}^2] \frac{(\mathscr{P}_{xx}^{jk} + \mathscr{P}_{yy}^{jk})^2}{16(2I+1)} \right\}. \tag{8.9}$$

(Als Ursache der Linienbreite wurden die Spin-Spin-Wechselwirkungen nach (8.4) vorausgesetzt.)

Die Untersuchung der Linienbreite der Kernresonanzlinien hat ergeben, daß die Breite in vielen Fällen nicht durch die Zweiteilchen-Spin-Spin-Wechselwirkung, sondern durch die Fluktuation der lokalen elektrischen Felder am Kernort verursacht wird. Die Wechselwirkung, die in diesem Falle die Linienbreite bestimmt, läßt sich durch folgenden Operator beschreiben (s. § 5):

$$(\hat{\mathscr{H}}_j') = \frac{1}{2} \mathscr{A} [3\hat{I}_z^2 - I(I+1)] V^j_{zz}, \qquad (8.10)$$

$$V^j_{zz} = \sum_{\gamma\delta} S_{zz\gamma\delta} \mathrm{E}^j_{\gamma\delta}.$$

$\mathrm{E}^j_{\gamma\delta}$ ist der Tensor der Deformationen durch Gitterdefekte in der Nähe des Kernes j.

Die Ergebnisse der Berechnungen [18, 22] der 2. Momente infolge dieser Wechselwirkung (8.10) lassen sich in folgender Form aufschreiben:

$$M_2 = \frac{9}{4} \mathscr{A}^2 h^{-2} f(I) \overline{V}^j_{zz}, \quad \overline{V}^j_{zz} = \frac{1}{N} \sum_{j=1}^{N} V^j_{zz}, \qquad (8.11)$$

mit $f(I) = \frac{1}{5} [4I(I+1) - 3]$ für NMR mit äquidistanten Niveaus,

$f(I) = \frac{1}{7} [12I(I+1) + 17]$ für NAR ($\Delta m = \pm 1$) mit äquidistanten Niveaus,

$f(I) = \frac{16}{7} [I(I+1) - 2]$ für NAR ($\Delta m = \pm 2$) mit äquidistanten Niveaus,

$f(I) = |m_1^2 - m_2^2|$ für Resonanzen mit nichtäquidistanten Niveaus zwischen den Zuständen m_1 und m_2.

Die Gleichung (8.11) wurde aufgestellt, ohne daß die Art der Gitterdefekte näher konkretisiert ist. Die Untersuchung des Einflusses homogener Deformationen und Versetzungen auf die Linienform der akustischen und magnetischen Resonanz wurden in den Arbeiten [23, 24] durchgeführt.

Literatur

[1] M. H. Cohen, F. Reif, Solid State Physics, Vol. 5, New York Acad. Press, 1957, S. 322.
[2] T. P. Das, E. Hahn, Solid State Physics, Suppl. 1 New York Acad. Press 1958.
[3] A. P. Kessel, Shurn. eksper. teor. Fis., **36**, 1451, 1959.
[4] W. J. Dobrow, Phys. Rev., **134**, 3A., 734, 1964.
[5] D. I. Bolef, M. Menes. Phys. Rev., **114**, 1441, 1959.
[6] M. Menes, D. I. Bolef, Phys. Rev., **109**, 218, 1958, J. Phys. Chem. Solids **19**, 79, 1961.
[7] E. F. Taylor, N. Bloembergen. Phys. Rev. **113**, 431, 1959.
[8] L. Landau, E. Lifschitz, Lehrbuch der Theoretischen Physik, Bd. III, Quantenmechanik (Übers. a. d. Russ.) Akademie-Verlag, Berlin 1973.
[9] S. B. Grigorijew, A. M. Sasonow, Travin. Radiophysik, **10**, 209, 1967.
[10] R. D. Mattuck, M. W. P. Strandberg, Phys. Rev. **113**, 431, 1959.
[11] S. A. Altschuler, Shurn. eksper. teor. Fis. **28**, 38, 1955.
[12] P. L. Donoho, Phys. Rev., **133**, A1080, 1963.
[13] S. A. Altschuler, B. M. Kosirew, Elektronenparamagnetische Resonanz (Übers. a. d. Russ.). B. G. Teubner Verlagsges., Leipzig 1961.
[14] A. Abragam, Nuclear Magnetism, Oxford 1961.
[15] J. H. van Vleck, Phys. Rev., **73**, 1249, 1948; **74**, 1168, 1948.
[16] M. H. Pryce, K. W. H. Stevens, Proc. Phys. Soc., A **63**, 36, 1950.
[17] N. G. Koloskowa, U. C. Kopwillem, Shurn. eksper. teor. Fis. **38**, 1351, 1960.
[18] N. G. Koloskowa, U. C. Kopwillem, Fis. twerd. Tela, **4**, 697, 1962.
[19] R. Loudon, Phys. Rev., **119**, 919, 1960.
[20] R. Kubo, K. Tomita, J. Phys. Soc. Japan **9**, 888, 1954.
[21] N. G. Koloskowa, Fis. Metallow i Metallowedenije **15**, 137, 1963.
[22] N. G. Koloskowa, Diss. Kasan, 1963.
[23] N. G. Koloskowa, Fis. twerd. Tela, **5**, 61, 1963.
[24] N. G. Koloskowa, Fis. twerd. Tela, **4**, 3129, 1962.
[25] H. A. Kramers, Proc. Acad. Sci. Amsterdam, **33**, 959, 1930.

2. Akustische Sättigung von Kernspinsystemen

§ 9. Ultraschallsättigung bei äquidistanten Spinniveaus

Die verbreitetste Methode der experimentellen Untersuchung der Akustischen Resonanz ist das Sättigungsverfahren. Dabei werden in der Probe intensive akustische Schwingungen der benötigten Resonanzfrequenz angeregt. Sie bewirken eine Abweichung der Besetzungszahlen der Spinniveaus von der Gleichgewichtsverteilung. Diese Abweichung wird anschließend mit den üblichen stationären oder Impulsmethoden der magnetischen Resonanz gemessen. Die Theorie hat dann die Aufgabe, eine Verbindung zwischen den Sättigungsgrößen und den zu untersuchenden Substanzparametern herzustellen.

Üblicherweise wird bei der Behandlung der Sättigung der Kern- und Elektronenresonanz die Master- oder Balance-Gleichung für die Besetzungszahlen N_m der Spinniveaus aufgestellt und gelöst. Die zeitliche Änderung der Besetzungszahlen wird durch folgende Gleichung beschrieben:

$$\frac{dN_m}{dt} = \sum_n [(W_{nm} + P_{nm}) N_n - (W_{mn} + P_{mn}) N_m], \quad (9.1)$$

wobei W_{mn} und P_{mn} entsprechend die Übergangswahrscheinlichkeit des Spins pro Zeiteinheit zwischen den Energieniveaus E_m und E_n unter dem Einfluß von Relaxationsprozessen bzw. eines äußeren Wechselfeldes beschreibt und $\sum N_m = N$ ist. N ist die Gesamtzahl der Spins.

Beim Fehlen einer äußeren zeitabhängigen Störung stellt sich im Spinsystem ein thermodynamisches Gleichgewicht mit konstanten Besetzungszahlen N_m^0 entsprechend einer BOLTZMANN-Verteilung ein. Die Master-Gleichung (9.1) liefert unter diesen Bedingungen

$$W_{mn}/W_{nm} = N_n{}^0/N_m{}^0 = e^{\Delta_{mn}}. \tag{9.2}$$

Dabei ist $\Delta_{mn} = (E_m - E_n)/kT$ und T die Gittertemperatur.

Die in § 7 berechnete Übergangswahrscheinlichkeit für Einphononen-Prozesse erfüllt die Bedingung (9.2). Über die Erfüllung der Forderung (9.2) bei den in § 7 behandelten Übergängen durch Zweiphononen-Prozesse kann man keine Aussagen machen, da bei der Behandlung Näherungen der Form $\Delta_{mn} = 0$ angesetzt wurden. Doch aus sehr allgemeinen Überlegungen folgt, daß die Bedingung (9.2) immer erfüllt wird [1].

Im Gegensatz dazu hängt die Wahrscheinlichkeit für Übergänge, die durch ein klassisches (nicht gequanteltes) Feld induziert werden, nicht von der Richtung des Überganges ab[1]):

$$P_{mn} = P_{nm}. \tag{9.3}$$

Bei äquidistanten Spinenergieniveaus bedingt eine periodische Störung mit der Resonanzfrequenz Übergänge zwischen allen benachbarten Energieniveaus unter Berücksichtigung der entsprechenden Auswahlregeln. Haben wir nichtäquivalente Energieniveaus, so kann ein äußeres Wechselfeld nur Übergänge zwischen zwei Energieniveaus, für die die Resonanzbedingung erfüllt ist, induzieren. Die Lösung der Master-Gleichung hängt sehr wesentlich sowohl von der Art des Spektrums des Spinsystems als

[1]) Aus den Abschätzungen in § 7 ist ersichtlich, daß bei den in der Akustischen Resonanz üblichen Schallintensitäten die Anzahl der Phononen n_ω in den Proben sehr groß gegenüber Eins ist. Deshalb liefert die Quantisierung des Phononenstromes, nach der man (9.3) durch $P_{mn}/P_{nm} = \frac{n\omega + 1}{n\omega}$ ersetzen kann, keinen Unterschied zur klassischen Betrachtung. Die Anzahl der Gitterphononen wird durch (7.3) bestimmt. Sie ist bei $\hbar\omega/kT = 1$ vergleichbar mit Eins, so daß in der Relaxationstheorie normalerweise die quantenmechanische Beschreibung der Schwingungen benutzt werden muß.

auch von den Eigenschaften des anregenden äußeren Wechselfeldes ab.

Schon die Interpretation der ersten experimentellen Untersuchungen mit Hilfe der NAR [2] zeigte die Notwendigkeit, die Master-Gleichung bei akustischer Sättigung von reinen Quadrupolresonanz-Energieniveaus mit $I = 3/2$ im axialsymmetrischen Feld zu lösen. Bei der Beschreibung der nachfolgenden Experimente wurden Lösungen der Master-Gleichung für den Fall der Ultraschall-Sättigung der Übergänge $\Delta m = 2$ bei ZEEMAN-Aufspaltungen und dem Spin $I = 3/2$ [3, 4] und $I = 5/2$ ermittelt [5]. Es wurden auch theoretische Untersuchungen zum Einfluß der Ultraschall-Sättigung mit $\Delta m = \pm 2$ auf das Verhalten der übrigen ZEEMAN-Niveaus beim Spin 3/2, 5/2, 7/2 und 9/2 veröffentlicht [6]. Sie zeigten, daß sich der Besetzungsunterschied zwischen benachbarten Energieniveaus bei Sättigung nicht nur verkleinern, sondern auch vergrößern kann. Trotzdem liefert der resultierende Summeneffekt aller Energieniveaus eine Verkleinerung der Signalamplitude.

Bei der Berechnung der akustischen Sättigung der ZEEMAN-Niveaus für $I = 3/2$ haben ABRAGAM und PROCTOR [7] ein vereinfachtes Verfahren zur Berücksichtigung der Relaxationsglieder benutzt, das es nach AVERBUCH und PROCTOR [8] gestattet, Ausdrücke für die Sättigung der ZEEMAN-Niveaus mit Ultraschall ($\Delta m = \pm 2$) bei beliebigem Spin I zu erhalten. Analoge Rechnungen wurden von GRIGORIJEW und SASONOW [9] angestellt, wobei sie gleichzeitig mit dem Ultraschall ($\Delta m = \pm 2$) die Anwesenheit eines zweiten zeitabhängigen Resonanzfeldes berücksichtigen.

Es bereitet keine Schwierigkeiten, in diese Rechnungen auch Ultraschallübergänge mit $\Delta m = \pm 1$ einzubeziehen. Wir betrachten einen kubischen Kristall, der sich im Magnetfeld H_0 befindet und Kerne mit dem Spin $I > 1/2$ enthält. Auf den Kristall wirken gleichzeitig das magnetische Wechselfeld $H_x = 2H_1 \cos \omega_m t$ mit der Resonanzfrequenz $\omega_m = \omega_0 = \gamma_n H_0$ und die akustischen

Schwingungen mit der Frequenz $\omega_a \approx \omega_0$ und $\omega_a' \approx 2\omega_0$. Die Wahrscheinlichkeit für Resonanzübergänge zwischen den Niveaus m und m' unter dem Einfluß eines magnetischen Wechselfeldes ist nach (6.10) gleich

$$P^M_{mm'} = B\,|\langle m|\,\hat{I}_\pm\,|\,m \mp 1\rangle|^2 \tag{9.4}$$

mit

$$B = \frac{1}{4}\,(\gamma_n H_1 \sin\theta)^2\, g_M(\nu).$$

Die analoge Wahrscheinlichkeit für Übergänge $\Delta m = q$ durch Ultraschalleinstrahlung ist gleich

$$P^A_{m,m'} = C_q\,|\langle m|\,\hat{Q}^q\,|m'\rangle|^2\,\delta_{m',m-q} \tag{9.5}$$

mit

$$\hat{Q}^{\pm 1} = \hat{I}_\pm \hat{I}_z + \hat{I}_z \hat{I}_\pm, \qquad \hat{Q}^{\pm 2} = \hat{I}_\pm{}^2.$$

Nach Gleichung (6.4) ergibt sich z. B. für die Konstante C_q bei akustischen Längsschwingungen, die sich entlang der Symmetrieachse 4. Ordnung des kubischen Kristalles ausbreiten,

$$C_q = C_{-q} = \frac{9}{256}\left(\frac{A\,S_{11}\,\mathrm{E}_0}{\hbar}\right)^2 \sin^{2|q|}\left(\frac{2\theta}{|q|}\right) g_{|q|}(\nu).$$

Die Master-Gleichung für die zeitliche Änderung der Besetzungszahl N_m des Zeeman-Niveaus $I_z = m$ kann in folgender Form dargestellt werden:

$$\begin{aligned}\frac{dN_m}{dt} = &-\sum_{m'}\Big\{B\sum_{\beta=\pm 1}|\langle m|\,\hat{I}_\beta\,|m'\rangle|^2 \\ &+ \sum_{q=\pm 1,\pm 2} C_q\,|\langle m|\,\hat{Q}^q\,|m'\rangle|^2\,\delta_{m',m-q}\Big\}(N_m - N_{m'}) \\ &+ F_m(N_m) + G_m(N_m).\end{aligned} \tag{9.6}$$

Die Glieder $F_m(N_m)$ und $G_m(N_m)$ berücksichtigen den Beitrag der Spin-Gitter- und Spin-Spin-Wechselwirkung auf die Geschwindigkeit der Veränderung der Besetzungszahlen. Konkrete Ausdrücke für sie werden nicht benötigt, da man ihren Einfluß mit Hilfe der folgenden allgemeinen Darlegungen [7] abschätzen kann.

Das Spinsystem befindet sich im Gleichgewicht, wenn die Besetzung seiner Energieniveaus einer BOLTZMANN-Verteilung

$$N_m = NC \exp\{-E_m/kT_s\}, \qquad C^{-1} = \sum_m \exp\{-E_m/kT_s\}, \tag{9.7}$$

entspricht und die Magnetisierung im konstanten Magnetfeld einem CURIE-Gesetz

$$M_z = \chi_0 H_0, \; \chi_0 = \hbar^2 \gamma_n^2 I(I+1) N/3kT, \tag{9.7a}$$

gehorcht. Die Temperatur T_s wird als Spintemperatur bezeichnet. Im allgemeinen muß die Spintemperatur nicht mit der Gittertemperatur T übereinstimmen, wenn das Spinsystem nicht im Gleichgewicht mit dem Gitter ist.

Für den Spin $I = 1/2$ gibt es nur zwei Energieniveaus. Hierfür kann man zu jedem Zeitpunkt bei beliebigen Werten der Besetzungszahlen eine Spintemperatur definieren:

$$T_s = (E_{-1/2} - E_{1/2})/k \ln\{N_{1/2}/N_{-1/2}\}. \tag{9.8}$$

Bei mehr als zwei Energieniveaus ist es unmöglich, ein Spinsystem, das durch ein äußeres Wechselfeld aus dem Gleichgewicht gebracht wurde, im allgemeinen Fall durch eine einheitliche Spintemperatur zu charakterisieren. Jeweils zwei benachbarten Spinniveaus kann man entsprechend (9.8) eine Spintemperatur zuordnen.

Die Untersuchungen äquidistanter Kernspin-Systeme haben gezeigt (ein wichtiges Experiment wurde mit Hilfe der Technik der direkten akustischen Resonanzabsorption [7], s. auch § 33, realisiert), daß sich in einem

Spinsystem[1]), das sich nicht im Gleichgewicht befindet, eine einheitliche Spintemperatur im Verlaufe von einigen T_2 einstellt; T_2 ist die sogenannte Spin-Spin-Relaxationszeit. Der Austausch erfolgt über die Spin-Spin-Wechselwirkung, und zwar über die Terme proportional zu $\hat{I}_{\pm}{}^{j}\hat{I}_{\mp}{}^{k}$. Sie entsprechen dem gleichzeitigen Übergang des Spins j vom Niveau m nach $m \pm 1$ und des Spins k vom Niveau m' zu $m' \mp 1$. Dabei wird die Energie des Spinsystems nicht verändert. Die Spin-Spin-Relaxationszeit ist auf einfache Weise mit dem 2. Moment M_2 verbunden, da beide durch den gleichen Wechselwirkungsmechanismus verursacht werden:

$$T_2 = \varepsilon M_2^{-1/2}.$$

ε ist ein Zahlenfaktor in der Größenordnung von 1.

Die Spin-Gitter-Relaxation führt zu einer Besetzung der Spinniveaus, die einer Gleichgewichtsverteilung (9.7) mit der Gittertemperatur $T_s = T_L$ entspricht. Diese Prozesse werden durch Übergänge einzelner Kernspins von einem Spinniveau zu einem anderen realisiert. Die dabei benötigte oder freiwerdende Energie wird vom Gittersystem kompensiert. Die Zeit zur Einstellung dieses Gleichgewichtes ist als Spin-Gitter-Relaxationszeit T_1 bekannt.

Wenn das Spinsystem durch eine Spintemperatur T_s (verschieden von T) charakterisiert werden kann, so führt die Spin-Gitter-Relaxation zu einer allmählichen Annäherung von T_s an T und damit von M an M_0 nach folgender Gesetzmäßigkeit:

$$\frac{dM_z}{dt} = -\frac{M_z - M_0}{T_1}. \tag{9.9}$$

$M_0 = \chi_0 H_0$ ist die Gleichgewichtsmagnetisierung bei der Temperatur T im konstanten Feld H_0. Solche Verhältnisse liegen häufig in Festkörpern vor, da hier die Spin-

[1]) Eine ausführliche Darlegung der Problematik der Spintemperatur ist bei M. GOLDMAN, Spin Temperature and Nuclear Magnetic Resonance in Solids, Oxford 1970, zu finden.

Spin-Relaxationszeit T_2 um einige Größenordnungen kürzer ist als T_1. Dadurch stellt sich die Spintemperatur wesentlich schneller ein als das Gleichgewicht mit dem Gitter.

Wir setzen jetzt $T_2 \ll T_1$ voraus. Bei zeitlichen Veränderungen des Spinsystems in der Größenordnung von T_1 kann man nun annehmen, daß das Spinsystem in jedem Augenblick durch eine Spintemperatur T_s charakterisiert werden kann, d. h.

$$N_m = NC \exp\{-m\hbar\omega_0/kT_s\}$$

$$\approx \frac{1}{2I+1}\left[N - \frac{m\,3M_z}{\gamma_n\hbar I(I+1)}\right]. \qquad (9.10)$$

m — magnetische Quantenzahl, $\omega_0 = \gamma_n H_0$ ist die LARMOR-Frequenz, $M_z = \hbar^2\gamma_n{}^2 I(I+1) NH_0/3kT_s$ die Gleichgewichtsmagnetisierung der Kernspins bei der Temperatur T_s im Feld H_0.

Die Quadrate der Matrixelemente der Operatoren $\hat{I}_\pm$ und $\hat{Q}^q$ kann man in folgender Form schreiben:

$$|\langle m+1 \mid \hat{I}_+ \mid m\rangle|^2 = \langle m+1 \mid \hat{I}_+ \mid m\rangle \langle m+1 \mid \hat{I}_+ \mid m\rangle^*$$

$$= \langle m \mid \hat{I}_- \mid m+1\rangle \langle m+1 \mid \hat{I}_+ \mid m\rangle = \langle m \mid \hat{I}_-\hat{I}_+ \mid m\rangle,$$

$$|\langle m-1 \mid \hat{I}_- \mid m\rangle|^2 = \langle m \mid \hat{I}_+\hat{I}_- \mid m\rangle,$$

$$|\langle m+q \mid \hat{Q}^q \mid m\rangle|^2 = \langle m \mid \hat{Q}^{-q}\hat{Q}^q \mid m\rangle. \qquad (9.11)$$

Setzen wir (9.11) und (9.10) in die Rate-Gleichung (9.6) ein, so ergibt sich

$$\frac{dN_m}{dt} = -\frac{3M_z}{\gamma_n\hbar I(I+1)(2I+1)}\{B\langle m \mid [\hat{I}_+, \hat{I}_-] \mid m\rangle$$

$$+ C_1\langle m \mid [\hat{Q}^1\hat{Q}^{-1}] \mid m\rangle + 2C_2\langle m \mid [\hat{Q}^2, \hat{Q}^{-2}] \mid m\rangle\}$$

$$+ F_m(N_m) + G_m(N_m). \qquad (9.12)$$

Wir multiplizieren (9.12) mit $\gamma_n \hbar m = \gamma_n \hbar \langle m \mid \hat{I}_z \mid m \rangle$ und summieren über m. Damit ergibt sich

$$\frac{d}{dt} \sum_m \gamma_n \hbar \langle m \mid \hat{I}_z \mid m \rangle N_m = \frac{d M_z}{dt} = \gamma_n \hbar \sum_m m$$
$$\times [F_m(N_m) + G_m(N_m)]$$
$$- \frac{3 M_z}{I(I+1)(2I+1)} \{B \operatorname{Sp} \{\hat{I}_z [\hat{I}_+, \hat{I}_-]\}$$
$$+ C_1 \operatorname{Sp} \{\hat{I}_z [\hat{Q}^1, \hat{Q}^{-1}]\} + 2 C_2 \operatorname{Sp} \{\hat{I}_z [\hat{Q}^2, \hat{Q}^{-2}]\}\}.$$

Wie wir bereits bemerkt hatten, verändert die Spin-Spin-Wechselwirkung, die zur Einstellung der Spintemperatur führt, die Energie des Spinsystems nicht. Unter Berücksichtigung dieses Sachverhaltes erhält man nach Berechnung der Ausdrücke der Spinoperatoren folgende Beziehung für die zeitliche Veränderung der Kernmagnetisierung beim Vorhandensein eines äußeren Wechselfeldes und akustischer Schwingungsanregung:

$$\frac{d M_z}{dt} = - \frac{M_z - M_0}{T_1} - M_z$$
$$\times \left[2B + \frac{2}{5} (C_1 + 4 C_2)(4 I^2 + 4 I - 3)\right]$$
$$= - \frac{M_z - M_0}{T_1} - M_z \left[\frac{P^M}{I} + \frac{(2I+3) P_1{}^A}{I(2I-1)}\right.$$
$$\left. + \frac{2}{5} (2 + 3/I) P_2{}^A\right], \tag{9.13}$$

P^M ist die Übergangswahrscheinlichkeit zwischen den Niveaus m und $m - 1$ unter der Einwirkung eines magnetischen Wechselfeldes. $P_q{}^A$ ist die Übergangswahrscheinlichkeit zwischen den Niveaus m und $m - q$ unter dem Einfluß akustischer Schwingungen.

Für den stationären Zustand $dM_z/dt = 0$ liefert die Lösung von (9.13) das typische Sättigungsverhalten

$$M_z = \frac{M_0}{1 + T_1 P}, \tag{9.14}$$

wobei die Größe P die Rolle der induzierten Übergangswahrscheinlichkeit spielt:

$$P = \frac{P^M}{I} + \frac{(2I+3)}{I(2I-1)} P_1^A + \frac{2}{5}\left(2 + \frac{3}{I}\right) P_2^A. \tag{9.15}$$

Alle drei Übergangswahrscheinlichkeiten liefern einen additiven Beitrag zur Sättigung. Wenn in der Probe stehende akustische Wellen angeregt werden (als Ausbreitungsrichtung wählen wir die x-Achse), ist die akustische Übergangswahrscheinlichkeit P^A für die Kerne mit der Koordinate x proportional zu $\sin^2 \frac{2\pi}{\lambda} x$. Dabei ist λ die akustische Wellenlänge. Deshalb ist die Formel (9.14) nur für fortlaufende Wellen oder für Probenbereiche $\Delta x \ll \lambda$ gerechtfertigt und muß sonst über das Probenvolumen gemittelt werden:

$$M_z = M_0 \frac{1}{l} \int_0^l \frac{dx}{1 + P_0 T_1 \sin^2\left(\frac{2\pi x}{\lambda}\right)} = \frac{M_0}{\sqrt{1 + T_1 P_0}}. \tag{9.14a}$$

l ist die Länge der Probe in Richtung der Schallausbreitung und ist wegen der Bedingung der stehenden Wellen ein Vielfaches von $\lambda/2$, $P_0 = P^A \sin^2 \frac{2\pi}{\lambda} x$.

Die Magnetisierung M_z ist eines der wichtigsten Charakteristika des Spinsystems. So ist z. B. der Besetzungsunterschied zweier beliebiger Spinniveaus nach (9.10) proportional zu M_z:

$$N_m - N_{m'} = (m' - m) \frac{3}{\gamma_n \hbar I (I+1)(2I+1)} M_z .$$

Die vom Spinsystem pro Zeiteinheit aus einem äußeren Wechselfeld absorbierte Energie hängt auch mit M_z zusammen:

$$\mathcal{P} = \sum_{mm'} \hbar \omega_{mm'} P_{mm'} (N_m - N_{m'}) = \text{const}\, M_z . \quad (9.16)$$

Beim Anlegen von äußeren Resonanzfeldern ist M_z immer kleiner als M_0. Mit wachsender Intensität der Felder vergrößert sich die Übergangswahrscheinlichkeit P, und die Magnetisierung und damit verbunden die Differenz der Besetzungszahlen und die Leistung $\mathcal{P}$ gehen gegen Null.

Dieses Verhalten bezeichnet man als Sättigung. Sie wird merklich, wenn $PT_1 \geqq 1$, d. h., wenn die Wahrscheinlichkeit der induzierten Übergänge P größer ist als die Wahrscheinlichkeit der Relaxationsübergänge $1/T_1$. Dadurch kann sich im Spinsystem das Gleichgewicht nicht einstellen, und die Absorption verringert sich.

Nach Abschalten der Wechselfelder wächst $M_z(t)$ wieder auf seinen Gleichgewichtswert M_0 durch das Wirken der Spin-Gitter-Wechselwirkung an. Die Gesetzmäßigkeit für das Einstellen des Gleichgewichtes ergibt sich als Lösung von (9.13) unter der Voraussetzung $P^M = P_1^A = P^A = 0$:

$$M_z(t) = M_0 + [M_z(t_0) - M_0]\, e^{-\frac{t-t_0}{T_1}} . \quad (9.17)$$

t_0 ist der Beginn des Einstellungsprozesses.

§ 10. Sättigung nichtäquidistanter Energieniveaus mit Ultraschall

Falls ein System mit nichtäquivalenten Energieniveaus vorliegt, ist es nicht möglich, das Verhalten bei Sättigung adäquat durch Einführung irgendeines Parameters (z. B. $\hat{I}_z$) zu beschreiben. In diesen Fällen ist es nötig, die Besetzung jedes Niveaus einzeln zu betrachten. Das führt natürlich zu einem erheblichen Rechenaufwand, wobei die Kompliziertheit mit zunehmender Anzahl der Energieniveaus (und damit der Spins) rasch anwächst. Es muß jedes System von Energieniveaus einzeln behandelt werden. Als Beispiel betrachten wir die Sättigung der Energieniveaus eines Kernes mit dem Spin $I = 3/2$ in einem axialsymmetrischen elektrischen Kristallfeld und in einem äußeren konstanten Magnetfeld H_0. Die Quadrupolenergie bezüglich der drei Hauptachsen X, Y, Z des Kristallfeldes wird durch die Beziehung (3.4) gegeben, so daß für den gesamten Spin-Hamiltonoperator folgt

$$\mathcal{H} = -\gamma_n \hbar \hat{I}_z H_0 + \frac{\hbar \omega_Q}{6} \lfloor 3 \hat{I}_Z^2 - I(I+1) \rfloor \quad (10.1)$$

mit $\omega_Q = 3\, e^2 q Q / 2I\,(2I-1)\,\hbar$.

Wir setzen voraus, daß die Zeeman-Energie wesentlich größer als die Quadrupolenergie ist. Zur Bestimmung der Energieniveaus des Hamilton-Operators (10.1) ist es daher günstig, zum Laborsystem x, y, z überzugehen, wobei die z-Richtung mit der Richtung des äußeren Magnetfeldes und die y-Richtung mit der Y-Achse übereinstimmen sollen. Der Operator $\boldsymbol{I}_Z$ ergibt sich im Laborsystem damit zu

$$\hat{I}_z = \hat{I}_z \cos\theta + \hat{I}_x \sin\theta_z .$$

Hier ist θ der Winkel zwischen den Achsen Z und z. Der gesamte Hamilton-Operator erhält damit folgendes Aussehen:

$$\hat{\mathscr{H}} = -\hbar\,\omega_0 \hat{I}_z + \frac{1}{6}\left[\left(\frac{3}{2}\cos^2\theta - \frac{1}{2}\right)\left(3\hat{I}_z^{\,2} - I(I+1)\right)\right.$$

$$+ \frac{3}{4}\sin^2\theta\,(\hat{I}_+^{\,2} + \hat{I}_-^{\,2})$$

$$\left. + \frac{4}{3}\sin\theta\cos\theta\,(\hat{I}_z\hat{I}_x + \hat{I}_x\hat{I}_z)\right]\hbar\,\omega_Q .$$

Wir betrachten die Quadrupol-Energie als Störung und erhalten bei Berücksichtigung der Störungsrechnung bis zur 2. Ordnung [10 bis 12] folgende Ausdrücke für die Abstände zwischen den Energieniveaus:

$$\omega_{-3/2,-1/2} = \omega_0 + \omega_Q\left[\frac{3}{2}\cos^2\theta - \frac{1}{2}\right] + \frac{3}{2}\,\frac{\omega_Q^{\,2}}{\omega_0}\sin^2\theta\cos^2\theta ,$$

$$\omega_{-1/2,1/2} = \omega_0 - \frac{3\,\omega_Q^{\,2}}{2\,\omega_0}\left(\sin^2\theta\cos^2\theta - \frac{1}{8}\sin^4\theta\right),$$

$$\omega_{1/2,3/2} = \omega_0 - \omega_Q\left(\frac{3}{2}\cos^2\theta - \frac{1}{2}\right) + \frac{3}{2}\,\frac{\omega_Q^{\,2}}{\omega_0}\sin^2\theta\cos^2\theta$$

mit

$$\omega_{mn} = (E_m - E_n)\,\hbar^{-1} . \qquad (10.2)$$

Das Ergebnis zeigt, daß jetzt drei verschiedene Resonanzfrequenzen bei den Übergängen mit $\Delta m = \pm 1$ auftreten. Die Kernresonanzlinie spaltet also in drei Komponenten auf — eine Zentrallinie, deren Resonanzfrequenz $\omega_{1/2,1/2}$ nur durch Störterme 2. Ordnung gegen ω_0 verschoben ist, und zwei Satellitenlinien mit den Frequenzen $\omega_{-3/2,-1/2}$ und $\omega_{1/2,3/2}$. Die Störungen der Energieniveaus und damit die gemessenen Frequenzen der drei Linien hängen sehr wesentlich von der Orientierung des Magnetfeldes bezüglich der Hauptachsen des Kristallsystems ab.

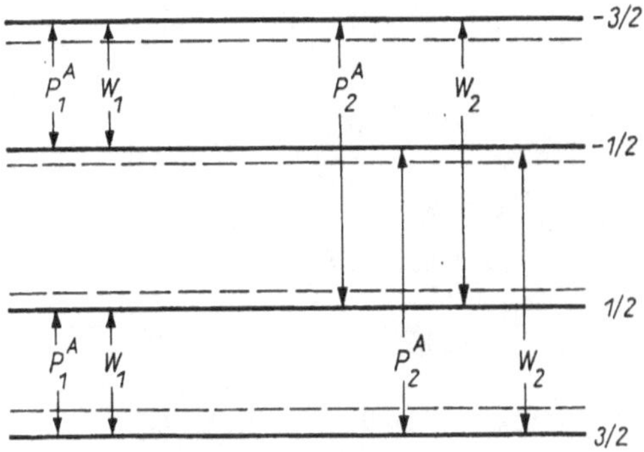

Abb. 3. Übergangswahrscheinlichkeiten zwischen den ZEEMAN-Niveaus für $I = 3/2$ und schwacher Störung durch Quadrupolwechselwirkung.

Die gestrichelten Linien sind die unverschobenen Niveaus, $P_1{}^A$ und $P_2{}^A$ sind die Übergangswahrscheinlichkeiten durch Ultraschall mit $\Delta m = \pm 1$ und $\Delta m \pm 2$; W_1 exp $\{\Delta_{\pm 1/2}; \Delta_{\pm 3/2}\}$ und W_2 exp $\{\Delta_{\pm 1/2}; \Delta_{\pm 3/2}\}$ beschreiben entsprechend Relaxationsübergangswahrscheinlichkeiten mit $\Delta m = \pm 1$ und $\Delta m = \pm 2$. In beiden Fällen wird die Quadrupolwechselwirkung als Kopplungsmechanismus zwischen Spin und Gitterschwingung vorausgesetzt.

In Abb. 3 sind die gestörten Energieniveaus des betrachteten Spinsystems bei einem beliebigen Wert θ dargestellt. Gleichzeitig sind die möglichen Übergangswahrscheinlichkeiten durch Ultraschalleinstrahlung ($P_1{}^A$, $P_2{}^A$) und infolge der Spin-Gitter-Relaxation (W_1, W_2) eingetragen, wobei vorausgesetzt wird, daß beide Prozesse über die elektrische Kernquadrupol-Wechselwirkung realisiert werden. Das Einsetzen der in Abb. 3 eingetragenen Übergangswahrscheinlichkeiten (unter Berücksichtigung des Verhältnisses (9.2)) in die

Rate-Gleichung (9.1) liefert folgendes Gleichungssystem [12]:

$$\frac{d}{dt}(n_{-1} - n^0) = -(2W_1 + W_2)(n_{-1} - n^0) + W_2(n_1 - n^0)$$
$$- (2P_1' + P_2')\,n_{-1} + (P_2 - P_2')\,n_0 + P_2 n_1,$$
$$\frac{d}{dt}(n_0 - n^0) = (W_1 + W_2)(n_{-1} + n_1 - 2n^0)$$
$$- 2W_2(n_0 - n^0)$$
$$+ (P_1' - P_2')n_{-1} - (P_2 + P_2')\,n_0 + (P_1 - P_2)\,n_1,$$
$$\frac{d}{dt}(n_1 - n^0) = -(2W_1 + W_2)(n_1 - n^0) \tag{10.3}$$
$$+ W_2(n_{-1} - n^0)$$
$$- (2P_1 + P_2)\,n_1 + (P_2' - P_2)\,n_0 + P_2' n_{-1},$$
$$n_1 = N_{3/2} - N_{1/2}, \quad n_0 = N_{1/2} - N_{-1/2},$$
$$n_{-1} = N_{1/2} - N_{-1/2}.$$

$n^0 = \frac{N}{2I+1}\frac{\hbar\omega_0}{kT}$ ist der Unterschied in der Besetzung benachbarter Energieniveaus im thermodynamischen Gleichgewicht mit dem Gitter. (Hierbei wird die Hochtemperaturnäherung benutzt, und die geringen Verschiebungen durch die Quadrupoleffekte werden vernachlässigt.) Es sollen einige Lösungen des Systems (10.3) angegeben werden, die wir im weiteren bei den Erklärungen der Experimente [12] benötigen.

Die Probe soll im Magnetfeld so orientiert sein, daß die Satellitenlinien mit der Hauptlinie zusammenfallen. Die Übergänge werden akustisch gesättigt ($P_1 = P_1' \neq 0$, $P_2 = P_2' = 0$), wobei sich ein stationärer Zustand ($dn_i/dt = 0$) einstellt. Für diesen Fall [12] erhalten wir als Lösung des Systems (10.3)

a) für die Zentralkomponente

$$n_0 = n^0 \left\{1 + B\left(1 + \frac{W_1}{P_1}\right)^{-1}\right\}, \qquad (10.4)$$

b) für die Satellitenlinien

$$n_1 = n_{-1} = n^0 \left\{1 - B\left(1 + \frac{W_1}{P_1}\right)^{-1}\right\}. \qquad (10.5)$$

B ist das Verhältnis des senkrechten Querschnittes des akustischen Flusses zum Querschnitt der Probe senkrecht zur Ausbreitungsrichtung des Schalles. Für stehende akustische Wellen muß man die Lösungen (10.4) und (10.5) über das Probenvolumen mitteln, wie das bereits oben bei dem Ergebnis (9.14a) getan wurde. Nach dieser Mittelung erhalten wir

$$n_0 = n^0 \left\{1 + B\left[1 - \left(1 + \frac{P1}{W_1}\right)^{-1/2}\right]\right\}, \qquad (10.4\text{a})$$

$$n_{\pm 1} = n^0 \left\{1 - B\left[1 - \left(1 + \frac{P1}{W_1}\right)^{-1/2}\right]\right\}. \qquad (10.4\text{b})$$

Bei anderen Orientierungen werden die Satellitenlinien und die Zentralkomponente getrennt aufgelöst. Wird jetzt nur eine Satellitenlinie ($P_1' = P_2' = P_2 = 0$) gesättigt, so hat die stationäre Lösung der Rate-Gleichungen für den Fall stehender Wellen folgende Form:

$$n_1/n_0 = 1 - B\frac{\alpha}{2 + \alpha}\left\{1 - \left[1 + \frac{P_1}{2W_1}\frac{2 + \alpha}{1 + \alpha}\right]^{-1/2}\right\}, \qquad (10.6)$$

$$n_0/n^0 = 1 + B\frac{1 + \alpha}{2 + \alpha}\left\{1 - \left[1 + \frac{P_1}{2W_1}\frac{2 + \alpha}{1 + \alpha}\right]^{-1/2}\right\}, \qquad (10.7)$$

$$n_{-1}/n^0 = 1 - B\left\{1 - \left[1 + \frac{P_1}{2W_1}\frac{2 + \alpha}{1 + \alpha}\right]^{-1/2}\right\} \qquad (10.8)$$

mit $\alpha = W_2/W_1$.

Außerdem ist es noch nützlich, die Rate-Gleichung unter der Voraussetzung zu lösen, daß beide Satellitenlinien vor Abschalten der Sättigungsfelder bei $t = 0$ vollständig gesättigt sind $(n_1(t = 0) = 0,\ n_{-1}(t = 0) = 0)$. Die Einstellung des Gleichgewichtszustandes wird dann durch die Zeitabhängigkeit

$$n_1(t) = n_{-1}(t) = n^0(1 - e^{-2W_1 t}) \tag{10.9}$$

beschrieben.

§ 11. Akustische Sättigung der Quadrupolresonanzniveaus

Die akustische Sättigung der Quadrupolresonanzniveaus wird am Beispiel von Kernen mit einem Spin 3/2, die sich im axialsymmetrischen Kristallfeld befinden, betrachtet. Eine derartige Situation lag im Experiment von PROCTOR und TANTTILA [2] vor. In diesem Fall besitzen die Kerne zwei zweifach entartete Energieniveaus

$$\begin{aligned} E_{\pm m} &= \frac{1}{6}\,\hbar\,\omega_Q Q^0, \\ Q^0 &= 3m - I(I+1);\ m = \pm\frac{1}{2}, \pm\frac{3}{2}, \end{aligned} \tag{11.1}$$

die den Spineigenfunktionen $\chi(I, \pm m)$ entsprechen (siehe § 3). Die Größe ω_Q ist die Quadrupolresonanzfrequenz.

Es werden an die Probe ein magnetisches Wechselfeld und akustische Schwingungen der Resonanzfrequenz ω_M, $\omega_a \sim \omega_Q$ angelegt. Die durch sie erregten Resonanzübergangswahrscheinlichkeiten zwischen den Spinniveaus m und n nennen wir P^M_{mn} beziehungsweise P^A_{mn} (Abb. 4). Infolge der Besonderheiten des Quadrupolresonanzspektrums rufen die akustischen Schwingungen gleichzeitig Übergänge mit Änderungen der magnetischen

Quantenzahl sowohl um ± 1 als auch ± 2 hervor, während das magnetische Wechselfeld nach wie vor nur ($\Delta m = \pm 1$)-Übergänge anregt.

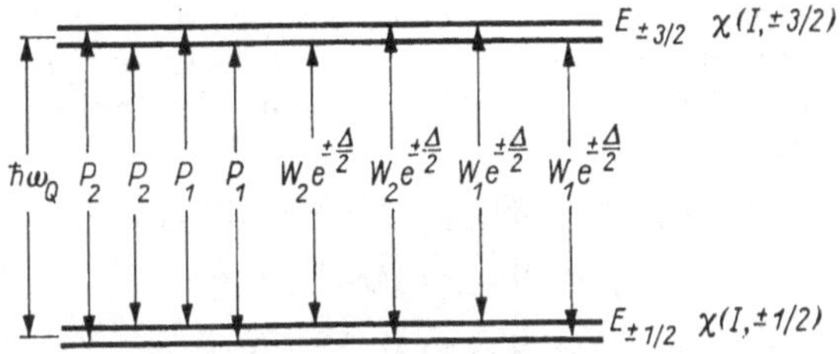

Abb. 4. **Übergangswahrscheinlichkeiten zwischen reinen Quadrupolresonanzniveaus eines Spins 3/2 im axialen elektrischen Feld. P_1 und P_2 – induzierte Übergangswahrscheinlichkeiten entsprechend den Auswahlregeln $\Delta m = \pm 1$ und $\Delta m = \pm 2$. $W_1 e^{\pm\Delta/2}$, $W_2 e^{\pm\Delta/2}$ die entsprechenden Relaxationsübergangswahrscheinlichkeiten**

Benutzen wir den Ausdruck (9.4) für die Übergangswahrscheinlichkeit P_{mn}^M und die Gleichungen

$$|\langle m|\hat{I}_+|m-1\rangle|^2 = \langle m|\hat{I}_+|m-1\rangle\langle m-1|\hat{I}_-|m\rangle$$
$$= |\langle m-1|\hat{I}_-|m\rangle|^2, \qquad (11.2)$$
$$|\langle m|\hat{I}_+|m-1\rangle|^2 = |\langle -m|\hat{I}_-|-m+1\rangle|^2,$$

kommen wir zu dem Ergebnis, daß im betrachteten Fall alle von Null verschiedenen Übergangswahrscheinlichkeiten P_{mn}^M gleich sind:

$$P_{3/2,1/2}^M = P_{-3/2,-1/2}^M = P_{1/2,3/2}^M = P_{-1/2,-3/2}^M = P^M. \qquad (11.3)$$

Analoge Überlegungen erlauben, alle akustischen Übergangswahrscheinlichkeiten auf zwei Größen zurückzuführen:

$$P_{3/2,1/2}^A = P_{-3/2,-1/2}^A = P_{1/2,3/2}^A = P_{-1/2,-3/2}^A = P_1{}^A, \qquad (11.4)$$
$$P_{3/2,-1/2}^A = P_{-3/2,1/2}^A = P_{1/2,-3/2}^A = P_{-1/2,3/2}^A = P_2{}^A.$$

Für die Relaxationsübergangswahrscheinlichkeiten W_{mn} sind ähnliche Überlegungen nicht anwendbar. Es erweist sich nämlich, daß in den Ausdrücken der Art (9.4) für W_{mn} die Konstante B von ω_{mn} abhängig ist, wodurch die Beziehung (9.2) gilt. Berücksichtigt man (9.2), aber auch die Beziehungen (11.3) und (11.4), erhalten wir, daß für den gleichen Mechanismus der Spin-Gitter-Relaxation

$$\begin{aligned} W_{1/2,3/2}e^{\Delta/2} &= W_{-1/2,-3/2}e^{\Delta/2} = W_{3/2,1/2}e^{-\Delta/2} \\ &= W_{-3/2,-1/2}e^{-\Delta/2} = W_1, \qquad (11.5) \\ W_{1/2,-3/2}e^{\Delta/2} &= W_{-1/2,3/2}e^{\Delta/2} = W_{3/2-1/2}e^{-\Delta/2} \\ &= W_{-3/2,1/2}e^{-\Delta/2} = W_2 \end{aligned}$$

ist, wobei $\Delta = \hbar\omega_Q/kT$ und T die Gittertemperatur sind.

Die Gleichungen für die zeitliche Änderung der Besetzungszahlen der betrachteten Spinniveaus haben unter Berücksichtigung von (11.3)—(11.5) die Form

$$\begin{aligned} \frac{dN_{\pm 3/2}}{dt} &= (W_1e^{-\Delta/2} + P^M + P_1{}^A)N_{\pm 1/2} \\ &\quad + (W_2e^{-\Delta/2} + P_2{}^A)N_{\mp 1/2} - (W_1e^{\Delta/2} + W_2e^{\Delta/2} \\ &\quad + P^M + P_1{}^A + P_2{}^A)N_{\pm 3/2}, \qquad (11.6) \\ \frac{dN_{\pm 1/2}}{dt} &= (W_1e^{\Delta/2} + P^M + P_1{}^A)N_{\pm 3/2} \\ &\quad + (W_2e^{\Delta/2} + P_2{}^A)N_{\mp 3/2} - (W_1e^{-\Delta/2} + W_2e^{-\Delta/2} \\ &\quad + P^M + P_1{}^A + P_2{}^A)N_{\pm 1/2}. \end{aligned}$$

Der mittlere Wert des Operators $\hat{Q}^0$ ist nach Definition gleich

$$\begin{aligned} \langle Q_{20}\rangle &= C\sum_{i=1}^{N}\mathrm{Sp}\,\{e^{-E_m/kT_s}Q_{20}^i\} = \sum_i\sum_m\frac{N_m}{N}\,\langle m|Q_{20}^i|m\rangle \\ &= 3(N_{3/2} + N_{-3/2} - N_{1/2} - N_{-1/2}) \\ &= -3N\tanh\frac{\hbar\omega_Q}{2kT_s}. \end{aligned}$$

Ausgehend von den Gleichungen (11.6) berechnen wir die zeitliche Änderung von $\langle Q_{20}\rangle$:

$$\frac{d\langle Q_{20}\rangle}{dt} = \frac{3d}{dt}(N_{3/2} + N_{-3/2} - N_{1/2} - N_{-1/2})$$
$$= -2P\langle Q_{20}\rangle + 6W\cdot[e^{-\Delta/2}(N_{1/2} + N_{-1/2}) - e^{\Delta/2}(N_{3/2} + N_{-3/2})] \quad (11.7)$$

mit

$$P = P_1^A + P_2^A + P^M, \quad W = W_1 + W_2.$$

Im Unterschied zur Spintemperatur, für die kT_s eine vergleichbare oder kleinere Größe als $\hbar\omega_Q$ sein kann, ist für die Gittertemperatur praktisch immer $kT \gg \hbar\omega_Q$ erfüllt. Deshalb kann man in der Gleichung (11.7) die Reihenentwicklung nach den linearen Gliedern in Δ abbrechen, die somit folgende Form bekommt:

$$\frac{d}{dt}\langle Q_{20}\rangle = -2P\langle Q_{20}\rangle - 2W[\langle Q_{20}\rangle - \langle Q_{20}\rangle^G]$$
$$= -2P\langle Q_{20}\rangle - \frac{\langle Q_{20}\rangle - \langle Q_{20}\rangle^G}{T_1} \quad (11.8)$$

mit $T_1^{-1} = 2W = 2(W_1 + W_2)$. $\langle Q_{20}\rangle^G = -3N\tanh\frac{\hbar\omega_Q}{2kT} \approx -\frac{3}{2}N\frac{\hbar\omega_Q}{kT}$ ist der mittlere Wert des Operators $\langle Q_{20}\rangle$ für ein Spinsystem, das sich mit dem Gitter im Gleichgewicht befindet.

Die Gleichung (11.8) stimmt in der Form mit der Gleichung (9.13) überein, und man findet deshalb die Lösung von (11.8) für den stationären Zustand ohne Schwierigkeit:

$$\langle Q_{20}\rangle = \frac{\langle Q_{20}\rangle^G}{1 + 2PT_1} = \frac{\langle Q_{20}\rangle^G}{1 + P/W}. \quad (11.9)$$

Der Prozeß der Wiederherstellung des Gleichgewichtes nach Abschalten der äußeren Wechselfelder ($P = 0$) wird mit dem (9.16) ähnlichen Gesetz

$$\langle Q_{20}(t)\rangle = \langle Q_{20}\rangle^G + [\langle Q_{20}(t_0)\rangle - \langle Q_{20}\rangle^G]\, e^{-\frac{t-t_0}{T_1}} \qquad (11.10)$$

beschrieben.

Für das betrachtete Spinsystem spielt die Größe $\langle Q_{20}\rangle$ dieselbe Rolle wie M_z für Spinsysteme mit äquidistantem Spektrum: der Unterschied der Besetzungsdichten der Niveaus $E_{\pm 3/2}$ und $E_{\pm 1/2}$ und die aus dem äußeren Generator absorbierte Energie ist proportional $\langle Q_{20}\rangle$. Deshalb ist (11.9) die Lösung für stationäre Sättigung, und (11.10) beschreibt den Prozeß der Annäherung der Differenz der Besetzungen der Quadrupolresonanzenergieniveaus von Spins 3/2 ans thermodynamische Gleichgewicht.

Literatur

[1] W. M. Fain, J. I. Chanin, Quantenelektronik, Verlag Teubner, Leipzig 1969, § 8 (Übers. a. d. Russ.).
[2] W. G. Proctor, W. H. Tanttila, Phys. Rev. **98**, 1854, 1955.
[3] W. G. Proctor, W. A. Robinson, Phys. Rev. **104**, 1344, 1956.
[4] E. F. Taylor, N. Bloembergen, Phys. Rev. **113**, 431, 1959.
[5] A. H. Silver, J. Phys. Chem. Solids, **23**, 273, 1962.
[6] D. R. Tewari, G. S. Verma, Nuovo Cimento, **38**, 197, 1965.
[7] A. Abragam, W. G. Proctor, Phys. Rev. **109**, 1441, 1958.
[8] P. Averbuch, W. G. Proctor, Phys. Rev. Letters, **4**, 221, 1963.
[9] S. B. Grigorijew, A. M. Sasonow, Fis. twerd. Tela **7**, 2877, 1965.
[10] M. H. Cohen, F. Reif, „Solid State Physics“, Band 5, N. Y. Acad. Press 1957, S. 322.
[11] R. Bersohn, J. Chem. Phys. **20**, 1505, 1952.
[12] V. Hovi, M. Punkkinen, Ann. Acad. Sci. Fenn. A VI, **202**, 3, 1966.

3. Anregung nichtstationärer Prozesse in Kernspinsystemen durch akustische Impulse

§ 12. Drehung des magnetischen Kernmoments während eines akustischen Impulses

Die stationären Methoden der magnetischen und akustischen Resonanz erlauben, die statischen Eigenschaften des Stoffes (Eigenfrequenzen, Resonanzlinienbreiten usw.) zu untersuchen. Qualitativ andere Angaben kann die Untersuchung der nichtstationären Prozesse in den Spinsystemen (Dynamik der Einstellung der Gleichgewichtsverteilung auf die Niveaus, Relaxationsmechanismen, Geschwindigkeiten des chemischen Austauschs usw.) geben. Mit Hilfe nichtstationärer Methoden der magnetischen Resonanz werden heutzutage umfangreiche Informationen dieser Art erhalten. Es ist daher von Interesse, die Möglichkeiten der akustischen Resonanz auf diesem Gebiet darzulegen.

Die theoretische Untersuchung der nichtstationären Prozesse in Spinsystemen, die der Wirkung kurzer akustischer Impulse der Resonanzfrequenz ausgesetzt sind, wurde von Koloskowa, Kopwillem und Kessel [1] durchgeführt. In ihren Arbeiten wurde gezeigt, daß die durch Ultraschall angeregten nichtstationären Prozesse in Spinsystemen interessante Besonderheiten besitzen. Jedoch erfordert die Anregung meßbarer nichtstationärer Signale die Bewältigung einer Reihe ernsthafter Schwierigkeiten, die bei der Anregung eines Spinsystems mit elektromagnetischen Impulsen nicht auftreten. Die interessanten Eigenschaften der Erscheinung wurden in den Arbeiten von Kopwillem und Mitarb. [2 bis 5] dargelegt. Experimentelle Arbeiten auf diesem Gebiet fehlen.

Die Wirkung eines akustischen Impulses auf den Kernspin kann man anschaulich darstellen, wenn man sich vorstellt, daß entsprechend den Gesetzen der klassischen

Mechanik das elektrische Quadrupolmoment $\overleftrightarrow{D}$ im inhomogenen elektrischen Feld $\boldsymbol{E}$ mit einer gewissen Frequenz ω_Q rotiert, ähnlich wie ein magnetisches Moment um die Richtung eines konstanten Magnetfeldes mit der Larmorfrequenz ω_L präzediert, So ist beispielsweise die Präzessionsfrequenz des Quadrupols um den axialsymmetrischen Gradienten des elektrischen Feldes $\nabla E = eq_1(3/2\cos^2\theta - 1/2)$ gleich [6]

$$\omega_Q = (3Deq_1/4\hbar I)\cos\theta$$

mit dem Winkel θ zwischen der Symmetrieachse des elektrischen Feldes und dem Eigendrehimpuls $\hbar I$ des Spins.

Betrachten wir einen kubischen Kristall, der aus Kernen mit einem Spin $\hat{\boldsymbol{I}}$ und einem Quadrupolmoment $\overleftrightarrow{D}$ aufgebaut ist und sich in einem konstanten Magnetfeld $\boldsymbol{H}_0(0, 0, H_0)$ befindet. An den Kristall wird ein akustischer Impuls der Frequenz $\omega = 2\omega_L$ und der Länge t_1 in Richtung der x-Achse angelegt. Longitudinale akustische Schwingungen erzeugen einen zeitabhängigen elektrischen Feldgradienten $\nabla E_{\pm 2} = \nabla E^0_{\pm 2}\cos\omega t$.

Gehen wir in ein mit der Larmor-Frequenz um die $\boldsymbol{H}_0$-Richtung rotierendes Koordinatensystem über, in dem sich das magnetische Kernmoment nicht bewegt, so ist auch das effektive Magnetfeld gleich Null [7]. Bei Rotation sind die Tensorkomponenten des elektrischen Feldgradienten $\nabla E_{\pm 2}$ Kugelfunktionen $Y_2^{\pm 2}(\theta, \varphi)$, und deshalb haben wir im rotierenden Bezugssystem

$$\begin{aligned}(\nabla E_{\pm 2})_{\mathrm{rot}} &= \nabla E^0_{\pm 2}\, e^{\mp i2\omega_L t}\cos\omega t\\ &= \frac{1}{2}\nabla E^0_{\pm 2} + \frac{1}{2}\nabla E^0_{\pm 2}\, e^{\mp i4\omega_L t}.\end{aligned}$$

Die zu $\exp\{\pm 4i\omega_L t\}$ proportionalen Glieder kann man vernachlässigen, da wegen der schnellen Änderung des

Vorzeichens ihre Wirkung auf das Quadrupolmoment klein ist. Auf diese Weise tritt im rotierenden Koordinatensystem der Kern effektiv nur mit dem konstanten Gradienten $1/2\nabla E^0_{\pm 2}$ in Wechselwirkung, und folglich präzediert er mit einer gewissen Frequenz ω_Q'. Während der Zeit t_1 dreht sich das elektrische Quadrupolmoment um den Winkel $\varphi = \omega_Q' t_1$. Starr verbunden dreht sich gleichzeitig mit ihm das magnetische Moment.

Die Aufgabe besteht nun darin, die Bedingungen und Kombinationen der Impulse so auszuwählen, daß das magnetische Moment im Laborsystem in der Ebene senkrecht zu $\boldsymbol{H}_0$ präzediert und eine Induktionsspannung erzeugt.

Die Anregung von nichtstationären Prozessen durch Impulse, die genügend große, für den Nachweis zugängliche Signale erzeugen, ist nur durch Erfüllung einer Reihe von Bedingungen möglich, die in den folgenden Betrachtungen behandelt werden.

Die mittlere Zerfallzeit T_2 der senkrechten Komponente der Magnetisierung ist ungefähr gleich der umgekehrten Resonanzlinienbreite $\nu_{1/2}$: $T_2 = 1/\nu_{1/2}$. Die Impulslängen t_i müssen bedeutend kürzer als T_2 sein, da sonst das Signal verschwindet, bevor die Drehung abgeschlossen ist:

$$t_i \ll T_2. \tag{12.1}$$

Gewöhnlich liegt $\nu_{1/2}$ bei Kernen mit einem Quadrupolmoment im Bereich von 1—100 kHz, folglich darf die Länge der Impulse nicht größer als 1—100 µs sein. Die Erzeugung derartig kurzer akustischer Impulse ist möglich.

Die Linienbreite $\nu_{1/2}$ besteht bekanntlich aus einer Summe additiver Beiträge: Inhomogenitäten des lokalen Feldes (σ), Spin-Gitter-(T_1^{-1}-) und Spin-Spin-(T_{ss}^{-1}-)-Wechselwirkung. Die beiden letzten Prozesse bewirken den irreversiblen Zerfall der senkrechten Magnetisierungskomponenten. Die Inhomogenität der lokalen Felder führt ebenfalls zum Verschwinden der senkrechten Magnetisierungskomponenten, die nach dem Impuls entstehen, aber dieser Zerfall ist reversibel. Unter entsprechenden Bedingungen kann der darauffolgende Impuls die zerfallene Magnetisierung wiederherstellen, was für die Erzeugung von Spinechos praktisch ausgenutzt wird. Für die Realisierung von Spinecho-Experimenten muß deshalb, damit der Beitrag von σ zur Linienbreite über die anderen dominiert, folgende Bedingung erfüllt sein:

$$\sigma \gg 1/T_1, \quad 1/T_{ss}. \tag{12.2}$$

Aus der Tatsache, daß ein Spinecho nach elektromagnetischen Impulsen an einer Vielzahl von Stoffen beobachtet wurde, kann man schließen, daß die Ungleichung (12.2) oft erfüllt ist.

Ein anderes Problem besteht darin, daß der akustische Impuls während der Zeit t_i das magnetische Moment um den Winkel $\pi/2$ drehen soll, d. h.

$$\omega_Q' t_i = \pi/2.$$

Wenn man den quantenmechanischen Ausdruck für ω_Q' einsetzt, der später abgeleitet wird (13.3), heißt diese Bedingung

$$\frac{\pi}{2} = \beta_q = b_q t_i = 2\pi \frac{3}{16I(2I-1)} \frac{e^2 Q q_1}{\hbar} E_0 t_i \sin^{2q}\left(\frac{2\theta}{q}\right). \tag{12.3}$$

Benutzen wir die an einer Reihe kubischer Kristalle gemessenen Werte der Parameter $e^2Qq_1/\hbar$ für J^{127}-Kerne [8], erhält man folgende Beziehung zwischen der Impulslänge und der Deformationsamplitude E_0, die für die Realisierung der 90°-Drehung der J^{127}-Kernspins in diesen Stoffen erforderlich ist:

$$E_0 t_i = \varkappa 10^{-8}\ \text{s}.$$

Der Zahlenparameter $\varkappa$ ist 2 für NaJ-Einkristalle, 46 für KJ, 22 für RbJ und 0,8 für CsJ (dabei wurde vorausgesetzt, daß $\sin^{2q}(2\,\theta/q) = 1$ ist). Folglich muß man bei Impulslängen von 10^{-4} s bis 10^{-5} s eine Deformation von 10^{-4} bis 10^{-3} erzeugen. Das ist eine schwierige Aufgabe. Stationäre Deformationen derartiger Größe wurden beispielsweise durch SCHUTILOW und ANTOKOLSKI [9] bei der Sättigung von Kernspinsystemen mit Ultraschalleistungen der Größenordnung von 100 W/cm² erreicht. Mit Impulsverfahren ($t_i < 10^{-4}$ s) kann man derartige Leistungen voraussichtlich überbieten. Im allgemeinen erweist sich die Bedingung (12.1) als zu streng. Es wurden experimentelle und theoretische Untersuchungen [10] durchgeführt, die zeigten, daß die Signale der freien Präzession und des Spinechos, aber auch einer Reihe anderer interessanter nichtstationärer Prozesse, unter der Bedingung

$$\sigma^{-1} < t_i \ll T_1, T_{ss} \tag{12.4}$$

entstehen. In Stoffen, für die die Ungleichung (12.2) erfüllt ist, ist die Bedingung (12.4) bedeutend leichter zu realisieren als (12.1), und eine 90°-Drehung wird bei Impulslängen $t_i > \sigma^{-1}$ mit bedeutend kleineren Deformationen erreicht.

Ein schwieriges Problem ist die Erzeugung akustischer Impulse einer bestimmten Form. In den weiter unten durchgeführten theoretischen Berechnungen werden rechteckige Impulse vorausgesetzt. Eine solche Näherung ist gerechtfertigt, wenn die Anstiegs- und Abfallzeit der Impulsflanken (t_1 bzw. t_2) viel kleiner als die Impulslänge sind:

$$t_1, t_2 \ll t_i. \tag{12.5}$$

Für elektromagnetische Impulse ist diese Bedingung leicht erfüllbar.

Ein Impuls von laufenden akustischen Wellen gibt ziemlich gut die Form seines erregenden elektromagnetischen Impulses wieder. Für einen Impuls stehender akustischer Wellen ist t_1 die Zeit des Aufbaus der stehenden akustischen Schwingungen. Größenordnungsmäßig muß sie gleich der doppelten Laufzeit des Schalls durch die Probe sein, d. h., für Proben mit einer linearen Ausdehnung von etwa 1 cm liegt sie bei einigen Mikrosekunden. Die hintere Flanke des Impulses stehender Wellen fällt bedeutend langsamer ab. Die Abfallzeit t_2 bestimmt sich aus der Probengüte und beträgt einige Millisekunden für Proben mit hoher Güte. Um Impulse stehender akustischer Schwingungen zu benutzen, muß man Verfahren suchen, die ihre Rückflanke verkürzen, ohne daß dabei die Schwingungsamplitude im Impuls bedeutend verkleinert wird.

Die Grundzüge der nichtstationären Prozesse werden an Beispielen der Wirkung von einem oder zwei akustischen Impulsen auf das Spinsystem dargelegt (das letztere Verfahren ist das Analogon der Spinechomethode nach HAHN [11]). Dazu muß man bemerken, daß bei den üblichen Methoden der Anregung laufender akustischer Impulse diese an den Grenzflächen der Probe reflektiert werden und einige Male ohne merkliche Änderung ihrer Schwingungsamplitude durch die Probe laufen. Derartige Impulsgruppen erinnern an die Serie elektromagnetischer Impulse von CARR-PURCELL, die erfolgreich zur Untersuchung der Diffusion und Austauschwechselwirkung der Kerne mit Spinechomethoden angewandt werden [11]. Die Berechnung der Wirkung einer akustischen Impulsfolge nach CARR-PURCELL auf das Spinsystem ist bedeutend komplizierter, und außerdem ist es zweifelhaft, ob es einen Sinn hat, solche Experimente durchzuführen.

Weiter unten wird gezeigt, daß man im Prinzip durch geeignete Kombination akustischer und elektromagnetischer Impulse in Kernspinsystemen nichtstationäre Prozesse anregen kann, die der elektromagnetischen Anregung ähnlich und Signale entsprechend einer rein akustischen Anregung liefern, d. h. für die Messung völlig zugänglich sind. Das Hauptproblem bei der Durchführung derartiger Experimente ist die Überwindung der technischen Schwierigkeiten, die mit der Anregung der akustischen Impulse in den Proben durch die geforderten Bedingungen (12.1) bis (12.5) in bezug auf Intensität und Länge verbunden sind.

§ 13. Bewegungsgleichung für das magnetische Moment und das Quadrupolmoment der an der akustischen Resonanz beteiligten Kerne

Es gibt mehrere Methoden der quantenmechanischen Beschreibung für die Impulsanregung eines Spinsystems. Am anschaulichsten kann man das mit den Bewegungsgleichungen vom Bloch-Typ durchführen, die man nicht nur für die magnetische, sondern auch für die akustische Resonanz ausbauen kann. Dazu muß man die von Wangsness und Bloch [12] erhaltene Bewegungsgleichung

$$\frac{d\langle\hat{Q}\rangle}{dt} = -\frac{i}{\hbar}\langle[\hat{Q}, \hat{\mathscr{H}}_0 + \hat{\mathscr{H}}_t]\rangle + R(\hat{Q}) \qquad (13.1)$$

benutzen, die die zeitliche Änderung des Mittelwertes $\langle\hat{Q}\rangle$ eines beliebigen Spinoperators $\hat{Q}$ des Spinsystems beschreibt, dessen Spektrum durch den Hamilton-Operator $\hat{\mathscr{H}}_0$ und dessen Wechselwirkung mit einem äußeren Wechselfeld durch den Hamilton-Operator $\hat{\mathscr{H}}_t$ bestimmt werden. Das Glied $R(\hat{Q})$ berücksichtigt den Beitrag der Spin-Spin- und Spin-Gitter-Relaxation.

Die größten Schwierigkeiten bei der Aufstellung konkreter Gleichungen für das Spinsystem der festen Körper sind mit der Begründung der Anwendbarkeit und mit der Berechnung des Relaxationsgliedes $R(\hat{Q})$ verbunden. Für einen weiten Kreis nichtstationärer Prozesse entfällt diese Schwierigkeit, weil eine Reihe interessanter Erscheinungen gerade dann entsteht, wenn man die Spin-

Spin- und Spin-Gitter-Wechselwirkung im Vergleich zur statischen Resonanzlinienverbreiterung vernachlässigen kann (siehe Bedingung (12.4)). Bei derartigen Problemen ist die statische Wechselwirkung in $\hat{\mathscr{H}}_0$ enthalten, und das Glied $R(\hat{Q})$ in Gleichung (13.1) braucht nicht berücksichtigt zu werden.

Auf diese Weise braucht man für die zeitliche Änderung des Erwartungswertes von $\langle\hat{Q}\rangle$ nur den Kommutator $[\hat{Q}, \hat{\mathscr{H}}_0 + \hat{\mathscr{H}}_1]$ zu berechnen. Für $\hat{Q}$ wird einer von den Operatoren genommen, dessen Mittelwert für den betrachteten Fall von Interesse ist. Nachdem der Kommutator in Gl. (13.1) berechnet ist, erscheinen im allgemeinen Mittelwerte von anderen Spinoperatoren $\hat{Q}'$, $\hat{Q}''$, ..., die verschieden von $\hat{Q}$ sind. Folglich werden in einer Gleichung mehrere unbekannte Funktionen sein. Um diese Gleichung zu lösen, muß man Gleichungen für $\langle\hat{Q}'\rangle$, $\langle\hat{Q}''\rangle$, ... aufstellen, wozu man die Operatoren $\hat{Q}'$, $\hat{Q}''$, ... in (13.1) an Stelle von $\hat{Q}$ einsetzen muß. Dieses Verfahren wird solange wiederholt, bis ein geschlossenes Gleichungssystem erhalten wird. Mit Hilfe der Gruppentheorie kann man zeigen [13 bis 15], daß ein geschlossenes Gleichungssystem für den Spin $\hat{\boldsymbol{I}}$ nicht mehr als $(2I + 1)^2$ unabhängige Gleichungen enthalten kann.

Wir werden uns auf den einfachsten Fall von Kernen mit einem Spin $I = 1$ im kubischen Kristall beschränken. Er befindet sich in einem konstanten Magnetfeld H_0, dessen Richtung mit einer Achse des raumfesten Koordinatensystems zusammenfällt. In diesem Fall wird das Spektrum des Spinsystems bestimmt durch den Operator

$$\hat{\mathscr{H}}_0 = \hbar\omega_0 \hat{I}_z, \quad -\omega_0 = \gamma_n H_0. \tag{13.2}$$

In den Kristall werden in Richtung der vierzähligen Symmetrieachse stehende akustische Longitudinalschwingungen eingeführt, die eine Deformation $E(t) = E_0 \sin \boldsymbol{k}\boldsymbol{r} \cos(\omega t - \Psi)$ erzeugen. Wenn die x-Achse des raumfesten Bezugssystems so ausgewählt ist, daß die

Schallausbreitungsrichtung ($\boldsymbol{k}$) in der xz-Ebene liegt, hat der Operator der Spin-Phonon-Wechselwirkung für diesen Fall folgendes Aussehen (siehe (5.10)):

$$\hat{\mathscr{H}}_t^{Aq} = -\hbar \hat{E}_t^q = -\hbar a_q \,[Q^q + Q^{-q}] \cos(\omega t - \psi_q), \qquad (13.3)$$

$$a_q = b_q \sin \boldsymbol{k}_q \boldsymbol{r}, \quad b_q = \left(\frac{3}{8}\hbar\right) \mathscr{A} S_{11} E_0 \sin^{2|q|}\left(\frac{2\theta}{|q|}\right),$$

$$\hat{Q}^0 = \hat{Q}_{2,0} = 3\hat{I}_z^2 + I(I+1),$$

$$\hat{Q}^{\pm 1} = \mp \sqrt{\frac{2}{3}}\, \hat{Q}_{2,\pm 1} = I_\pm I_z + \hat{I}_z \hat{I}_\pm,$$

$$\hat{Q}^{\pm 2} = \sqrt{\frac{2}{3}}\, \hat{Q}_{2\pm 2} = \hat{I}_\pm^2.$$

Der Index q nimmt die zwei Werte 1 und 2 für die Operatoren, die Spinübergänge mit Änderung der magnetischen Quantenzahl um 1 oder um 2 hervorrufen, an.

Für die Betrachtung fortlaufender akustischer Wellen kann man $\sin \boldsymbol{k}_q \boldsymbol{r} = 1$ setzen und $\boldsymbol{k}_q \boldsymbol{r}$ zur Phase Ψ_q zurechnen.

Der Operator der Wechselwirkung mit dem magnetischen Wechselfeld $2H_1 \cos(\omega t - F_M)$, das senkrecht zu H_0 unter dem Winkel φ zur x-Achse angelegt wird, ist gleich

$$\hat{\mathscr{H}}_t^M = -\hbar \hat{E}_t^M = -\hbar a_M (\hat{I}_+ e^{-i\varphi} + \hat{I}_- e^{i\varphi}) \cos(\omega t - F_M), \qquad (13.4)$$

wobei $a_M = \gamma_n H_1$ und F_M die Phase des magnetischen Wechselfeldes sind.

Die Hamilton-Operatoren (13.2) bis (13.4) werden durch irreduzible Spintensoren $\hat{T}_{Lm}$ ausgedrückt (siehe Anhang A). Wir vereinbaren, in Gl. (13.1) als Operatoren $\hat{Q}$ auch Spintensoren zu benutzen. Die Berechnungen werden wesentlich vereinfacht, wenn man mit Hilfe der Beziehung

$$\hat{\tilde{T}}_{Lm} = e^{-i\omega t \hat{I}_z} \hat{T}_{Lm} e^{i\omega t \hat{I}_z}, \quad \hat{T}_{Lm} = e^{i\omega t \hat{I}_z} \hat{\tilde{T}}_{Lm} e^{-i\omega t \hat{I}_z} \tag{13.5}$$

zu einem neuen Operator $\hat{\tilde{T}}_{Lm}$ übergeht. Wegen der einfachen Kommutationsregel der Operatoren $\hat{T}_{Lm}$ und $\hat{I}_z$

$$[\hat{I}_z, \hat{T}_{Lm}] = m \hat{T}_{Lm}$$

findet man leicht den Ausdruck der transformierten Operatoren als Funktion von $\hat{T}_{Lm}$. Dazu entwickeln wir $\hat{\tilde{T}}_{Lm}$ in eine Reihe nach t:

$$\begin{aligned} \hat{\tilde{T}}_{Lm} &= \sum_{k=0}^{\infty} \frac{t^k}{k!} \left(\frac{d^k \hat{\tilde{T}}_{Lm}}{dt^k} \right)_{t=0} \\ &= \sum_{k=0}^{\infty} \frac{(it\omega)^k}{k!} \Big[\big[\ldots [\hat{T}_{Lm}, \hat{I}_z]\, \hat{I}_z\big] \ldots \Big] \hat{I}_z]_{k mal} \\ &= \sum_{k}^{\infty} \frac{(-im\omega t)^k}{k!} \hat{T}_{Lm} = e^{-im\omega t} \hat{T}_{Lm}. \end{aligned} \tag{13.6}$$

Auf analoge Weise erhalten wir

$$\hat{T}_{Lm} = e^{im\omega t} \hat{\tilde{T}}_{Lm}. \tag{13.7}$$

Jetzt ist es nicht schwer, sich davon zu überzeugen, daß die Transformation (13.5) eine Rotation um H_0 (z-Achse) mit der Frequenz ω ist. Denn es ist

$$\hat{\tilde{I}}_x = \mathrm{Re}\, \hat{\tilde{I}}_+ = \hat{I}_x \cos \omega t + \hat{I}_y \sin \omega t \quad \text{usw.}$$

Wir setzen in die Gleichung (13.1) für $\hat{Q} = \hat{T}_{L,m} = e^{im\omega t} \hat{\tilde{T}}_{Lm}$ und den Ausdruck (13.2) ein und multiplizieren die Gleichung mit $e^{-im\omega t}$. Dadurch erhalten wir

$$\frac{d\langle \hat{\tilde{T}}_{Lm} \rangle}{dt} = im\Delta \langle \hat{\tilde{T}}_{Lm} \rangle + i\langle [\hat{\tilde{T}}_{Lm}, \hat{\tilde{E}}_t] \rangle, \tag{13.8}$$

wobei $\Delta = \omega_0 - \omega$ ist und $\hat{\tilde{E}}_t$ den Operator $\hat{E}_t$ im rotierenden Bezugssystem bezeichnet.

Die Transformation (13.5) überführt den Wechselwirkungsoperator mit den äußeren Wechselfeldern $\hat{\mathscr{H}}_t$ in

$$-\hbar \hat{\tilde{E}}_t{}^q = -a_q \hbar [\hat{Q}^q e^{-iq\omega t} + \hat{Q}^{-q} e^{+iq\omega t}] \cos(q\omega t - \psi_q)$$

$$= -\frac{\hbar a_q}{2} [\hat{Q}^q e^{i\psi_q} + \hat{Q}^{-q} e^{-i\psi_q}] + \hat{f}_q(e^{\pm i2\omega q t}), \quad (13.3\text{a})$$

$$-\hbar \hat{\tilde{E}}_t{}^M = -\frac{\hbar a_M}{2} [\hat{I}_+ e^{i(F_M - \varphi)} + \hat{I}_- e^{i(F_M - \varphi)}] + \hat{f}_M(e^{\pm i2\omega t}). \quad (13.4\text{a})$$

Hieraus ist ersichtlich, daß im rotierenden Koordinatensystem die Operatoren $\hat{\mathscr{H}}_t$ konstante und sich zeitlich schnell ändernde Glieder enthalten. Detaillierte Berechnungen zeigen, daß die Wirkung der letzteren unbedeutend ist und sie deshalb im folgenden nicht berücksichtigt werden müssen.

Wir erhalten Bewegungsgleichungen der Spinoperatoren unter dem Einfluß eines elektromagnetischen Impulses. Zu diesem Zweck setzen wir den Operator (13.4a) in (13.8) ein und erhalten mit Hilfe der oben dargelegten Methode ein geschlossenes Gleichungssystem, das die Bewegung der Spinkomponenten des einzelnen Kernes im rotierenden Koordinatensystem beschreibt:

$$\frac{d}{dt} \langle \hat{\tilde{I}}_\pm \rangle = \pm i\Delta \langle \hat{\tilde{I}}_\pm \rangle \pm i a_M e^{\mp i\psi_M} \langle \hat{\tilde{I}}_z \rangle, \quad (13.9)$$

$$\frac{d}{dt} \langle \hat{\tilde{I}}_z \rangle = \frac{i a_M}{2} [e^{i\psi_M} \langle \hat{\tilde{I}}_+ \rangle - e^{-i\psi_M} \langle \hat{\tilde{I}}_+ \rangle].$$

Dabei ist $\psi_M = F_M - \varphi$.

Die Multiplikation mit $\gamma_n \hbar$ und Summation über alle Kerne der Probe verwandelt die Gleichungen (13.9) für einen Impuls in ein System phänomenologischer Bloch-Gleichungen [16] für den Vektor der Magnetisierung

$$\hat{\boldsymbol{M}} = \gamma_n \hbar \sum_{j=1}^{N} \langle \hat{\boldsymbol{I}}_j \rangle.$$

Die Bewegung der Komponenten des Kernquadrupolmomentes unter Wirkung eines elektromagnetischen Impulses läßt sich durch folgende Gleichungen beschreiben:

$$\frac{d\langle\hat{\tilde{Q}}^0\rangle}{dt} = \frac{i3a_M}{2}\{\langle\hat{\tilde{Q}}^1\rangle e^{i\varphi_M} - \langle\hat{\tilde{Q}}^{-1}\rangle e^{-i\varphi_M}\}, \tag{13.9a}$$

$$\frac{d\langle\hat{\tilde{Q}}^{\pm1}\rangle}{dt} = \pm i\Delta\langle\hat{\tilde{Q}}^{\pm1}\rangle \pm ia_M\{\langle\hat{\tilde{Q}}^{\pm2}\rangle e^{\pm i\varphi_M} + \langle\hat{\tilde{Q}}^0\rangle e^{\mp i\varphi_M}\},$$

$$\frac{d\langle\hat{\tilde{Q}}^{\pm2}\rangle}{dt} = \pm i2\Delta\langle\hat{\tilde{Q}}^{\pm2}\rangle \pm ia_M\langle\hat{\tilde{Q}}^{\pm1}\rangle e^{\mp i\varphi_M}.$$

Die Gleichungen (13.9) und (13.9a) zeigen, daß sich im betrachteten Fall das elektrische Quadrupolmoment und das magnetische Dipolmoment des Kernes unabhängig voneinander bewegen.

Das abgeschlossene Gleichungssystem für einen akustischen Impuls, der ($\Delta m = \pm1$)-Übergänge hervorruft, hat das Aussehen

$$\frac{d}{dt}\langle\hat{\tilde{I}}_z\rangle = \frac{ia_1}{2}[\langle\hat{\tilde{Q}}^1\rangle e^{i\varphi_1} - e^{-i\varphi_1}\langle\hat{\tilde{Q}}^{-1}\rangle], \tag{13.10}$$

$$\frac{d}{dt}\langle\hat{\tilde{Q}}^{\pm1}\rangle = \pm ia_1\langle\hat{\tilde{I}}_z\rangle e^{\mp i\varphi_1} \pm i\Delta\langle\hat{\tilde{Q}}^{\pm1}\rangle,$$

$$\frac{d}{dt}\langle\hat{\tilde{Q}}^0\rangle = i\,\frac{3}{2}\,a_1\{\langle\hat{\tilde{I}}_+\rangle e^{i\varphi_1} - \langle\hat{\tilde{I}}_-\rangle e^{-i\varphi_1}\},$$

$$\frac{d}{dt}\langle\hat{\tilde{Q}}^{\pm2}\rangle = \pm i2\Delta\langle\hat{\tilde{Q}}^{+2}\rangle \mp ia_1\langle\hat{\tilde{I}}_\pm\rangle e^{\mp i\varphi_1},$$

$$\frac{d}{dt}\langle\hat{\tilde{I}}_\pm\rangle = \pm i\Delta\langle\hat{\tilde{I}}_\pm\rangle \pm ia_1\{\langle\hat{\tilde{Q}}^0\rangle e^{\mp i\varphi_1} - \langle\hat{\tilde{Q}}^{\pm2}\rangle e^{\pm i\varphi_1}\}. \tag{13.10a}$$

Ein analoges System für einen akustischen Impuls, der ($\Delta m = \pm2$)-Übergänge hervorruft, besteht aus den

Gleichungssystemen:

$$\frac{d}{dt}\langle\hat{\tilde{I}}_z\rangle = i a_2\{\langle\hat{\tilde{Q}}^2\rangle e^{i\psi_2} - \langle\hat{\tilde{Q}}^{-2}\rangle e^{-i\psi_2}\}, \qquad (13.11)$$

$$\frac{d\langle\hat{\tilde{Q}}^{\pm 2}\rangle}{dt} = \pm i 2\Delta\langle\hat{\tilde{Q}}^{\pm 2}\rangle \pm i 2 a_2\langle\hat{\tilde{I}}_z\rangle e^{\mp i\psi_2},$$

$$\frac{d}{dt}\langle\hat{\tilde{I}}_\pm\rangle = \pm i\Delta\langle\hat{\tilde{I}}_\pm\rangle \pm i a_2\langle\hat{\tilde{Q}}^{\mp 1}\rangle e^{\mp i\psi_1},$$

$$\frac{d}{dt}\langle\hat{\tilde{Q}}^{\mp 1}\rangle = \mp i\Delta\langle\hat{\tilde{Q}}^{\mp 1}\rangle \pm i a_2\langle\hat{\tilde{I}}_\pm\rangle e^{\pm i\psi_2}. \qquad (13.11\,a)$$

Die Gleichungen (13.10), (13.10a) und (13.11), (13.11a) sind Gleichungssysteme vom Bloch-Typ ohne Relaxationsglieder für die akustische Resonanz. Im Unterschied zum System (13.9) führen sie nicht zu Bewegungsgleichungen für das magnetische Moment der Probe allein, weil die akustischen Schwingungen das elektrische Quadrupolmoment zusammen mit dem magnetischen Moment in Bewegung bringen und, wie die Gleichungen (13.10), (13.11a) zeigen, zu einer wechselseitigen Beeinflussung führen. Beim Übergang von den Spinvariablen zu physikalischen Größen in diesen Gleichungen haben wir

$$\frac{dM_z}{dt} = \frac{i a_1}{2}\varkappa[e^{i\psi_1}D_1 - e^{-i\psi_1}D_{-1}],$$

$$\frac{d}{dt}D_{\pm 1} = \pm i\Delta D_{\pm 1} \pm i\frac{a_1}{\varkappa}(M_x \pm i M_y)e^{\mp i\psi_1} \quad \text{usw.}, \qquad (13.10\,b)$$

wobei $D_{\pm q} = eQ\sum_{j=1}^{N} Q_j^q$ die Summe der Mittelwerte der Komponenten der elektrischen Kernquadrupolmomente der Probe ist und

$$\varkappa = \gamma_n\hbar/\mathcal{A}, \quad \mathcal{A} = eQ/2I(2I-1).$$

Beim Fehlen äußerer Wechselfelder ($E^t = 0$) findet man die Lösung des Systems (13.8) ohne Schwierigkeit:

$$\langle \hat{\hat{T}}_{Lm}(t) \rangle = \langle \hat{\hat{T}}_{Lm}(t_0) \rangle e^{im\Delta(t-t_0)}, \tag{13.12}$$

wobei zur Zeit t_0 das äußere Wechselfeld abgeschaltet wurde.

Für die Lösungen bei Anwesenheit des Impulses kann man die Gleichungen (13.8) bis (13.11) vereinfachen, indem man $\Delta = 0$ annimmt. Das ist, wenn der Impuls so kurz ist, daß die Bedingung (12.1) erfüllt wird:

$$\overline{|\Delta|}\, t_i \ll 1. \tag{13.13}$$

t_i ist die Impulslänge und $\overline{|\Delta|} = \sqrt{\overline{|\omega_0 - \omega|^2}}$ die Wurzel aus dem mittleren Quadrat der Abweichung der Resonanzfrequenz des einzelnen Kernes ω_0 vom Mittelwert ω.

Die Lösung des Systems (13.9) während des Wirkens des Impulses ($\Delta = 0$) ist

$$\begin{aligned} \langle \hat{\hat{I}}_\pm(t) \rangle &= \langle \hat{\hat{I}}_\pm(t_0) \rangle \cos^2 \frac{\alpha_M}{2} + \langle \hat{\hat{I}}_\mp(t_0) \rangle e^{\mp i2\psi_M} \sin^2 \frac{\alpha_M}{2} \\ &\quad \pm i \langle \hat{\hat{I}}_z(t_0) \rangle e^{\mp i\psi_M} \sin \alpha_M, \end{aligned} \tag{13.14}$$

$$\begin{aligned} \langle \hat{\hat{I}}_z(t) \rangle &= \langle \hat{\hat{I}}_z(t_0) \rangle \cos \alpha_M + \frac{i}{2} \sin \alpha_M [\langle \hat{\hat{I}}_+(t_0) \rangle e^{i\psi_M} \\ &\quad - \langle \hat{\hat{I}}_-(t_0) \rangle e^{-i\psi_M}], \end{aligned}$$

mit $\alpha_M = a_m(t - t_0)$ und t_0, dem Beginn des Impulses.

Die Lösung der Gleichungen (13.10) und (13.11), die eine ähnliche Struktur wie (13.9) haben, erhält man aus (13.14) durch Ersetzen von

$$\hat{I}_\pm \to \hat{Q}^{\pm q}, \quad \psi_M \to \psi_q, \quad \alpha_M \to q a_q (t - t_0). \tag{13.15}$$

Das System der fünf Gleichungen (13.10) und (13.10a) zerfällt nach einfachen Umformungen in zwei Systeme, die folgende Lösung haben:

$$\begin{aligned}
\langle \hat{\mathfrak{x}}(t)\rangle &= \langle \hat{\mathfrak{x}}(t_0)\rangle \cos\alpha_1 - i\langle \hat{\mathfrak{v}}(t_0)\rangle \sin\alpha_1, \\
\langle \hat{\mathfrak{v}}(t)\rangle &= \langle \hat{\mathfrak{v}}(t_0)\rangle \cos\alpha_1 - i\langle \hat{\mathfrak{x}}(t_0)\rangle \sin\alpha_1, \\
\langle \hat{\mathfrak{y}}(t)\rangle &= \langle \hat{\mathfrak{y}}(t_0)\rangle \cos 2\alpha_1 + \frac{i}{2}\langle \hat{U}_-(t_0)\rangle \sin 2\alpha_1, \\
\langle \hat{U}_-(t)\rangle &= \langle \hat{U}_-(t_0)\rangle \cos 2\alpha_1 + i2\langle \hat{\mathfrak{y}}(t_0)\rangle \sin 2\alpha_1, \\
\langle \hat{U}_+(t)\rangle &= \langle \hat{U}_+(t_0)\rangle - \langle \hat{U}_-(t_0)\rangle \sin^2\alpha_1 - i\langle \hat{\mathfrak{y}}(t_0)\rangle \sin 2\alpha_1,
\end{aligned} \tag{13.16}$$

mit

$$\hat{\mathfrak{x}} = \hat{\hat{I}}_+ e^{i\psi_1} + \hat{\hat{I}}_- e^{-i\psi_1}, \quad \hat{U}_\pm = 2\hat{\hat{Q}}^0 \pm e^{i2\psi_1}\hat{\hat{Q}}^2 \pm e^{-i2\psi_1}\hat{\hat{Q}}^{-2},$$

$$\hat{\mathfrak{y}} = \hat{\hat{I}}_+ e^{i\psi_1} - \hat{\hat{I}}_- e^{-i\psi_1}, \quad \hat{\mathfrak{v}} = \hat{\hat{Q}}^2 e^{i2\psi_2} - \hat{\hat{Q}}^{-2} e^{-i2\psi_2},$$

$$\alpha_1 = a_1(t - t_0).$$

Durch Einsetzen von

$$\hat{\hat{I}}_\pm \to \hat{\hat{Q}}^{\pm 1}, \quad \hat{\hat{Q}}^{\pm 2} \to -\hat{Q}^{\pm 2}, \quad a_1, \psi_1 \to a_M, \psi_M \tag{13.17}$$

geht das System (13.10a) in das System (13.9a) über, wodurch die Lösung (13.16) unter Berücksichtigung von (13.17) als Lösung der Gleichungen (13.9a) dienen kann.

Es bereitet keine Schwierigkeit, die Lösung der beiden Gleichungssysteme (13.11a) für einen Impuls zu finden:

$$\begin{aligned}
\langle \hat{\hat{I}}_\pm(t)\rangle &= \langle \hat{\hat{I}}_\pm(t_0)\rangle \cos\alpha_2 \pm i\langle \hat{\hat{Q}}^{\mp 1}(t_0)\rangle e^{\mp i\psi_2} \sin\alpha_2, \\
\langle \hat{\hat{Q}}^{\mp 1}(t)\rangle &= \langle \hat{\hat{Q}}^{\mp 1}(t_0)\rangle \cos\alpha_2 \pm i\langle \hat{\hat{I}}_\pm(t_0)\rangle e^{\pm i\psi_2} \sin\alpha_2,
\end{aligned} \tag{13.18}$$

mit $\alpha_2 = a_2(t - t_0)$.

Die hier gefundenen Lösungen der Gleichungen werden in den folgenden Paragraphen für die Beschreibung der Reaktion eines Kernspinsystems ($I = 1$) auf Impulsanregung benutzt.

§ 14. Anregung der freien Präzession der Spins durch akustische Impulse

Wir betrachten die Wirkung eines Impulses auf das Spinsystem. Bis zum Einschalten des Impulses befindet es sich im thermodynamischen Gleichgewicht, wobei seine Dichtematrix gleich $\varrho = \exp\{-\hat{\mathscr{H}}_0/kT\}/\mathrm{Sp}\{\exp(-\hat{\mathscr{H}}_0/kT)\}$ ist, und die Erwartungswerte der Operatoren, die keine diagonalen Matrixelemente besitzen, gleich Null sind $(m \neq 0)$:

$$\langle \hat{T}_{Lm} \rangle^G = \mathrm{Sp}\{\hat{T}_{Lm} e^{-\hbar\omega_0 \hat{I}_z/kT}\}/\mathrm{Sp}\{e^{-\hbar\omega_0 \hat{I}_z/kT}\} = 0\,. \tag{14.1}$$

Ungleich Null sind die Erwartungswerte der Diagonaloperatoren:

$$\langle \hat{I}_z \rangle^G = -\frac{1}{2I+1} \sum_{m=-I}^{I} \frac{\hbar\omega_0}{kT} m^2 = -\frac{\hbar\omega_0}{3kT} I(I+1)$$

$$= \frac{\chi}{N\gamma_n\hbar} H_0 \equiv I^0, \tag{14.2}$$

$$\langle \hat{Q}^0 \rangle^G = -\frac{1}{2I+1} \sum_{m=-I}^{I} \left(\frac{\hbar\omega_0}{kT}\right) m^2[3m^2 - I(I+1)]$$

$$= -\frac{1}{30}\left(\frac{\hbar\omega_0}{kT}\right)^2 I(I+1)(2I-1)(2I+3), \tag{14.2a}$$

wobei $\chi_0 = \dfrac{N(\hbar\gamma_n)^2 I(I+1)}{3kT}$ die paramagnetische Suszeptibilität ist. Die Ausdrücke (14.2) und (14.2a) wurden mit einer Genauigkeit bis auf nichtverschwindende Glieder 1. Ordnung in $\xi = \hbar\omega_0/kT$ erhalten. Da ξ für die Kerne immer sehr klein ist, kann man annehmen, daß auch $\langle \hat{Q}^0 \rangle^G \simeq 0$ ist.

Setzt man (14.1) und (14.2) als Anfangsbedingung in (13.14) ein, findet man, daß unmittelbar nach dem elektromagnetischen Impuls die Mittelwerte der Kernspinkomponenten gleich

$$\langle \hat{I}_z(t_1) \rangle = I^0 \cos\alpha_M ,$$
$$\langle \hat{I}_\pm(t_1) \rangle = \pm i I^0 \sin\alpha_M e^{\mp i\varphi_M} \qquad (14.3)$$

sind, wobei $\alpha_M = a_M t_1$ und t_1 die Impulslänge ist.

Die Erwartungswerte der Kernquadrupolmomentkomponenten sind unter den oben aufgezeigten Anfangsbedingungen ($\langle \hat{Q}^0 \rangle^G = 0$) Null.

Die Bewegung der Spinkomponenten des einzelnen Kernes nach Abschalten des Impulses (bei $t > t_1$) ergibt sich aus Gleichung (13.2) und den Anfangsbedingungen (14.3) zu

$$\langle \hat{I}_z(t) \rangle = \langle I_z(t_1) \rangle = I^0 \cos\alpha_M , \qquad (14.4)$$
$$\langle \hat{I}_\pm(t) \rangle = \pm i I^0 \sin\alpha_M e^{\pm i\Delta t \mp i\varphi_M}$$

(unter Berücksichtigung der Bedingung (13.13)).

Um die Bewegung des Magnetisierungsvektors der Probe zu bestimmen, muß man (14.4) über alle Kerne summieren und mit $\gamma_n \hbar$ multiplizieren. Im Ausdruck (14.4) ändert sich von Kern zu Kern nur Δ, die Abweichung der Resonanzfrequenz ω_0 vom mittleren Wert ω. Die Summation geschieht gewöhnlich unter der Annahme, daß die Verteilung der Resonanzfrequenzen durch folgendes Gesetz beschrieben werden kann:

$$\sum_{i=1}^{N} \to N \frac{1}{\sqrt{2\pi}\,\sigma} \int_{-\infty}^{\infty} e^{-\Delta^2/2\sigma^2}\, d\Delta . \qquad (14.5)$$

Eine derartige Resonanzkurve ist vom Gauss-Typ, wobei σ^2 das zweite Moment ist und durch Inhomogenitäten des lokalen Feldes an den Kernen hervorgerufen wird. Das bei der Mittelung entstehende Integral berechnet sich leicht:

$$\frac{1}{\sqrt{2\pi}\,\sigma}\int\limits_{-\infty}^{+\infty} e^{-\frac{\Lambda^2}{2\sigma^2}\pm i\Lambda(t-t')}\,d\Lambda = e^{-\frac{\sigma^2(t-t')^2}{2}}. \tag{14.6}$$

Nach Ausführung der Summation (14.5) in den Ausdrücken (14.4) führen wir die Transformation (13.7) durch, wodurch wir das Bewegungsgesetz der Magnetisierung M der Probe im raumfesten Koordinatensystem nach einem elektromagnetischen Impuls erhalten:

$$M_z(t) = M_0 \cos\alpha_M,$$

$$M_\pm(t) = M_x(t) \pm i M_y(t) = \pm i M_0 \sin\alpha_M e^{\pm i(\omega t - \varphi_M)} e^{-\frac{\sigma^2 t^2}{2}}, \tag{14.7}$$

wobei $M_0 = \chi_0 H_0$ die statische Magnetisierung der Probe im konstanten Magnetfeld ist.

Für die Interpretation der Bewegung des Magnetisierungsvektors während des elektromagnetischen Impulses betrachten wir die einfachste Situation, d. h., das magnetische Wechselfeld liegt parallel zur x-Achse des raumfesten Bezugssystems ($\varphi = 0$), und seine Anfangsphase F_M ist gleich Null. Dann haben wir im rotierenden Koordinatensystem zum Zeitpunkt der Beendigung des Impulses ($t = t_1$)

$$\tilde{M}_x = 0, \quad \tilde{M}_y = M_0 \sin\alpha_M, \quad \tilde{M}_z = M_0 \cos\alpha_M.$$

Diese Werte der Magnetisierungskomponente kann man als Drehung des Vektors $\boldsymbol{M}_0$ um die $\tilde{x}$-Achse um den Winkel $\alpha_M = a_M t_1$ als Folge der Wirkung des elektromagnetischen Impulses betrachten. Mit anderen Worten, dadurch entsteht um die Richtung des magnetischen Wechselfeldes eine Präzession mit der Larmor-Frequenz $\omega_M = \gamma_n H_1$. Den Impuls nennt man 90°-Impuls, wenn $\alpha_M = 90°$ und $M_z = 0$ sind. Das letztere bedeutet, daß der Magnetisierungsvektor um einen rechten Winkel gedreht wird und in der Ebene senkrecht zum konstanten Magnetfeld liegt.

Wenn sich die betrachtete Probe im Innern der Empfangsspule (deren Achse beispielsweise mit der y-Richtung zusammenfällt) befindet, dann durchdringt bei Änderung von $M(t)$ der Fluß Φ_y des Induktionsvektors $\boldsymbol{B}$ die Spule:

$$\Phi_y = \eta n S B_y = \eta n S 4\pi M_y,$$

wobei n und S die Windungszahl und Fläche der Spule sind. η ist der Füllfaktor, der angibt, welchen Teil des effektiven Spulenvolumens die Probe einnimmt. Die induzierte EMK ist

$$E_y = -\frac{d\Phi_y}{dt} = 4\pi\,\eta n S \omega M_0 \sin\alpha_M \sin(\omega t - \psi_M) e^{-\frac{\sigma^2 t^2}{2}}. \tag{14.8}$$

Diese Spannung wird durch die experimentelle Anordnung registriert.

Die periodische Bewegung der zu $\boldsymbol{H}_0$ senkrechten Magnetisierungskomponenten nach Abschalten des Wechselfeldes nennt man freie Präzession ($H_1 = 0$), und das durch diese Bewegung erzeugte Signal bezeichnet man als Signal der freien Präzession.

Wir betrachten jetzt die Wirkung eines akustischen Impulses der Länge t_1 auf das Spinsystem. Benutzt man die Anfangsbedingungen (14.1) und (14.2) für einen akustischen Impuls, der Spinübergänge $\Delta m = \pm q$ hervorruft, erhalten wir mit (13.14) und (13.15)

$$\langle \hat{I}_z(t_1) \rangle = I^0 \cos(q\alpha_q), \tag{14.9}$$

$$\langle \hat{Q}^{\pm q}(t_1) \rangle = \pm i I^0 \sin(q\alpha_q) e^{\mp i\psi_q}$$

mit $q = 1$ und 2.

Ungeachtet der formalen Ähnlichkeit der Ausdrücke (14.9) und (14.4) bewirkt der akustische Impuls prinzipiell keine Drehung des magnetischen Momentes. Obwohl sich $\hat{I}_z$ genauso ändert, als ob eine Drehung um eine Achse senkrecht zu H_0 stattfindet, bildet sich keine Komponente des Vektors $\hat{I}$ in der zu $\hat{I}_z$ senkrechten Ebene. Folglich ändert sich der absolute Wert des Vektors $\hat{I}$. Man kann diese Tatsache so erklären, als ob während des Impulses das magnetische Dipolmoment in das elektrische Quadrupolmoment „übergeht". Man kann den Ausdruck „Drehung" für die Kennzeichnung der Änderung von $\hat{I}_z$ unter dem Einfluß des akustischen Impulses beibehalten, aber er verliert dabei seine geometrische Bedeutung.

Die präzedierenden Magnetisierungskomponenten, richtiger ihre Linearkombination $y = \langle\hat{I}_+\rangle e^{i\varphi_1} - \langle\hat{I}_-\rangle e^{-i\varphi_1}$, können durch einen akustischen Impuls angeregt werden, der ($\Delta m = \pm 1$)- Übergänge hervorruft; sie sind gleich

$$\langle\hat{y}(t_1)\rangle = i\langle\hat{Q}^0\rangle^G \sin 2\alpha_1 . \tag{14.10}$$

Ein Vergleich von (14.10) und (14.3) zeigt, daß der akustische Impuls eine um $\xi = \hbar\omega_0/kT$mal kleinere präzedierende Magnetisierungskomponente als der elektrische Impuls erzeugt. Wie jedoch Koloskowa und Kopwillem [1] in ihren Arbeiten hervorhoben, wächst mit abnehmender Temperatur $\langle\hat{Q}^0\rangle^G$ schneller als I^0, und deshalb erreicht die Größe (14.10) bei $T \sim 0{,}1$ bis 1 K Werte der Größe (14.3) bei Zimmertemperatur. Weiter unten werden Effekte betrachtet, die der ersten Ordnung von ξ proportional sind.

Wegen der im Vergleich zu den Probenabmessungen kurzen Wellenlänge der akustischen Wellen tritt auch eine bedeutende Verringerung des Kerninduktionssignals im Vergleich zur elektromagnetischen Anregung ein. Der Einfluß der kurzen akustischen Wellen wird weiter unten im Zusammenhang mit der Abschätzung des Spinechosignals nach akustischen Impulsen detailliert erörtert.

In der Arbeit [4] wurden Berechnungen über die gleichzeitige Wirkung eines akustischen und elektrischen Impulses auf den Kernspin durchgeführt. Es zeigte sich, daß durch das Vorhandensein des magnetischen Wechselfeldes präzedierende Magnetisierungskomponenten erzeugt werden, die proportional ξ und vom akustischen Impuls beeinflußt sind. Auf diese Weise ist es im Prinzip möglich, die Wechselwirkung der Kerne mit dem Schall zu untersuchen. Die Ergebnisse der Arbeit [5] beziehen sich auf Kerne mit reinen Quadrupolenergieniveaus. Hier wird das analoge Resultat für äquidistante Spektren der Kerne mit einem Spin von 1 angegeben. Wirken auf den Kern ($I = 1$) gleichzeitig ein elektromagnetischer und akustischer Impuls, die ($\Delta m = \pm 1$)-Übergänge hervorrufen, so sind die Erwartungswerte der Spinkomponenten im rotierenden Koordinatensystem gleich:

$$\langle \hat{I}_z(t_1)\rangle = I^0 (a_M^2 + a_1^2)^{-2}\Big[(a_M^4 + a_1^4)\cos\alpha + a_M^2 a_1^2 \times \left(2\sin^2\frac{\alpha}{2} + \cos^2\alpha\right)\Big], \tag{14.11}$$

$$\langle \hat{I}_\pm(t_1)\rangle = \mp I^0 a_M (a_M^2 + a_1^2)^{-3/2}[(a_1^2 - a_M^2)\sin\alpha - a_1^2 \sin 2\alpha]$$

mit $\alpha = (a_M^2 + a_1^2)^{1/2} t_1$.

Verweilen wir zum Schluß bei den physikalischen Auswirkungen der Präzession der Komponenten des Kernquadrupolmomentes $\langle \hat{Q}^q\rangle$. Die periodische Bewegung des elektrischen Quadrupolmomentes $\overleftrightarrow{D}_{\pm q} = e \cdot Q\langle \hat{Q}^{\pm q}\rangle$ ruft im umgebenden Raum ein periodisches elektromagnetisches Feld hervor. In Entfernungen R von der Größe der Probenmaße, die viel größer als die Maße des strahlenden Systems (Kernmaße), aber viel kleiner als die Wellenlänge der Strahlung sind, ist das elektrische Feld gleich

$$E_Q(t) = -\frac{1}{6} \sum_{\alpha,\beta=x,y,z} D_{\alpha\beta}(t) \operatorname{grad} \left[\frac{3x_\alpha x_\beta - R^2 \delta_{\alpha,\beta}}{R^5}\right]$$

mit $D_{\alpha\beta}$, den kartesischen Komponenten der Mittelwerte des elektrischen Kernquadrupolmoments.

Die Untersuchung des elektrischen Feldes, das durch die Präzession des elektrischen Kernquadrupolmomentes in der Probe erzeugt wird (elektrische Kernquadrupolinduktion), könnte im Prinzip nicht weniger interessante Informationen ergeben als die Kerninduktion, die durch Präzession der magnetischen Dipolmomente erzeugt wird. Leider ist das Feld E_Q zu klein. Abschätzungen zeigen, daß mit $Q \approx 10^{-24}$ cm², $N \approx 10^{22}$ cm⁻³, $\omega_0 \approx 2\pi \cdot 10^8$ s⁻¹ und $R \approx 1$ cm dieses Feld gleich $E_Q \approx 10^{-14}$ V/cm bei Zimmertemperatur und ungefähr 10^{-12} V/cm bei Heliumtemperatur wird.

§ 15. Anregung eines Spinechos durch akustische Impulse

Zwei elektromagnetische Impulse, die zur Zeit $t = 0$ und $t = \tau$ an das Spinsystem angelegt werden, erzeugen außer den Kerninduktionssignalen, die direkt nach jedem Impuls folgen, unter entsprechenden Bedingungen ein drittes Signal bei $t = 2\tau$, das Spinecho genannt wird. Auf der Basis der oben dargelegten Theorie werden hier die Resultate der Wirkung einiger Impulse auf das Spinsystem betrachtet, von denen wenigstens einer ein akustischer ist. Zu Vergleichszwecken und um in das Wesen der Sache einzudringen, ist es jedoch nützlich, am Anfang den Ausdruck für das Spinechosignal, das durch zwei elektromagnetische Impulse erzeugt wird, herzuleiten.

A. Zwei elektromagnetische Impulse

Die Wirkung des ersten Impulses wurde schon oben betrachtet. Um die Anfangsbedingungen für die Operatoren des Spinsystems zu Beginn des zweiten Impulses zu erhalten, benutzen wir die Beziehungen (14.3) und (13.12):

$$\begin{aligned} \langle \hat{I}_z(\tau) \rangle &= \langle \hat{I}_z(t_1) \rangle = I^0 \cos \alpha_M , \\ \langle \hat{I}_\pm(\tau) \rangle &= \langle \hat{I}_\pm(t_1) \rangle e^{\pm i\Delta(\tau - t_1)} = I^0 \sin \alpha_M e^{\pm i\Delta(\tau - t_1) \mp i\psi_M} . \end{aligned} \tag{15.1}$$

Indem man (15.1) in (13.14) einsetzt, erhält man am Ende des zweiten Impulses bei $t = \tau + t_2$

$$\begin{aligned} \langle \hat{I}_+(\tau + t_2) \rangle = i I^0 \Big\{ &\cos \alpha_M \sin \beta_M e^{-if_M} + \sin \alpha_M \cos^2 \frac{\beta_M}{2} \\ &\times e^{i\Delta(\tau - t_1) - i\psi_M} - \sin \alpha_M \sin^2 \frac{\beta_M}{2} e^{-i\Delta(\tau - t_1) + i(\psi_M - 2f_M)} \Big\} . \end{aligned} \tag{15.2}$$

Dabei ist $\beta_M = a_M t_2$ und f_M die Größe ψ_M für den zweiten Impuls. Die Anfangsphase der Schwingungen des magnetischen Wechselfeldes (13.4) F_M kann für den ersten Impuls gleich Null genommen werden, damit wird für den zweiten Impuls $F_M = \omega \tau$ und

$$\psi_M = -\varphi , \quad f_M = \omega \tau - \varphi . \tag{15.3}$$

Um die Zeitabhängigkeit $\langle \hat{\boldsymbol{I}}_+ \rangle$ nach dem zweiten Impuls $(t > \tau + t_2)$ zu erhalten, muß man nochmals die Lösung (13.12) mit den Anfangsbedingungen (15.2) benutzen:

$$\begin{aligned} \langle \hat{I}_+(t) \rangle = i I^0 \Big\{ &\cos \alpha_M \sin \beta_M e^{i\Delta(t - \tau) - i(\omega\tau - \varphi)} \\ &+ \sin \alpha_M \cos^2 \frac{\beta_M}{2} e^{i\Delta t - i\varphi} - \sin \alpha_M \\ &\times \sin^2 \frac{\beta_M}{2} e^{i\Delta(t - 2\tau) + i(2\omega\tau - \varphi)} \Big\} . \end{aligned} \tag{15.4}$$

Auf Grund der Ungleichung (13.13) werden im Ausdruck (15.4) die Größen Δt_1 und Δt_2 gleich Null gesetzt.

Indem wir die Berechnungen wiederholen, die im § 14 für den Übergang von (14.4) zu (14.7) gemacht wurden, erhalten wir das Gesetz für die zeitliche Änderung der präzedierenden Magnetisierungskomponenten der Probe im Laborsystem, wobei die x-Achse der Einfachheit halber in Richtung des Wechselfeldes gelegt wurde ($\varphi = 0$):

$$M_x(t) + i M_y(t) = i M_0 \Big[\sin\alpha_M \cos^2 \frac{\beta_M}{2} \Phi(t) + \cos\alpha_M \sin\beta_M \Phi(t - \tau) - \sin\alpha_M \times \sin^2 \frac{\beta_M}{2} \Phi(t - 2\tau) \Big]. \quad (15.5)$$

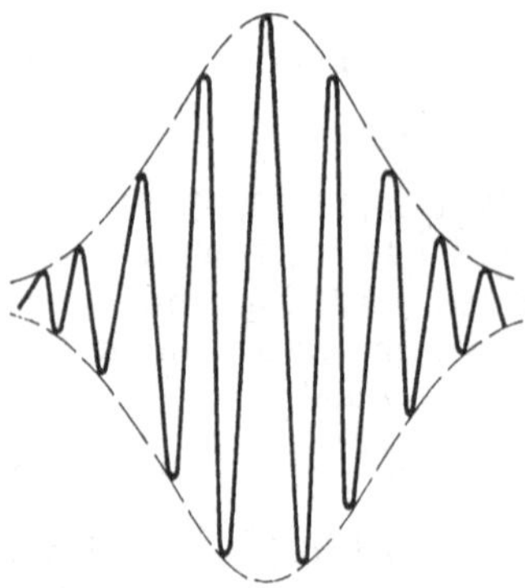

Abb. 5. Schematische Darstellung der Formfunktion (15.6)

Die Funktion

$$\Phi(t - n\tau) = \exp\left\{ i\omega(t - n\tau) - \frac{\sigma^2 (t - n\tau)^2}{2} \right\} \quad (15.6)$$

ist in Abb. 5 dargestellt. Sie ist praktisch immer gleich Null mit Ausnahme der Zeitpunkte t nahe $n\tau$, für die die Bedingung $\sigma^2 (t - n\tau)^2 \lesssim 1$ erfüllt ist.

Das Ergebnis (15.5) stellt gut die Beziehung für das wohlbekannte Echo des Spinsystems nach zwei elektromagnetischen Impulsen dar. Das erste und zweite Glied in (15.5) beschreiben die Kerninduktion nach dem ersten

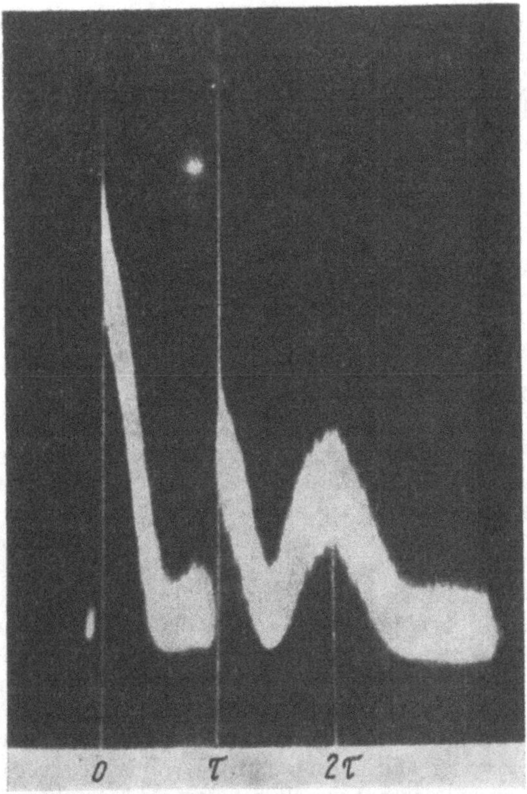

Abb. 6. Signale der freien Präzession und des Spinechos von Wasserprotonen, die durch zwei elektromagnetische Impulse angeregt wurden.
Der erste Impuls bewirkt eine Drehung der magnetischen Momente um 90°, der zweite eine Drehung um etwa 140° (Foto I. C. MUSEJEWA)

bzw. zweiten Impuls, und das dritte Glied das Spinecho bei $t = 2\tau$.

Auf Abb. 6 ist das Spinechosignal von Wasserprotonen ($I = 1/2$) dargestellt, das nach zwei elektromagnetischen Impulsen entsteht. Nach den Impulsen werden die Signale der freien Präzession beobachtet. Die periodische

Änderung der Signale mit der Frequenz ω ist nicht sichtbar. Die Kurven selbst zeigen das Abklingen der Signalamplitude der freien Präzession und die Form des Echos, die den Funktionen

$$\exp\left\{-\frac{\sigma^2 t^2}{2}\right\}, \quad \exp\left\{-\frac{\sigma^2 (t-\tau)^2}{2}\right\}$$

und

$$\exp\left\{-\frac{\sigma^2 (t-2\tau)^2}{2}\right\}$$

entsprechen.

B. Zwei akustische Impulse

Es wurde schon gezeigt, daß ein einzelner akustischer Impuls bei äquidistantem Spektrum des Spinsystems keine präzedierenden Magnetisierungskomponenten mit einer Genauigkeit bis auf Glieder erster Ordnung in $\xi = h\omega_0/kT$ bildet. Die Analyse der angegebenen Lösungen der Gleichungen vom Bloch-Typ zeigt, daß auch nach zwei gleichen akustischen Impulsen keine präzedierenden Komponenten des magnetischen Momentes entstehen, weil auch in diesem Fall die Anfangsbedingungen in den Lösungen für $\langle I_{\pm}(t)\rangle$ immer gleich Null sind. Es ist deshalb nur sinnvoll, die Wirkung verschiedener akustischer Impulse oder akustischer und elektromagnetischer Impulse zusammen auf das Spinsystem zu betrachten.

Zuerst soll auf das Spinsystem, das sich bis dahin im Gleichgewicht befindet, ein akustischer Impuls wirken, der $(\Delta m = \pm 1)$-Übergänge hervorruft. Dann werden gemäß (14.9) und (13.12) zum Zeitpunkt $\tau > t_1$ (t_1 ist die Länge des ersten Impulses) folgende Mittelwerte der Spinoperatoren von Null verschieden sein:

$$\langle \hat{I}_z(\tau)\rangle = \langle \hat{I}_z(t_1)\rangle = I^0 \cos\alpha_1,$$

$$\langle \hat{Q}^{\pm 1}(\tau)\rangle = \pm i I^0 \sin\alpha_1 e^{\pm i\Delta(\tau - t_1) \mp i\varphi_1}. \qquad (15.7)$$

Wenn danach zum Zeitpunkt $t = \tau$ auf das Spinsystem ein akustischer Impuls wirkt, der $(\Delta m = \pm 2)$-Übergänge hervorruft, haben wir, ausgehend von (13.18) und den Anfangsbedingungen (15.7),

$$\langle \hat{\tilde{I}}_+(\tau + t_2) \rangle = I_0 \sin \alpha_1 \sin \alpha_2 e^{-i\Delta(\tau - t_1) + i(\psi_1 - \psi_2)}.$$

Hieraus erhalten wir für den Zeitpunkt $t > \tau + t_2$ im Laborsystem

$$\langle \hat{I}_+(t) \rangle = I^0 \sin \alpha_1 \sin \alpha_2 e^{i\omega t + i\Delta(t - 2\tau) + i(\psi_1 - \psi_2)}. \quad (15.8)$$

Für das Auffinden des magnetischen Gesamtmomentes der Probe ist es notwendig zu berücksichtigen, daß die akustische Wellenlänge gewöhnlich viele Male kleiner als die Probenabmessungen ist. Zuerst betrachten wir Impulse, bestehend aus laufenden akustischen Schwingungen. Wie in § 13 betont wurde, ist für diesen Fall

$$\alpha_q = b_q t_q = \frac{3}{8} \mathcal{A} S_{11} \mathrm{E}_0 \sin^q \left(\frac{2\theta}{q}\right) t_q \equiv \beta_q. \quad (15.9)$$

Die Phasen des ersten und zweiten Impulses sind entsprechend gleich

$$\Psi_1 = \boldsymbol{k}_1 \boldsymbol{r}, \quad \Psi_2 = \boldsymbol{k}_2 \boldsymbol{r} + 2\omega\tau \quad (15.10)$$

mit $\boldsymbol{r}$, dem Radiusvektor des betrachteten Kernes, und $\boldsymbol{k}_q$, dem Wellenvektor der akustischen Schwingung des Impulses q. Dadurch ändert sich im Ausdruck (15.8) die Phase ψ_q (15.10), ungeachtet der zufälligen Streuung Δ von Kern zu Kern. Um das Echo des gesamten Spinsystems aufzufinden, muß man statt der Summierung (14.5) eine Summierung mit Mittelung über das Volumen durchführen:

$$\sum_{j=1}^{N} \to N \frac{1}{V} \int dV \int_{-\infty}^{+\infty} \frac{1}{\sqrt{2\pi}\,\sigma} e^{-\Delta^2/2\sigma^2} d\Delta. \quad (15.11)$$

Nach der Summierung (15.11) und Multiplikation mit $\gamma_n \hbar$ erhält der Ausdruck (15.8) folgendes Aussehen:

$$M_x(t) + i\, M_y(t)$$

$$= M_0 \sin \beta_1 \sin \beta_2\, \Phi\,(t - 2\tau)\, \overline{\exp\{i(\boldsymbol{k}_1 - \boldsymbol{k}_2)\, \boldsymbol{r}\}}. \quad (15.12)$$

Dieses Resultat wurde in Arbeit [5] erhalten.

Für die Vereinfachung des Volumenintegrals wird vorausgesetzt, daß der Probenquerschnitt, der senkrecht zur Schallausbreitungsrichtung ($\boldsymbol{k}_q$) steht, konstant ist. In dem mit der Probe verbundenen Koordinatensystem $x'\, y'\, z'$ (Abb. 7) ist

$$\overline{\exp\{(\boldsymbol{k}_1 - \boldsymbol{k}_2)\, \boldsymbol{r}\}} = \frac{1}{V} \int\limits_V e^{i(\boldsymbol{k}_1 - \boldsymbol{k}_2)\boldsymbol{r}}\, d\, V$$

$$= \frac{1}{t} \int\limits_0^l e^{i 2\pi z' \left(\frac{1}{\lambda_1} - \frac{1}{\lambda_2}\right)}\, dz'. \quad (15.13)$$

l ist die Probenlänge in Schallausbreitungsrichtung und λ_q die Wellenlänge des akustischen Impulses q. Für das betrachtete Paar akustischer Impulse ist $\lambda_2 = \frac{1}{2}\, \lambda_1$, und deshalb wird

$$\overline{\exp\{(\boldsymbol{k}_1 - \boldsymbol{k}_2)\, \boldsymbol{r}\}} = \frac{i}{2\pi}\, \frac{\lambda_1}{l}\, [e^{+i 2\pi l/\lambda_1} - 1].$$

Wenn auf die Länge l eine ganze Zahl $n = \frac{2l}{\lambda_1}$ halber Wellen paßt, strebt der Ausdruck (15.13) gegen Null, bei ungeradzahligem n wird er gleich $(-i/\pi)(\lambda_1/l)$. Hieraus kann man schließen, daß der Beitrag einer Schicht der Dicke einer akustischen Wellenlänge λ_1 zum magnetischen Gesamtmoment gleich Null ist. Der von Null unterschiedliche Wert $M_+(t)$ wird erhalten, wenn die Länge der Probe nicht durch die akustische Wellenlänge teilbar ist: $l = n\lambda_1 + l'$. Einen Beitrag zu $M_+(t)$ liefert also nur die kleine Schicht $l' < \lambda_1$.

Diese Tatsache hat eine anschauliche Erklärung. Die Wirkung der akustischen Welle im Punkt z_2' wiederholt genau ihre Wirkung von z_1' (siehe Abb. 7), aber mit einer Zeitverzögerung $\Delta t = (z_2' - z_1')/v = \Delta z_{21}/v$, wobei v

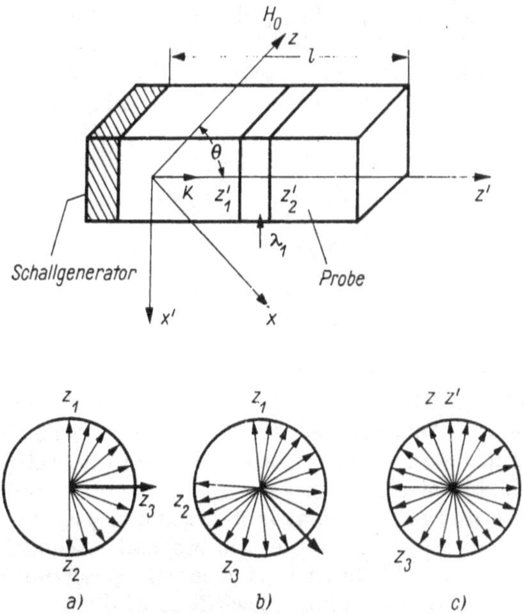

Abb. 7. Anordnung der in der Schicht $\Delta z'$ liegenden magnetischen Kernmomente nach der Einwirkung eines akustischen Impulses der Resonanzfrequenz auf das Spinsystem.
a) $z_1 - z_2 = \lambda/2$; b) $z_1 - z_2 = 3\,\lambda/2$; c) $z_1 - z_2 = \lambda$ (t = const). Das magnetische Gesamtmoment der Schicht wurde durch den fettgedruckten Pfeil dargestellt

die Schallgeschwindigkeit ist. Während dieser Zeit überholt das magnetische Moment des Kernes 1, der in der $x'z'x$-Ebene angeordnet ist, das Moment des Kernes 2 um den Winkel $\varphi_2 = \omega\Delta t = 2\pi\Delta z_{12}/\lambda_1$. Das magnetische Moment eines beliebigen dritten Kernes, der zwischen ihnen angeordnet ist $(z_1' < z_3' < z_2')$, beschreibt den kleineren Winkel $\varphi_3 < \varphi_2$. Auf diese Weise verteilen sich die magnetischen Kernmomente, die in der Schicht $\Delta z'$ liegen, zu einem beliebigen Zeitpunkt t gleichmäßig innerhalb des Winkels $\varphi = 2\pi\Delta/z'\lambda_1$, und bei $\Delta z' = \lambda_1$ wird die Gesamtmagnetisierung der Schicht gleich Null (Abb. 7c).

Für stehende akustische Wellen sind $\psi_1 = 0$, $\psi_2 = 2\omega\tau$, und a_q wird durch den Ausdruck (13.3) bestimmt. Nach Ausführung der Summation (15.11) erhalten wir für diesen Fall aus (15.8)

$$M_+(t) = M_0 \overline{\sin\alpha_1 \sin\alpha_2}\, \Phi(t - 2\tau), \qquad (15.14)$$

$$\overline{\sin\alpha_1 \sin\alpha_2} = \frac{\lambda_1}{2\pi l} \int_0^{2\pi l/\lambda_1} \sin(\beta_1 \sin U) \sin(\beta_2 \sin 2U)\, dU, \qquad (15.15)$$

wobei $a_q = \beta_q \sin(2\pi q z'/\lambda_1)$ ist und β_q mit dem Ausdruck (15.9) zusammenfällt. Man kann zeigen, daß bei $l = n\lambda_1/2$ [1]) (n ist eine ganze Zahl) das Integral (15.15) gegen Null strebt. Das erklären wir damit, daß die betrachtete Kombination akustischer Impulse die magnetischen Momente der Kerne, die um halbe Wellenlängen voneinander entfernt sind, nach entgegengesetzten Seiten dreht, so daß die Summe gleich Null wird.

Wenn die akustischen Impulse in umgekehrter Reihenfolge an das Spinsystem angelegt werden, d. h., zuerst werden $(\Delta m = \pm 2)$-Übergänge angeregt, danach die $(\Delta m = \pm 1)$-Übergänge, wird das Signal des Echos gleich

$$M_+(t) = M_0 \sin\alpha_1 \sin^2\frac{\alpha_1}{2} \sin\alpha_2\, \Phi(t - 3\tau) \times \overline{\exp\{i(\boldsymbol{k}_2 - 3\boldsymbol{k}_1)\boldsymbol{r}\}} \qquad (15.16)$$

---

[1]) Das Verhältnis zwischen l und λ muß so sein, daß sich in der Probe stehende Wellen ausbilden.

für laufende akustische Wellen. Wegen des Exponenten

$$\overline{\exp\{i(\boldsymbol{k}_2 - 3\boldsymbol{k}_1)\,\boldsymbol{r}\}} = \overline{\exp\{-i2\pi z'/\lambda_1\}} \leqq \lambda_1/\pi l \qquad (15.17)$$

wird der Ausdruck (15.16) bedeutend kleiner als (15.5).

Für stehende akustische Wellen wird der Exponent (15.17) im Ausdruck (15.16) gleich Eins. Die Mittelung der Größe

$$\overline{\sin\alpha_1 \sin^2\frac{\alpha_1}{2}\sin\alpha_2} = \overline{\frac{1}{2}\left[\sin\alpha_1 - \frac{1}{2}\sin 2\alpha_1\right]\sin\alpha_2},$$

über die Koordinaten ergibt wie auch (15.15) Null.

Das oben Dargelegte zeigt, daß das Spinechosignal, das durch zwei akustische Impulse erzeugt wird, entweder gleich Null oder λ_1/l-mal kleiner als das Echo nach zwei elektromagnetischen Impulsen ist.

Die Ausdrücke (15.12) und (15.16) zeigen den Weg, ein Spinechosignal zu erhalten: man muß die Bedingung suchen, unter der die Verzögerung des einen Impulses die Verzögerung des zweiten kompensiert. Weiter unten wird gezeigt, daß man das erreicht, indem man einen elektromagnetischen und akustische Impulse kombiniert. Wir behandeln hier nur einen einfachen Weg, den die Beziehungen (15.12) und (15.16) nahelegen, der jedoch infolge der großen experimentellen Schwierigkeiten nur von theoretischem Interesse ist.

Die Idee besteht darin, gleiche Impulse nacheinander auf das Spinsystem wirken zu lassen, wobei das Magnetfeld während des zweiten Impulses um die Hälfte verkleinert werden muß (Abb. 8a), so daß dieser ($\Delta m = \pm 2$)-Übergänge anregt. Dann ist $\boldsymbol{k}_1 = \boldsymbol{k}_2$, der Exponent (15.13) wird Eins, und das Echosignal (15.12) wird in der Größenordnung gleich dem Echosignal nach elektromagnetischen Impulsen (15.5). Ein analoges Resul-

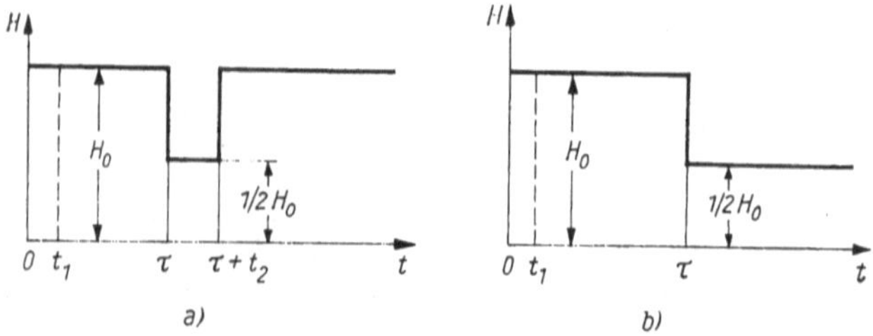

Abb. 8. Abhängigkeit des äußeren Magnetfeldes H_0 von der Zeit. t_1 und t_2 sind die Impulslängen, τ ist der Abstand zwischen den Impulsen

tat wird auch für stehende Wellen erhalten. In diesem Fall ist das Echosignal nicht (15.15), sondern dem Ausdruck

$$\overline{\sin \alpha_1 \sin \alpha_2} = \frac{1}{k_1 l} \int\limits_0^{k_1 l} \sin (\beta_1 \sin U) \sin (\beta_2 \sin U) \, d U$$

$$= \frac{1}{2} [J_0(\beta_1 - \beta_2) - J_0(\beta_1 + \beta_2)]$$

proportional, dessen Größenordnung gleich Eins sein kann ($J_0(x)$ — Bessel-Funktion nullter Ordnung).

Wenn das Magnetfeld nach Beendigung des zweiten Impulses nicht seinen Anfangswert wieder annimmt, sondern unverändert bleibt (Abb. 8b), wird ein Echosignal bei $t = 3\tau$ angeregt:

$$M_+(t) = M_0 \sin \alpha_1 \sin \alpha_2 \Phi \left(\frac{t - 3\tau}{2}\right). \qquad (15.18)$$

Der Unterschied zwischen (15.18) und (15.12) besteht darin, daß bei Herleitung von (15.18) berücksichtigt wurde, daß zum Zeitpunkt $t = \tau$ die Präzessionsfrequenz der Spins den halben Wert der Larmor-Frequenz zu Beginn beträgt.

Analog kann man leicht schlußfolgern, daß der Exponent (15.17) in der Beziehung (15.16) Eins wird, wenn die Frequenz des ersten Impulses ($\Delta m = \pm 2$) dreimal größer als die Frequenz des zweiten wird ($\boldsymbol{k}_2 = 3\boldsymbol{k}_1$). Um dabei in beiden Fällen Resonanzübergänge anregen zu können, muß während der Wirkung des zweiten Impulses das Magnetfeld 2/3 der Anfangsgröße betragen. Wenn das Magnetfeld nach Beendigung der Wirkung des zweiten Impulses nicht zum Anfangswert zurückkehrt, dann wird bei $t = 7\tau$ ein Echosignal erzeugt, das gleich

$$M_+(t) = M_0 \sin \alpha_1 \sin \frac{2\alpha_1}{2} \sin \alpha_2 \Phi \left(\frac{t - 7\tau}{2}\right)$$

ist. In beiden Fällen wird die Größenordnung des Signals mit (15.5) übereinstimmen.

C. *Ein elektromagnetischer und akustischer Impuls*

Zuerst wirke auf das Spinsystem, das sich bis zu diesem Zeitpunkt im Gleichgewicht befindet, ein akustischer Impuls, der ($\Delta m = \pm q$)-Übergänge hervorruft. Dann haben wir in Übereinstimmung mit (13.14), (13.15) und (13.12)

$$\langle \hat{I}_z(\tau) \rangle = \langle \hat{I}_z(t_1) \rangle = I^0 \cos (q \alpha_q) . \tag{15.19}$$

Die Wirkung des bei $t = \tau$ angelegten elektromagnetischen Impulses bestimmt sich aus der Lösung (13.14) mit der Anfangsbedingung

$$\langle \hat{I}_+(\tau + t_2) \rangle = i I^0 \sin \alpha_M \cos (q \alpha_q) \, e^{-i\varphi_M} .$$

Hieraus finden wir für $t > \tau + t_2$ in Übereinstimmung mit (13.12)

$$\langle \hat{I}_+(t) \rangle = i I^0 \sin \alpha_M \cos (q \alpha_q) \, e^{i\Delta(t-\tau-t_2) - i\varphi_M} , \tag{15.20}$$

wobei t_2 die Länge des elektromagnetischen Impulses ist. Weil der elektromagnetische Impuls zur Zeit τ nach dem Beginn der Zählung angelegt wird, ist seine

Phase F_M gleich $\omega\tau$, und $\psi_M = \omega\tau - \varphi$. Multiplizieren wir (15.20) mit $\gamma_n \hbar$ und substituieren dort die Phase ψ_M, erhalten wir nach der Summation (15.11) für die Kerne der Probe und nach Übergang ins Laborsystem

$$M_+(t) = i M_0 \cos(q\alpha_q) \sin\alpha_M e^{i\varphi} \Phi(t - \tau). \quad (15.21)$$

Dieses Resultat zeigt, daß der dem akustischen Impuls folgende elektromagnetische kein Echosignal anregt. Es entsteht nur ein Kerninduktionssignal nach dem zweiten Impuls, wobei die Signalamplitude noch „Spuren" der Wirkung des vorangegangenen akustischen Impulses in Form des Faktors $\cos(q\alpha_q)$ trägt.

Wenn auf das Spinsystem zuerst ein elektromagnetischer Impuls wirkt, dann werden für den bei $t = \tau$ angelegten akustischen Impuls die Anfangsbedingungen durch die Beziehung (15.1) definiert. Indem man die notwendigen Berechnungen durchführt, kann man sich davon überzeugen, daß der akustische Impuls, der $(\Delta m = \pm 2)$-Übergänge hervorruft, keine zusätzlichen Signale erzeugt. Ein Impuls stehender akustischer Wellen jedoch, der $(\Delta m = \pm 1)$-Übergänge anregt, erzeugt ein Echosignal bei $t = 2\tau$:

$$M_+(t) = -i M_0 \sin\alpha_\mu \overline{\sin\frac{\alpha_1}{2} \sin\frac{3\alpha_1}{2}} e^{-i\varphi} \Phi(t - 2\tau), \quad (15.22)$$

$$\begin{aligned}\overline{\sin\frac{\alpha_1}{3} \sin\frac{3\alpha_1}{2}} &= \frac{1}{l}\int_0^l \sin\left(\frac{\beta_1}{2}\sin k_1 z\right) \sin\left(\frac{3\beta_2}{2}\sin k_1 z\right) dz \\ &= \frac{1}{2\pi n}\int_0^{n\pi} [\cos(\beta_1 \sin U) \\ &\quad - \cos(2\beta_1 \sin U)]\, dU \\ &= \frac{1}{2}[J_0(\beta_1) - J_0(2\beta_1)],\end{aligned}$$

wobei wie früher $k_1 l = n\pi$ und $J_0(x)$ die Bessel-Funktion nullter Ordnung ist.

Ein Impuls laufender akustischer Wellen gibt in diesem Fall kein Echosignal, weil der entsprechende Ausdruck proportional dem Imaginärteil $\exp\{-2ik_1 r\}$ ist, der bei $k_1 l = n\pi$ Null wird.

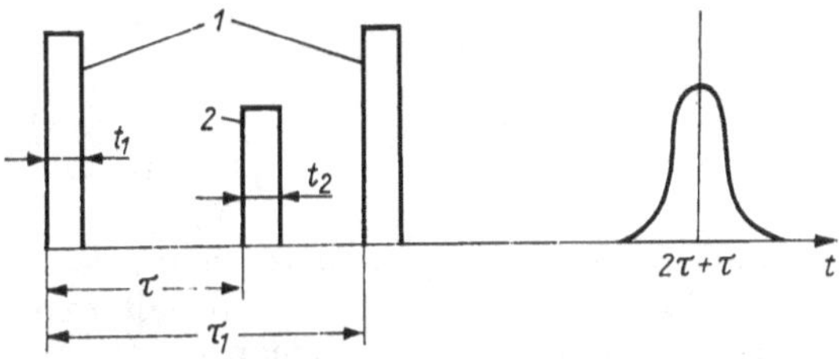

Abb. 9. Folge der akustischen (1) ($\Delta m = \pm 2$) und elektromagnetischen (2) Impulse, die ein Echosignal bei $t = 2\tau + \tau_1$ erzeugen

Zum Schluß betrachten wir eine offensichtlich für die experimentelle Durchführung leicht zugänglichen Kombination von Impulsen, die zum Spinechosignal sogar im Fall fortlaufender akustischer Wellen führt. Wir betrachten die Wirkung zweier im Intervall τ_1 angelegter akustischer Impulse auf das Spinsystem die ($\Delta m = \pm 2$)-Übergänge hervorrufen, und eines elektrischen Impulses, der bei $t = \tau < \tau_1$ zwischen ihnen angelegt wird (Abb. 9).

Die von Null verschiedenen Erwartungswerte der Spinoperatoren nach der Einwirkung des akustischen Impulses $\Delta m = 2$ auf das Spinsystem bei $t = 0$ werden durch die Formeln (14.9) gegeben. Zum Zeitpunkt des Einschaltens des elektromagnetischen Impulses bei $t = \tau$ sind diese Erwartungswerte gleich

$$\langle \hat{I}_z(\tau) \rangle = I^0 \cos(2\alpha_2),$$

$$\langle \hat{Q}^{\pm 2}(\tau) \rangle = \pm i I^0 \sin(2\alpha_2)\, e^{\pm i2\Delta(\tau - t_1) \mp i\psi_2},$$

und unmittelbar nach dem elektromagnetischen Impuls haben wir in Übereinstimmung mit (13.14), (13.16) und (13.17)

$$\langle \hat{\tilde{I}}_{\pm}(\tau + t_2)\rangle = \pm i I^0 \cos(2\alpha_2) \sin \alpha_M e^{\mp i\psi_M},$$

$$\hat{\tilde{Q}}^{\pm 1}(\tau + t_2)\rangle = I^0 \sin 2\alpha_2 \sin \alpha_M \times \left[\sin^2 \frac{\alpha_M}{2} e^{\mp i[3\psi_M - \psi_2 + 2\Delta(\tau - t_1)]} - \cos^2 \frac{\alpha_M}{2} e^{\pm i[\psi_M - \psi_2 + 2\Delta(\tau - t_1)]}\right],$$

wobei t_1 und t_2 die Längen des ersten und zweiten Impulses sind. Indem wir diese Ausdrücke mit $\exp\{\pm i\Delta \times (\tau_1 - \tau - t_2)\}$ multiplizieren, erhalten wir die Anfangsbedingungen zum Zeitpunkt des Einschaltens des dritten Impulses ($t = \tau_1$). Das Ergebnis seiner Wirkung auf das Spinsystem wird durch die Beziehung (13.18) bestimmt:

$$\langle \hat{\tilde{I}}_{+}(\tau_1 + t_3)\rangle = \langle \hat{\tilde{I}}_{+}(\tau_1)\rangle \cos \tilde{\alpha}_2 + i \langle \hat{\tilde{Q}}_{-1}(\tau_1)\rangle e^{-i\tilde{\psi}_2} \sin \tilde{\alpha}_2 .$$

t_3, $\tilde{\alpha}_2$ und $\tilde{\psi}_2$ sind die Länge, der Drehwinkel und die Phase des dritten Impulses. Für einen willkürlichen Zeitpunkt t nach dem dritten Impuls finden wir daraus

$$\begin{aligned}\langle \hat{I}_{+}(t)\rangle &= e^{i\omega t} \langle \hat{\tilde{I}}_{+}(t)\rangle = e^{i\omega t + i\Delta(t - \tau_1 - t_3)} \langle \hat{\tilde{I}}_{+}(\tau_1 + t_3)\rangle \\ &= i I^0 \cos(2\alpha_2) \sin \alpha_M \cos \tilde{\alpha}_2 \, e^{i\Delta(t-\tau) + i(\omega t - \psi_M)} \\ &\quad - I^0 \sin 2\alpha_2 \sin \alpha_M \sin \tilde{\alpha}_2 \\ &\quad \times \left[\cos^2 \frac{\alpha_M}{2} e^{i(\omega t - \tilde{\psi}_2 - \psi_M + \psi_2) + i\Delta(t - 2\tau_1 - \tau)} \right. \\ &\quad \left. + \sin^2 \frac{\alpha_M}{2} e^{i(\omega t - \tilde{\psi}_2 - \psi_2 + 3\psi_M) + i\Delta(t - 2\tau + 3\tau_1)}\right]\end{aligned} \tag{15.23}$$

(die kleinen Größen Δt_i in den Exponenten wurden vernachlässigt).

Die Phasen für die betrachteten Impulse sind

$$\psi_2 = \boldsymbol{k}_2\boldsymbol{r}, \quad \psi_M = \omega\tau - \varphi, \quad \tilde{\psi}_2 = 2\omega\tau_1 + \boldsymbol{k}_2\boldsymbol{r}.$$

Durch Einsetzen der entsprechenden Größe findet man, daß der letzte Summand der rechten Seite von (15.23) proportional zu $\exp(2i\boldsymbol{k}_2\boldsymbol{r})$ ist und die übrigen Glieder nicht von der Lage der Kerne in der Probe abhängen. Deshalb wird bei der Summation (15.11) über die Probe der $\exp(2i\boldsymbol{k}_2\boldsymbol{r})$ Null, und die verbleibenden Glieder geben $(t > 2\tau_1 + \tau)$

$$M_+(t) = iM_0 \cos(2\alpha_2) \sin\alpha_M \cos\tilde{\alpha}_2\, e^{i\varphi}\, \Phi(t-\tau)$$
$$- M_0 \sin(2\alpha_2) \sin\alpha_M \cos^2\frac{\alpha_M}{2} \sin\tilde{\alpha}_2\, \Phi(t - 2\tau_1 - \tau)\, e^{i\varphi}. \tag{15.24}$$

Das erste Glied der Beziehung (15.24) beschreibt das Kerninduktionssignal nach dem zweiten, dem elektromagnetischen Impuls. Es stimmt bis auf den Faktor $\cos\alpha_2$, der angibt, um wieviel Male der dritte Impuls das Induktionssignal nach dem zweiten Impuls verkleinert, mit dem Ausdruck (15.21) überein (wegen der Abnahme von $\Phi(t-\tau)$ ist faktisch zu Beginn des dritten Impulses dieses Signal schon verschwunden).

Das Glied proportional zu $\Phi(t - 2\tau_1 - \tau)$ gibt das Echosignal bei $t = 2\tau_1 + \tau$ (Abb. 9), das die gleiche Größenordnung wie ein Echo nach elektromagnetischen Impulsen hat.

Für akustische Impulse mit stehenden Wellen sind alle drei Glieder der Beziehung (15.24) von Null verschieden. In diesem Fall geht $\boldsymbol{k}_2\boldsymbol{r}$ nicht in den Ausdruck für die Phase ein, aber die Mittelwerte von $\sin(\tilde{\beta}_2 \sin\boldsymbol{k}_2\boldsymbol{r}) \times \sin(2\beta_2 \sin\boldsymbol{k}_2\boldsymbol{r})$ oder $\cos(\tilde{\beta}_2 \sin\boldsymbol{k}_2\boldsymbol{r}) \cos(2\beta_2 \sin\boldsymbol{k}_2\boldsymbol{r})$ führen, wie oben gezeigt, zur Bessel-Funktion nullter Ordnung von $\tilde{\beta}_2 \pm 2\beta_2$. Analoge, obgleich viel umfangreichere Resultate werden für den Fall erhalten, daß der erste und dritte akustische Impuls ($\Delta m = \pm 1$)-Übergänge erzeugen.

Die vorangehende Betrachtung bezog sich auf Kerne mit einem Spin $I = 1$ und mit äquidistantem Spektrum. In den oben zitierten Arbeiten [1, 2, 5] wurden auch theoretische Ergebnisse erhalten, die nichtstationäre Prozesse an Spinsystemen mit äquidistanten und nichtäquidistanten Spektren für Kerne mit $I > 1$ betreffen. Diese Ergebnisse werden wir nicht wiedergeben, wir verweilen nur bei einigen Folgerungen.

a) Die Resultate für äquidistante Energieniveaus für einen willkürlichen Spin fallen qualitativ mit den dargelegten zusammen.

b) Ein nichtäquidistantes Spektrum gibt verschiedenartige Möglichkeiten für die Durchführung eines Experimentes schon deshalb, weil man bei geeigneter Wahl der Größe und Richtung des äußeren Magnetfeldes von vornherein ein gewünschtes Verhältnis zwischen einem beliebigen Paar von Resonanzfrequenzen einstellen kann.

c) Schon nach einem akustischen Impuls wird bei nichtäquidistantem Spektrum ein Kerninduktionssignal angeregt, das in erster Näherung proportional zu $\xi = \hbar\omega_0/kT$ ist; jedoch ist es wie früher λ/l-mal kleiner als das entsprechende Signal nach einem elektromagnetischen Impuls.

Zum Schluß verweilen wir bei einer interessanten, von Schutilow und Antokolski [17] vorgeschlagenen Möglichkeit zur Erzeugung einer kohärenten Präzession der magnetischen Kernmomente nach der Wirkung eines Impulses fortlaufender Wellen auf das Spinsystem. Die Idee besteht im Anlegen eines konstanten Magnetfeldes mit dem Gradienten G an die Probe, und zwar sofort nach Durchgang des Impulses. Dabei muß der Gradient so gerichtet sein, daß die Kerne, die vom Schall erst später erreicht werden, sich im starken Magnetfeld befinden und dadurch schneller präzedieren. Somit ist der Unterschied in den Präzessionswinkeln, den die Kerne a und b, die in der Entfernung x_a und x_b vom akustischen Generator angeordnet sind, zum Zeitpunkt t haben werden, gleich $\Delta \varphi_{ba} = (t\gamma_n G - \omega_0/v)(x_b - x_a)$. Zum Zeitpunkt $t_0 = \omega_0/v\gamma_n G$ wird die Größe $\Delta \varphi_{ba}$ für beliebige Werte x_a und x_b Null, d. h., bei $t = t_0$ sind alle Spins in einer Richtung orientiert. Wenn in diesem Moment der Magnetfeldgradient abgeschaltet wird, werden die Spins weiter zueinander parallel präzedieren.

Damit während dieser Abfallzeit (t_0) nicht ein Auseinanderlaufen der Phasen der Spins durch andere Ursachen geschieht, muß man dafür sorgen, daß die Ungleichung $t_0 < T_2$ erfüllt ist. Das erfordert die Erzeugung großer Impulsgradienten des Magnetfeldes. Damit beispielsweise t_0 für Na^{23}-Kerne bei einer Präzessionsfrequenz von 10^7 Hz in einem Stoff mit einer Schallgeschwindigkeit von $3 \cdot 10^5$ cm/s gleich 10^{-4} s wird, braucht man einen Feldgradienten von $G \approx 300$ Gauß/cm. In der Literatur wurde eine Apparatur beschrieben [18], mit der Impulsgradienten des Magnetfeldes bis 100 Gauß/cm erhalten werden können. Deshalb ist die technische Verwirklichung der Idee der Fokussierung der Spinpräzession durch Magnetfeldgradienten eine ziemlich komplizierte Aufgabe.

Literatur

[1] A. R. Kessel, Fis. twerd. Tela **2**, 1943, 1960; Shurn. eksper. teor. Fis. **39**, 812, 1960.
N. G. Koloskowa, U. C. Kopwillem, Fis. Metallow i Metallowedenie **10**, 818, 1960; Isw. wusow. Radiofisika **3**, 904, 1960; Isw. wusow Fisika **4**, 48, 1961.
A. R. Kessel, Shurn. eksper. teor. Fis. **41**, 1254, 1961; Isw. Kasanskogo Filiala An SSSR, serija fis.-matem. nauk, wyp. **1**, 37, 1961.

[2] U. C. Kopwillem, R. M. Minnejewa, Fis. Metallow i Metallowedenie **13**, 653, 1962; Isw. An SSSR, serija fis. **27**, 93, 1963.

[3] U. C. Kopwillem, Isw. AN SSSR, serija fis. **27**, 95, 1963; Shurn. eksper. teor. Fis. **42**, 331, 1962.
[4] U. C. Kopwillem, R. W. Schubina, Isw. vusow. Fisika **5**, 6, 1963.
[5] U. C. Kopwillem, M. I. Piroshkow, Doklady na nautschnoi konf. KFTI AN SSSR, 3.—6. 5. 1967 in Kasan.
[6] E. R. Andrew, Nuclear Magnetic Resonance, Cambridge 1955.
[7] I. I. Rabi, N. F. Ramsey, I. Schwinger, Rev. Mod. Phys. **26**, 167, 1954.
[8] M. Menes, D. I. Bolef, J. Phys. Chem. Solids **19**, 79, 1961.
[9] W. A. Schutilow, G. L. Antokolski, Fis. twerd. Tela **9**, 1231, 1967.
[10] A. L. Bloom, Phys. Rev. **98**, 1105, 1955; W. B. Mims, Phys. Rev. **141**, 499, 1966.
[11] A. Lösche, Kerninduktion, Berlin 1957.
[12] R. K. Wangsness, F. B. Bloch, Phys. Rev. **89**, 728, 1953.
[13] U. Fano, Rev. Mod. Phys. **29**, 74, 1957.
[14] P. F. Lurkat, J. Phys. et rad. **19**, 713, 1958.
[15] A. R. Kessel, Fis. twerd. Tela, **5**, 1055, 1963.
[16] F. Bloch, Phys. Rev. **70**, 460, 1946.
[17] W. A. Schutilow, G. L. Antokolski, Doklady na nautschnoi konf. KFTI AN SSSR, 3.—6. 5. 1967, Kasan.
[18] E. O. Steskal, I. E. Tanner, J. Chem. Phys. **42**, 288 1965.

4. Quantenstatistische Theorie der akustischen Resonanz

§ 16. Reaktion des Spinsystems auf akustische Anregung in linearer Näherung

Im Rahmen der linearen Theorie irreversibler Prozesse gaben Kubo und Tomita [1] eine allgemeine Theorie der magnetischen Resonanz, die es erlaubt, einen breiten Kreis von Resonanzerscheinungen vom einheitlichen quantenstatistischen Gesichtspunkt zu erfassen. Sie verbinden die magnetischen Größen des Stoffes mit der Relaxationsfunktion des magnetischen Momentes und zeigten den Weg zu ihrer Berechnung. Später stellte KUBO [2] durch die Relaxationsfunktion die Änderung einer beliebigen physikalischen Größe dar, die das System unter dem Einfluß äußerer Kräfte erleidet.

Die Allgemeinheit der thermodynamischen Behandlung und die Bequemlichkeit der Beschreibung der magnetischen Resonanz legt es nahe, eine analoge Theorie für die akustische Resonanz zu benutzen. Ebenso wie in Arbeit [1] die Relaxationsfunktion des magnetischen Momentes berechnet wurde, kann man die Relaxationsfunktion einer beliebigen physikalischen Größe des Spinsystems, das der Wirkung äußerer Kräfte unterworfen ist, berechnen. Diese Resultate können leicht zur Beschreibung der Eigenschaften des Spinsystems eines Stoffes, in dem akustische Schwingungen erzeugt werden, angewandt werden [3, 4].

Läßt man auf ein isoliertes System (Paramagnetikum), das durch den HAMILTON-Operator $\hat{\mathscr{H}}$ charakterisiert wird, eine äußere periodische Kraft $F_A(t) = F_A{}^0 \cos \omega t$ wirken, so ist der Operator der Wechselwirkung mit dieser Kraft

$$\hat{\mathscr{H}}_t = -\hat{A} F_A(t), \tag{16.1}$$

wobei $\hat{\mathscr{H}}_t \ll \hat{\mathscr{H}}$ ist ($\hat{A}$, $\hat{B}$ sind Operatoren der physikalischen Größen des Systems). In Übereinstimmung mit der Theorie von KUBO [2] ist die Änderung $\Delta \hat{B}$ der physikalischen Größe $\hat{B}$ des betrachteten Systems in linearer Näherung in $\hat{\mathscr{H}}_t$ gleich

$$\Delta \hat{B} \langle \hat{B}(t) \rangle - \langle \hat{B} \rangle = \operatorname{Re} \chi^*_{BA}(\omega)\, e^{i\omega t} F_A{}^0 \tag{16.2}$$

mit $\langle \ldots \rangle = \operatorname{Sp}\{\ldots e^{-\beta \hat{\mathscr{H}}}\}/\operatorname{Sp}\{e^{\beta \hat{\mathscr{H}}}\}$, $\beta = 1/kT$ und T, der Temperatur des Systems.

Die Suszeptibilität des Systems $\chi^*_{BA}(\omega)$ wird durch die

Relaxationsfunktion

$$\Phi_{BA}(t) = \frac{1}{2}\int_0^\beta d\lambda \langle \hat{A}\hat{B}(t + i\hbar\lambda) + \hat{B}(t - i\hbar\lambda)\hat{A}\rangle - \langle \hat{B}^0 \hat{A}^0\rangle \tag{16.3}$$

ausgedrückt über die Beziehung

$$\chi^*_{BA}(\omega) = \chi'_{BA}(\omega) - i\chi''_{BA}(\omega) = \Phi_{BA}(0) - i\omega \int_0^\infty \Phi_{BA}(t)\, e^{-i\omega t}\, dt. \tag{16.4}$$

$\hat{B}(t) = e^{+i\hat{\mathscr{H}}t/\hbar}\hat{B}e^{-i\hat{\mathscr{H}}t/\hbar}$; $\hat{B}^0$, $\hat{A}^0$ sind die Diagonalelemente der Operatoren $\hat{B}$ und $\hat{A}$ bezüglich des HAMILTON-Operators des Systems $\hat{\mathscr{H}}$, χ' und χ'' sind reelle Funktionen.

Der Tensor χ^*_{BA} ist eine Funktion der Frequenz des äußeren Wechselfeldes, der Eigenfrequenzen ω_a des Systems und anderer Parameter. Wenn man das Probenvolumen Eins setzt, ist in Anlehnung an die Theorie des Magnetismus $\chi^*_{BA}(\omega)$ nichts anderes als der Tensor der magnetischen Suszeptibilität; in der Theorie der elektrischen Leitfähigkeit ist $\chi^*_{BA}(\omega)$ der Leitfähigkeitstensor usw. Die Größe $\Phi^{(0)}_{BA}$ ist die statische magnetische Suszeptibilität, die statische elektrische Leitfähigkeit usw.

Die Relaxationsfunktion besitzt folgende Eigenschaften [1, 2]:

a) $$\lim_{t\to\infty} \Phi_{BA}(t) = 0; \tag{16.5}$$

b) die Relaxationsfunktion ist reell:

$$\Phi^*_{BA}(t) = \Phi_{BA}(t); \tag{16.6}$$

c) $$\Phi_{BA}(-t) = \Phi_{AB}(t); \tag{16.7}$$

d) wenn die Abstände zwischen den Energieniveaus, verbunden mit den physikalischen Größen $\hat{B}$ und $\hat{A}$ viel kleiner als kT sind, dann wird die Relaxationsfunktion

$$\Phi_{BA}(t) = \frac{1}{\beta}\left[\psi_{BA}(t) - \langle B^0 A^0\rangle\right] \tag{16.8}$$

einfach durch die Korrelationsfunktion der physikalischen Größen $\hat{B}$ und $\hat{A}$ ausgedrückt:

$$\psi_{BA}(t) = \frac{1}{2}\langle \hat{B}(t)\hat{A} + \hat{A}\hat{B}(t)\rangle \equiv \langle\{\hat{B}(t), \hat{A}\}\rangle; \tag{16.9}$$

e) die Fouriertransformationen der Korrelations- und Relaxationsfunktion

$$g_{BA}(\omega) = \frac{1}{2\pi}\int_{-\infty}^{\infty} e^{-i\omega t}\,\psi_{BA}(t)\,dt, \tag{16.10}$$

$$f_{BA}(\omega) = \frac{1}{2\pi}\int_{-\infty}^{\infty} e^{-i\omega t}\,\Phi_{BA}(t)\,dt$$

sind verbunden durch die Beziehung

$$g_{BA}(\omega) = E_\beta(\omega)\,f_{BA}(\omega),\; E_\beta(\omega) = \frac{\hbar\omega}{2}\operatorname{cth}(\beta\hbar\omega), \tag{16.11}$$

mit

$$\lim_{\beta\to 0} E_\beta(\omega) = \frac{1}{\beta} = kT.$$

Die Energie des äußeren Feldes, die während einer Schwingungsperiode absorbiert wird, ist

$$E_1 = \int_0^{1/\nu} F_A(t)\,d\langle\hat{A}(t)\rangle = \pi\chi''_{AA}\,|F_A^0|^2.$$

Die in der Zeiteinheit absorbierte Energie ist gleich $\pi\nu\chi''_{AA}(\omega)\,|F^0|^2$, und der Absorptionskoeffizient wird

$$\sigma_A = \frac{\pi\nu\,|F_A{}^0|^2}{J_A}\chi''_{AA}(\omega) = \frac{\pi\omega^2\,|F_A{}^0|^2}{2J_A}f_{AA}(\omega)$$

$$= \frac{\pi\omega^2\,|F_A{}^0|^2}{2J_A E_\beta(\omega)}g_{AA}(\omega). \qquad (16.12)$$

J_A ist die Energiestromdichte, die von der äußeren Kraft F_A abhängt. Die Formel (16.12) wird ausgehend von der Definition $\chi''(\omega)$ und den Eigenschaften (16.6), (16.7) und (16.4) erhalten. Es ist nämlich

$$\chi''_{AA}(\omega) = \omega\int\limits_0^\infty \Phi_{AA}(t)\cos\omega t\,dt = \frac{\omega}{2}\int\limits_{-\infty}^\infty \Phi_{AA}(t)\,e^{-i\omega t}\,dt$$

$$= \frac{\pi\omega}{E_\beta(\omega)}g_{AA}(\omega).$$

Die Beziehung (16.12) zeigt, daß die Spektraldichte der Absorption $\sigma_A{}^2(\omega)/\omega^2$ proportional der Fouriertransformierten der Relaxationsfunktion $f_{AA}(\omega)$ ist. Die auf Eins normierte Größe $f_{AA}(\omega)$,

$$g_A(\omega) = C f_{AA}(\omega), \quad C^{-1} = \int\limits_0^\infty f_{AA}(\omega)\,d\omega, \qquad (16.13)$$

ist die Linienformfunktion der Absorption.

Auf diese Weise charakterisiert die Relaxationsfunktion das Verhalten des Systems, das einer schwachen äußeren Einwirkung unterworfen ist. Ihre genaue Berechnung ist allerdings nicht möglich, weil das der Lösung eines Vielteilchenproblems äquivalent ist. Es existiert jedoch eine brauchbare Methode der näherungsweisen Berechnung der Relaxationsfunktion, die für eine breite Klasse von Systemen mit diskretem Spektrum anwendbar ist [1]. Diese Näherungsmethode beruht auf folgenden Annahmen:

1. Die Theorie ist linear bezüglich des äußeren Wechselfeldes und deshalb nur für schwache Wechselfelder brauchbar. Auf diese Weise sind nichtstationäre Prozesse, die durch starke Impulswechselfelder angeregt werden, Sättigungsprozesse usw. von der Betrachtung ausgeschlossen.

2. Es wird angenommen, daß der HAMILTON-Operator des Systems in folgender Form dargestellt werden kann:

$$\hat{\mathscr{H}} = \hat{\mathscr{H}}_0 + \hat{\mathscr{H}}', \qquad \hat{\mathscr{H}}_0 = \hat{\mathscr{H}}_1 + \hat{\mathscr{H}}_2, \tag{16.14}$$

$$[\hat{\mathscr{H}}_1, \hat{\mathscr{H}}_2] = 0 \quad \text{und} \quad |\langle m|\, \hat{\mathscr{H}}' \,|n\rangle| \ll |\langle k|\, \hat{\mathscr{H}}_{1,2} \,|l\rangle|.$$

Der HAMILTON-Operator $\hat{\mathscr{H}}_1$ gibt das Spektrum des zu untersuchenden Untersystems (Spinsystem) mit den für das vorgegebene Problem charakteristischen schmalen, gut aufgelösten Energieniveaus. Die Abstände zwischen ihnen werden mit $\hbar\omega_\alpha$, $\hbar\omega_\beta$, usw. bezeichnet. $\hat{\mathscr{H}}_2$ ist der HAMILTON-Operator für die übrigen Freiheitsgrade der Probe. Bei Vergleich dieser Art der Aufteilung des HAMILTON-Operators mit der Klassifikation der Spinwechselwirkungen, die im § 2 gegeben wurde, ist leicht zu sehen, daß in den Operator $\hat{\mathscr{H}}_0$ in (16.14) die Wechselwirkungen der ersten Gruppe ($\hat{\mathscr{H}}_1$) eingehen, die das diskrete Spektrum des zu untersuchenden Systems geben. Zusätzlich zum § 2 ist $\hat{\mathscr{H}}_2$ als reiner Gitterhamiltonoperator eingeführt. Die Wechselwirkungen der dritten und vierten Gruppe, die für die Linienform und für die Einstellung des thermodynamischen Gleichgewichts auf den diskreten Spinniveaus verantwortlich sind, werden im HAMILTON-Operator (16.14) durch $\hat{\mathscr{H}}'$ ausgedrückt, während die Wechselwirkung mit dem äußeren Wechselfeld die Form (16.1) hat.

3. Es wird die Hochtemperaturnäherung benutzt, die in folgender Ungleichung zum Ausdruck kommt:

$$|\langle m|\, \hat{\mathscr{H}}_1 \,|m\rangle - \langle n|\, \hat{\mathscr{H}}_1 \,|n\rangle| \equiv \hbar\omega_{mn} \ll kT. \tag{16.15}$$

Diese Annahme erlaubt, die einfachere Berechnung der Korrelationsfunktion an Stelle der schwierigeren Berechnung der Relaxationsfunktion durchzuführen.

4. Die Energie $\hat{\mathscr{H}}'$ ist unbedeutend für die Gleichgewichtsverteilung des Systems

$$\langle D \rangle = \text{Sp}\,\{D e^{\beta \hat{\mathscr{H}}_0}\}/\text{Sp}\,\{e^{-\beta \hat{\mathscr{H}}_0}\}. \tag{16.16}$$

Diese Annahme kann man als Folgerung von (16.14) und (16.15) ansehen. Sie erlaubt, unabhängig über die Variablen zu mitteln, die zum Untersystem ($\hat{\mathscr{H}}_1$) und zu den weiteren Freiheitsgraden ($\hat{\mathscr{H}}_2$) gehören.

5. Weil die Energie $\hat{\mathscr{H}}'$ im Vergleich zu $\hat{\mathscr{H}}_0$ sehr klein ist, kann man sich bei der Entwicklung der Korrelationsfunktion auf Glieder $(\hat{\mathscr{H}}')^2$ beschränken, so daß man die Korrelationsfunktion in der abzuleitenden Form (16.19) schreiben kann.

Für die Berechnung der Korrelationsfunktion (16.9) muß man das Gesetz der zeitlichen Änderung des Operators $\hat{B}(t)$ finden. Eine Näherungsmethode der Berechnung, wie sie in Arbeit [1] dargelegt wurde, besteht in der Lösung der Bewegungsgleichung des Operators $\hat{B}$

$$i\hbar \frac{\partial \hat{B}}{\partial t} = [\hat{B}, \hat{\mathscr{H}}_0 + \hat{\mathscr{H}}'] \tag{16.17}$$

mit der Iterationsmethode

$$\hat{B}(t) = \sum_{n=0}^{\infty} \hat{B}^{(n)}(t),$$

$$\hat{B}^{(n)}(t) = (i\hbar)^{-n} \int_0^t dt_1 \int_0^{t_1} dt_2 \int_0^{t_2} dt_3 \ldots \int_0^{t_{n-1}} dt_n \big[\ldots [\hat{B}^0(t),$$

$$\hat{\mathscr{H}}'(t_1)\,[\hat{\mathscr{H}}'(t_2)] \ldots [\hat{\mathscr{H}}'(t_n),$$

$$\hat{B}^{(0)}(t) = e^{i\hat{\mathscr{H}}_0 t/\hbar} \hat{B} e^{-i\hat{\mathscr{H}}_0 t/\hbar}, \quad \hat{\mathscr{H}}'(t_n) = e^{i\hat{\mathscr{H}}_0 t_n/\hbar}\, \hat{\mathscr{H}}'\, e^{-i\hat{\mathscr{H}}_0 t_n/\hbar}. \tag{16.18}$$

Die Korrelationsfunktion schreibt man, indem man nur die ersten drei Glieder der unendlichen Reihe (16.18) benutzt, in der Form

$$\begin{aligned}\psi_{BA}(t) &= \langle\{\hat{B}^{(0)}(t), \hat{A}\}\rangle \\ &\quad\times\left[1+\frac{\langle\{\hat{B}^{(1)}(t), \hat{A}\}\rangle}{\langle\{\hat{B}^{(0)}(t), \hat{A}\}\rangle}+\frac{\langle\{\hat{B}^{(2)}(t), \hat{A}\}\rangle}{\langle\{\hat{B}^{(0)}(t), \hat{A}\}\rangle}+\cdots\right] \\ &\approx \langle\{\hat{B}^{(0)}(t), \hat{A}\}\rangle \exp\left[\frac{\langle\{\hat{B}^{(1)}(t), \hat{A}\}\rangle}{\langle\{\hat{B}^{(0)}(t), \hat{A}\}\rangle}+\frac{\langle\{\hat{B}^{(2)}(t), \hat{A}\}\rangle}{\langle\{\hat{B}^{(0)}(t), \hat{A}\}\rangle}\right].\end{aligned} \tag{16.19}$$

Ohne Einschränkung der Allgemeinheit können die Operatoren $\hat{A}$, $\hat{B}$ und $\hat{\mathscr{H}}'$ in folgender Form dargestellt werden:

$$\begin{gathered}\hat{A}=\sum_\alpha \hat{A}_\alpha=\sum_\alpha \hat{A}^\alpha \hat{a}_\alpha, \quad \hat{B}=\sum_\beta \hat{B}_\beta=\sum_\beta \hat{B}^\beta \hat{b}_\beta, \\ \hat{\mathscr{H}}'=\sum_\gamma \hat{P}_\gamma=\sum_\gamma \hat{P}^\gamma \hat{p}_\gamma, \\ [\hat{A}^\alpha, \hat{\mathscr{H}}_2]=[\hat{B}^\beta, \hat{\mathscr{H}}_2]=[\hat{P}^\gamma, \hat{\mathscr{H}}_2]=0, \\ [\hat{a}_\alpha, \hat{\mathscr{H}}_1]=[\hat{b}_\beta, \hat{\mathscr{H}}_1]=[\hat{p}_\gamma, \hat{\mathscr{H}}_1]=0,\end{gathered} \tag{16.20}$$

wobei $\hat{A}^\alpha$, $\hat{B}^\beta$, $\hat{P}^\gamma$ die Operatoren des dynamischen Untersystems (Spinsystem) sind, die ein einziges, von Null verschiedenes Matrixelement zwischen den Energieniveaus des Hamilton-Operators $\hat{\mathscr{H}}_1$ besitzen; $\hat{a}_\alpha$, $\hat{b}_\beta$, $\hat{p}_\gamma$ sind Operatoren, die von den sich auf $\hat{\mathscr{H}}_2$ beziehenden Freiheitsgraden abhängen. Hierzu kann man die Spinoperatoren der Elektronen (Kerne) beim Studium der Kern-(Elektronen-)Resonanz rechnen, aber auch die Koordinaten der Geschwindigkeiten von paramagnetischen Teilchen. Wir werden die Operatoren $\hat{A}^\alpha$, $\hat{B}^\beta$, $\hat{P}^\gamma$ Spinoperatoren und die $\hat{a}_\alpha$, $\hat{b}_\beta$, $\hat{p}_\gamma$ Koordinatenoperatoren nennen.

Wir betrachten den wichtigen Sonderfall, bei dem man die Koordinatenanteile der Operatoren $\hat{A}$ und $\hat{B}$ als konstant annimmt:

$$\hat{a}_\alpha, \hat{b}_\beta = \text{const}. \tag{16.21}$$

Diese Bedingung (16.21) hat für die magnetische Resonanz, aber auch für die akustische Resonanz in Festkörpern Bedeutung. In diesem Fall benutzt man bei den Berechnungen die Operatoren $\hat{A}_\alpha$, $\hat{B}_\beta$, indem man annimmt, daß ihre Bewegung nur durch den HAMILTON-Operator $\hat{\mathscr{H}}_1$ bestimmt wird. Die Bewegung der Spin- ($\hat{A}_\alpha$, $\hat{B}_\beta$) und Koordinaten- ($\hat{a}_\alpha$, $\hat{b}_\beta$) Operatoren wird dabei nicht einzeln betrachtet.

Benutzt man die Beziehung (16.20) und die Bedingung (16.21), kann man den Ausdruck (16.19) für die Berechnung und Analyse bequemer in folgender Art darstellen [1, 4]:

$$\psi_{\hat{B}\hat{A}}(t) = \sum_\alpha \langle\{\hat{B}_\alpha, \hat{A}_\alpha\}\rangle \left(1 - \sum_{\gamma(\omega_\gamma \neq 0)} \frac{\sigma^2_{\alpha\gamma}}{\omega_\gamma{}^2}\right)$$
$$\times \exp\left\{it(\omega_\alpha - \delta_\alpha{}^{(1)}) - \sum_\gamma \sigma^2_{\alpha\gamma} \int_0^t (t-\tau) f_\gamma(\tau)\, e^{i\omega_\gamma\tau}\, d\tau\right\}. \tag{16.22}$$

Die Größe

$$\sigma^2_{\alpha\gamma} = \Pi_\gamma \frac{\langle\{[\hat{B}_\alpha, \hat{P}^\gamma]\,[\hat{P}^{-\gamma}, \hat{A}_{-\alpha}]\}\rangle}{\hbar^2 \langle\{\hat{B}_\alpha, \hat{A}_{-\alpha}\}\rangle} \left(1 + O\left(\frac{\hbar\,\omega_\alpha}{kT}\right)\right),$$
$$\Pi_\gamma = \langle|\hat{p}_\gamma|^2\rangle, \tag{16.23}$$

ist das verallgemeinerte zweite Moment der Resonanzlinie bei der Frequenz ω_α, das durch die verbreiternde Wechselwirkung $\hat{\mathscr{H}}_\gamma{}' = \hat{P}^\gamma \hat{p}_\gamma$ hervorgerufen wird. Die Ähnlichkeit mit der herkömmlichen Definition des zweiten Momentes der Absorptionslinie (8.3) wird offensichtlich, wenn $\sigma^2_{\alpha\gamma}$ für die Autokorrelationsfunktion ($\hat{A} = \hat{B}$), die die Form der Absorptionslinie beschreibt, betrachtet wird:

$$\sigma^2_{\alpha\gamma} = \frac{\langle\{[\hat{A}_\alpha, \hat{\mathcal{H}}_\gamma'][\hat{\mathcal{H}}'_{-\gamma}, \hat{A}_{-\alpha}]\}\rangle}{\hbar^2 \langle\{\hat{A}_\alpha, \hat{A}_{-\alpha}\}\rangle}$$

$$= -\frac{\langle\{[\hat{\mathcal{H}}_\gamma', \hat{A}_\alpha][\hat{\mathcal{H}}'_{-\gamma}, \hat{A}_{-\alpha}]\}\rangle F_A^{0^2}}{\hbar^2 \langle\{\hat{A}_\alpha, \hat{A}_{-\alpha}\}\rangle F_A^{0^2}}$$

$$= -\frac{\langle[\hat{\mathcal{H}}_\gamma' \hat{\mathcal{H}}_t^\alpha][\hat{\mathcal{H}}'_{-\gamma}, \hat{\mathcal{H}}_t^{-\alpha}]\rangle}{\hbar^2 \langle \hat{\mathcal{H}}_t^\alpha, \hat{\mathcal{H}}_t^{-\alpha}\rangle}.$$

Dabei ist $\hat{\mathcal{H}}_t^\alpha$ der Teil des Operators $\hat{\mathcal{H}}_t$, der die Resonanzübergänge der Spins zwischen den Energieniveaus mit einem Abstand von $\hbar\omega_\alpha$ erzeugt.

Der Parameter

$$\delta_\alpha^{(1)} = \frac{\langle\{[\hat{B}_\alpha, \hat{\mathcal{H}}_0'], \hat{A}_{-\alpha}\}\rangle}{\hbar \langle\{\hat{B}_\alpha, \hat{A}_{-\alpha}\}\rangle} = \frac{\langle \hat{p}_0\rangle \langle\{[\hat{B}_\alpha, \hat{P}^0], \hat{A}_{-\alpha}\}\rangle}{\hbar \langle\{\hat{B}_\alpha, \hat{A}_{-\alpha}\}\rangle} \tag{16.24}$$

bestimmt die Verschiebung der Resonanzfrequenz ω_α in erster Näherung. Sie ist von Null verschieden, wenn der Koordinatenanteil des Operators $\hat{\mathcal{H}}_\gamma'$ keine statistische Größe ist. Im entgegengesetzten Fall trägt $\hat{\mathcal{H}}_\gamma'$ nur zur Linienbreite bei.

Schließlich ist die Funktion

$$f_\gamma(\tau) = \frac{\langle\{\hat{p}_\gamma(\tau), \hat{p}_{-\gamma}\}\rangle}{\Pi_\gamma}, \quad \Pi_\gamma = \langle|\hat{p}_\gamma|^2\rangle, \tag{16.25}$$

mit $\hat{p}_\gamma(\tau) = \exp\{i\hat{\mathcal{H}}_2\tau/\hbar\}\, \hat{p}_\gamma \exp\{-i\hat{\mathcal{H}}_2\tau/\hbar\}$ die normierte Korrelationsfunktion des Operators $\hat{\mathcal{H}}_\gamma'$ (seines Koordinatenanteils) bei seiner durch den HAMILTON-Operator $\hat{\mathcal{H}}_2$ bestimmten Bewegung.

Die FOURIER-Transformierte der Funktion (16.12) definiert gemäß (16.9) und (16.13) die Formfunktion des Prozesses, wobei die Form nahe dem Resonanzlinienzentrum durch das asymptotische Verhalten von $\psi_{\hat{B}\hat{A}}(t)$ bei $t \to \infty$ bestimmt wird.

Die Berechnung der Korrelationsfunktion der Koordinaten $f_\gamma(\tau)$ bereitet große Schwierigkeiten. Ausgehend vom physikalischen Problem wählt man im konkreten Fall für $f_\gamma(\tau)$ eine mit wachsendem τ abnehmende Funktion aus. Die Untersuchung der speziellen Form der Korrelationsfunktion $f_\gamma(\tau) = \exp\{-|\tau|/\tau_c\}$ von Kubo und Tomita [1] zeigte, daß bei kurzen Korrelationszeiten τ_c, die einer schnellen ungeordneten Bewegung entsprechen, die Fouriertransformierte von (16.22) eine Resonanzlinie vom Lorentz-Typ gibt. Mit wachsendem τ_c, d. h. beim Einfrieren der Bewegung, entstehen an den Linienflanken Abweichungen von der Lorentz-Form, und bei $\tau_c \to \infty$ geht die Linie ganz in eine Gauss-Form über.

Für Substanzen mit intensiver ungeordneter Bewegung nimmt $f_\gamma(\tau)$ schnell ab, und deshalb hat die Relaxationsfunktion (16.22) nahe dem Linienzentrum folgendes Aussehen:

$$\psi_{BA}(t) = \sum_\alpha \langle\{\hat{B}_\alpha, \hat{A}_{-\alpha}\}\rangle \left(1 - \sum_{\gamma(\omega_\gamma \neq 0)} \sigma^2_{\alpha\gamma}/\omega_\gamma{}^2\right)$$
$$\times \exp\left\{it\left(\omega_\alpha - \delta_\alpha{}^{(1)} + \sum_\gamma \sigma^2_{\alpha\gamma}\tau_\gamma{}''\right) - |t| \sum_\gamma \sigma^2_{\alpha\gamma}\tau_\gamma{}'\right\} \tag{16.26}$$

mit

$$\lim_{t\to\infty} \int_0^t (t-\tau)\, f_\gamma(\tau)\, e^{i\omega_\gamma\tau}\, d\tau \approx t \int_0^\infty f_\gamma(\tau)\, e^{i\omega_\gamma\tau}\, d\tau$$
$$= t(\tau_\gamma{}' + i\tau_\gamma{}'').$$

Die Fouriertransformierte von (16.26) erzeugt eine Lorentz-Verbreiterung mit einer Breite $\Delta_\alpha = \sum_\gamma \sigma^2_{\alpha\gamma}\tau_\gamma{}'$ und einer Verschiebung $\delta_\alpha = -\delta_\alpha{}^1 + \sum_\alpha \sigma^2_{\alpha\gamma}\tau_\gamma{}''$.

Der Linienbreitenparameter Δ_α unterscheidet sich gewöhnlich nur um einen Zahlenfaktor der Größenordnung Eins von der reziproken Einstellzeit des thermodynamischen Gleichgewichts zwischen den Energieniveaus des Untersystems 1 unter dem Einfluß der Wechselwirkung von $\hat{\mathscr{H}}'$ mit dem Untersystem 2 [1]:

$$\frac{1}{T_1} = \frac{1}{2\hbar^2} \int_{-\infty}^{\infty} \sum_{\gamma} e^{i\omega_\gamma \tau} \frac{\langle [\hat{\mathscr{H}}_1, \hat{\mathscr{H}}_\gamma'(\tau)][\hat{\mathscr{H}}'_{-\gamma}, \hat{\mathscr{H}}_1] \rangle}{\langle |\hat{\mathscr{H}}_1|^2 \rangle} \, d\tau. \tag{16.27}$$

Aus (16.27) folgt, daß die Spin-Gitter-Relaxationszeit T_1 im Unterschied zum Linienbreiteparameter Δ_α nur durch die Eigenschaften des untersuchten Untersystems bestimmt wird und nicht von der Art seiner Auslenkung aus dem Gleichgewicht, d. h. von $\hat{\mathscr{H}}_t$, abhängt.

Für „starre" Gitter (fehlende Bewegung) wird $f_\gamma(\tau) = 1$, und die Korrelationsfunktion hat bei großem t die Form

$$\begin{aligned} \psi_{\hat{B}\hat{A}}(t) = \sum_\alpha \langle \{\hat{B}_\alpha, \hat{A}_{-\alpha}\} \rangle \Big(1 - \sum_{\gamma(\omega_\gamma \neq 0)} \sigma_{\alpha\gamma}^2/\omega_\gamma^2\Big) \\ \times \exp\left\{ it \left(\omega_\alpha - \delta_\alpha^{(1)} + \sum_{\gamma(\omega_\gamma \neq 0)} \frac{\sigma_{\alpha\gamma}^2}{\omega_\gamma} \right) - \frac{\sigma_{\alpha 0}^2 t^2}{2} \right\}, \end{aligned} \tag{16.28}$$

die zu einer Gauss-Verteilung mit einem zweiten Moment $\sigma_{\alpha 0}^2$ und einer Verschiebung $\delta_\alpha = -\delta_\alpha^{(1)} + \sum_\gamma \sigma_{\alpha\gamma}^2/\omega_\gamma$ führt.

Die Summe $\sum_\gamma \sigma_{\alpha\gamma}^2/\omega_\gamma^2$ ist eine kleine Größe zweiter Ordnung in $\hat{\mathscr{H}}'/\hat{\mathscr{H}}_0$ und wird deshalb weggelassen.

Die Wechselwirkungen, die sich nach der Klassifikation des § 2 auf die vierte Gruppe beziehen, d. h. mit der statistischen Streuung der elektrischen und magnetischen Felder an den Kernorten verbunden sind, werden in dieser Theorie mit der Näherung des starren Gitters betrachtet und führen zu einer Gauss-Form der Resonanzlinien.

Die Wechselwirkungen der dritten Gruppe, die über die Wärmebewegung zu zeitabhängigen elektromagnetischen Feldern führen, müssen in der Näherung der schnellen Bewegung betrachtet werden und geben deshalb eine LORENTZ-Form der Resonanzlinien.

Gewöhnlich sind in den Stoffen Wechselwirkungen beider Arten vorhanden, wodurch die Korrelationsfunktion eine kompliziertere Form hat:

$$\psi_{BA}(t) = \sum_{\alpha} \langle\{\hat{B}_\alpha, \hat{A}_{-\alpha}\}\rangle \exp\left\{it(\omega_\alpha - \delta_\alpha) - |t| \sum_{\gamma} \sigma^2_{\alpha\gamma} \tau_\gamma' - \frac{\sigma^2_{\alpha 0} t^2}{2}\right\}, \tag{16.29}$$

die zu einem ziemlich komplizierten Ausdruck für die Formfunktion führt, bestehend aus Überlappung von LORENTZ- und GAUSS-Kurve. Jedoch ist in den konkreten Fällen eine der Wechselwirkungen über die andere dominierend, so daß die Korrelationsfunktion näherungsweise durch (16.26) oder (16.28) dargestellt werden kann.

Wir veranschaulichen die oben in abstrakter Form dargelegten Resultate durch die konkrete Berechnung des Schallabsorptionskoeffizienten für kubische Ionenkristalle, in denen die Wechselwirkung mit dem Schall über die Kernquadrupolmomente (5.10) vonstatten geht. Das Spektrum der Kerne wird durch ein äußeres Magnetfeld H_0 erzeugt. In diesem Fall ist $\omega_\alpha = \alpha\omega_0 = \alpha\gamma_n H_0$, und mit den Bezeichnungen des § 5 wird

$$\hat{A} = \sum_{\alpha=-2}^{2} \hat{A}_\alpha = \sum_{\alpha=-2}^{2} \hat{A}^\alpha a_\alpha, \quad F_A = F_A{}^0 \cos\omega t,$$

$$\hat{A}^\alpha = \hat{Q}^i_{2,\alpha}, \quad a_{-\alpha} = (-1)^\alpha \frac{eQ}{2I(2I-1)} S_{11} f_2^{-2}(\theta, \varphi),$$

$$F_A{}^0 = -E_0 \sin \boldsymbol{k}\boldsymbol{r}_i. \tag{16.30}$$

$E_0(t) = 2E_0 \sin \boldsymbol{k}\boldsymbol{r}_i \cos\omega t$ sind die Deformationen, die durch die stehenden akustischen Wellen nahe dem Kern i erzeugt werden, $\boldsymbol{r}_i$ ist die Koordinate des i-ten

Kernes. Im starren Gitter (16.27) hat man für die Autokorrelationsfunktion des Operators $\hat{A}^\alpha = \hat{Q}^i_{2\alpha}$

$$\psi_{Q_{2,\alpha}Q_{2,-\alpha}}(t) = |a_\alpha|^2 \langle\{\hat{Q}^i_{2,\alpha}, \hat{Q}^i_{2,-\alpha}\}\rangle \times \left[\exp\left\{i\left(\alpha\,\omega_0 - \sum_{\gamma\neq 0}\frac{\sigma^2_{\alpha\gamma}}{\gamma\,\omega_0}\right)t - \frac{1}{2}\,\sigma^2_{\alpha 0}\,t^2\right\} + \text{konj. kompl.}\right], \tag{16.31}$$

und ihre Fouriertransformierte ist gleich

$$g_{Q_{2,\alpha}Q_{2,-\alpha}}(\omega) = \frac{3}{40}\,I(I+1)\,(2I-1)\,(2I+3)\,\sin^{2\alpha}\left(\frac{2\,\theta}{\alpha}\right) \times [g_\alpha(\omega) + g_{-\alpha}(\omega)], \tag{16.32}$$

wobei $g_\alpha(\omega)$ die GAUSSsche Linienformfunktion ist:

$$g_\alpha(\omega) = \frac{1}{\sqrt{2\pi}\,\sigma_{\alpha 0}} \times \exp\left\{-\left(\omega - \alpha\,\omega_0 + \sum_{\gamma\neq 0}\frac{\sigma^2_{\alpha\gamma}}{\gamma\,\omega_0}\right)^2\Big/2\,\sigma^2_{\alpha 0}\right\}. \tag{16.33}$$

Die Berechnung der zweiten Momente

$$\sigma^2_{\alpha\gamma} = \frac{\langle\{[\hat{Q}^i_{2,\alpha}\,\mathcal{H}_\gamma{}']\,[\mathcal{H}'_{-\gamma}, \hat{Q}^i_{2,-\alpha}]\}\rangle}{\hbar^2\,\langle\{\hat{Q}^i_{2,\alpha}, \hat{Q}^i_{2,-\alpha}\}\rangle} \tag{16.34}$$

wird nach dem Schema durchgeführt, das sich nicht von den im Anhang C dargelegten Berechnungen des zweiten Momentes der NAR für isotrope Austauschwechselwirkung unterscheidet. Aus den Beziehungen (16.29), (16.31) und (16.33) ist ersichtlich, daß sich die Rolle des sogenannten adiabetischen zweiten Momentes $\sigma_{\alpha 0}^2$ wesentlich von der Rolle der übrigen Momente bei der Linienform unterscheidet. Die adiabatischen Momente werden durch jenen Teil ($\hat{\mathscr{H}}_0'$) des HAMILTON-Operators $\hat{\mathscr{H}}'$ hervorgerufen, der keine Übergänge zwischen den Niveaus des HAMILTON-Operators $\hat{\mathscr{H}}_1$ anregt, aber adiabatische Verschiebungen der Niveaus erzeugt. Die Beziehungen für die adiabatischen zweiten Momente für einige uns oft begegnende Ursachen der Resonanzlinienverbreiterung sind in § 8 aufgeführt[1]). Die Ausdrücke für nichtadiabatische zweite Momente ($\omega_\gamma \neq 0$) der NAR-Linien, die in Arbeit [26] berechnet wurden, findet man in Anhang C.

Setzt man in (16.12) die Beziehungen (16.32) und (16.30), aber auch die Beziehung für die Energiestromdichte der stehenden Schallwellen $J = d v^3 E_0{}^3$ ein und summiert über alle Kerne $\left(\sum_{i=1}^{N} \sin^2 \boldsymbol{k}\boldsymbol{r}_i = \frac{N}{2}\right)$, findet man den NAR-Absorptionskoeffizienten

$$\sigma_a = \frac{3}{320} I(I+1)(2I-1)(2I+3) \times \frac{N\omega^2 \mathscr{A}^2 S_{11}^2}{d v^3 k T} \sum_{\alpha=1,2} \sin^{2\alpha}\left(\frac{2\theta}{\alpha}\right) \times [g_\alpha(\nu) + g_{-\alpha}(\nu)]. \tag{16.35}$$

Im Unterschied zur Beziehung (6.5), die auf einem anderen Weg gefunden wurde, hat man bei der Herleitung von (16.35) die Formfunktion (16.33) automatisch mitberechnet. Sie ist eine normierte GAUSS-Kurve mit dem zweiten Moment $\sigma_{\alpha 0}^2$. Diese Art der Formfunktion wird durch die übliche, bei der Herleitung von (16.31) benutzte Näherung des starren Gitters erhalten.

---

[1]) Das im § 8 definierte zweite Moment M_2 der NAR-Absorptionslinie, die ($\Delta m = \pm 2$)-Übergängen entspricht, ist gleich $\sigma_{\alpha 0}^2/4\pi^2$.

§ 17. Durch stationäre akustische Schwingungen angeregte Kerninduktion [4]

Unter der Wirkung des Ultraschalls erfolgen außer der Absorption in Spinsystemen auch andere Prozesse. Insbesondere ist die Frage interessant, ob akustische Schwingungen eine Präzessionsbewegung der zum konstanten Magnetfeld senkrechten Komponenten der Kernmagnetisierung anregen können, wie das bei geeigneten Bedingungen unter Verwendung eines magnetischen Wechselfeldes geschieht. Mit anderen Worten: Ist ein Effekt vom Typ der Blochschen Kerninduktion mit Hilfe von Ultraschall zu erreichen?

Wir betrachten wieder einen kubischen Kristall: Das Energiespektrum ($\omega_\alpha = \alpha\,\omega_0$) und der Wechselwirkungsoperator mit dem Schall bleiben die gleichen wie in § 16, d. h., der Operator $\hat{A}$ und die äußere Kraft werden durch die Beziehungen (16.30) gegeben. Jedoch muß man hier im Unterschied zum vorhergehenden Paragraphen unbedingt die zeitliche Änderung der Komponenten der Kernmagnetisierung $\hat{\boldsymbol{M}}^i(t) = \gamma_n \hbar\, \hat{\boldsymbol{I}}^i(t)$ der Probe berücksichtigen, d. h.

$$M_\alpha{}^i = \hat{B}^i(\alpha\,\omega_0) = \gamma_n \hbar \hat{I}_\alpha{}^i, \quad \hat{I}_0{}^i = \hat{I}_z{}^i, \quad \hat{I}_{\pm 1}{}^i = \hat{I}_x{}^i \pm i\hat{I}_y{}^i.$$

Nehmen wir an, daß die Linienform durch statische lokale Felder bestimmt wird, so ergibt sich in der Näherung des starren Gitters

$$\psi_{M_\alpha A_{-\alpha}}(t) = \gamma_n \hbar\,(-1)^\alpha f_2{}^\alpha(\theta, \varphi)\,\mathcal{A} S_{11}\,\langle\{\hat{I}_\alpha{}^i \hat{Q}^i_{2,-\alpha}\}\rangle \exp\{i\,\omega_\alpha{}^* t - \sigma^2_{\alpha 0}\, t^2/2\}, \tag{17.1}$$

wobei

$$\omega_\alpha{}^* = \alpha\,\omega_0 + \sum_{\gamma \neq 0} \sigma^2_{\alpha\gamma}/\gamma\,\omega_0$$

ist.

Setzen wir (17.1) und (16.8) in (16.4) ein, so finden wir für die dynamische Suszeptibilität

$$\chi^*_{M_\alpha Q_{2,-\alpha}}(\omega) = \sqrt{\frac{\pi}{2}}\,\frac{\gamma_n \hbar}{kT}\,\langle\{\hat{I}_\alpha{}^i, \hat{Q}^i_{2,-\alpha}\}\rangle\,\frac{\omega}{\sigma_{\alpha 0}} \times \exp\left\{-\frac{(\omega_\alpha{}^* - \omega)^2}{2\sigma^2_{\alpha 0}}\right\}\left[i + \Phi\,\frac{(\omega_\alpha{}^* - \omega)}{\sqrt{2}\,\sigma_{\alpha 0}}\right]; \tag{17.2}$$

hierbei ist $\Phi(x) = (2/\sqrt{\pi})\int\limits_0^x e^{-t^2}dt$ das Fehlerintegral.

Für die Mittelwerte $\langle\{\hat{I}_\alpha{}^i, \hat{Q}^i_{2,-\alpha}\}\rangle$, die unabhängig von i sind, ergibt sich

$$\langle\{\hat{I}_\alpha{}^i, \hat{Q}^i_{2,-\alpha}\}\rangle = d_\alpha \frac{\hbar\omega_0}{15kT}\,I\,(I+1)\,(2I-1)\,(2I+3),$$

$$d_0 = \frac{2}{3}, \quad d_{\pm 1} = \pm\sqrt{\frac{3}{2}}. \tag{17.3}$$

Die zweiten Momente

$$\sigma^2_{\alpha\gamma} = \langle\{[\hat{I}_\alpha{}^i, \hat{\mathscr{H}}_\gamma{}'][\hat{\mathscr{H}}'_{-\gamma}, \hat{Q}^i_{2,-\alpha}]\}\rangle/\hbar^2\,\langle\{\hat{I}_\alpha, \hat{Q}_{2,-\alpha}\}\rangle$$

hängen auch nicht vom Index des Teilchens ab (s. Anhang C) und sind beispielsweise in den Fällen, wenn die Linienbreite durch magnetische Dipol-Dipol-Wechselwirkungen hervorgerufen wird, gleich

$$\sigma^2_{\alpha\gamma} = 2I\,(I+1)\,b_{\alpha\gamma}\sum_j |\mathscr{P}^\alpha_{jl}|^2,$$

wobei

$$b_{\pm 1,\mp 1} = \frac{8}{3},\ b_{\pm 1,0} = 1,\ b_{0,\pm\gamma} = \frac{4}{3}\,(1-\delta_{\gamma,0}),$$

$$b_{\pm 1,\pm 2} = b_{\pm 1,\pm 2} = b_{\pm 1,\mp 2} = 0$$

ist. Nach Einsetzen von (17.3) in (17.2) erhalten wir für den imaginären und reellen Teil des Tensors $\chi_{M_\alpha Q_{2,-\alpha}}(\omega)$

$$\chi''_{M_\alpha,Q_{+2,-\alpha}}(\omega) = -\frac{\pi(2I-1)(2I+3)\,d_\alpha a_\alpha \omega}{5NkT} \times \chi_0 H_0 \frac{1}{\sqrt{2\pi\sigma_{\alpha 0}^2}}\, e^{-\frac{(\omega_\alpha^* - \omega)^2}{2\sigma_{\alpha 0}^2}},$$

$$\chi'_{M_\alpha,Q_{2,-\alpha}}(\omega) = -\Phi\left(\frac{\omega - \omega_\alpha^*}{\sqrt{2}\,\sigma_{\alpha 0}}\right)\chi''_{M_\alpha,Q_{2,-\alpha}}(\omega), \tag{17.4}$$

wobei $\chi_0 = N\gamma_n{}^2\hbar^2 I(I+1)/3kT$ die statische Suszeptibilität der Probe, N die Zahl der Kerne und H_0 das konstante Magnetfeld darstellen. Der Einfachheit halber wird das Koordinatensystem so gewählt, daß der Winkel φ gleich Null ist und $f_2(\theta, \varphi)$ reell. Es ist ersichtlich, daß bei Resonanz $(\omega = \omega_\alpha^*)$ $\chi'(\omega) = 0$ ist und $\chi''(\omega)$ seinen Maximalwert erreicht. Weit außerhalb der Resonanz, wenn $|\omega - \omega_\alpha^+| \gg \sigma_{\alpha 0}$ ist, streben beide Größen gegen Null. Weil $\omega_\alpha^* = \alpha\omega_0 + \delta_\alpha$ ist, so kann die Resonanzbedingung nur für die eine Komponente des Spinvektors $\hat{I}_+$ erfüllt werden, die $\alpha = +1$ entspricht. Die anderen Komponenten $(\hat{I}_0, \hat{I}_-)$ geben vernachlässigbar kleine Werte $\chi_{M_\alpha,Q_{2,-\alpha}}(\omega)$. Daher erhalten wir für die kartesischen Komponenten des magnetischen Moments

$$\overset{*}{\chi}_{M_x,Q}(\omega) = \frac{1}{2}[\overset{*}{\chi}_{M_{+1},Q_{2,-1}}(\omega) + \overset{*}{\chi}_{M_{-1},Q_{2,1}}(\omega)] \approx \frac{1}{2}\overset{*}{\chi}_{M_{+1},Q_{2,-1}}(\omega),$$

$$\overset{*}{\chi}_{M_y,Q}(\omega) \approx \frac{1}{2i}\overset{*}{\chi}_{M_{+1},Q_{2,-1}}(\omega), \tag{17.5}$$

$$\overset{*}{\chi}_{M_z,Q}(\omega) = 0.$$

Mit (16.2), (16.30), (17.4) und (17.5) ergibt sich für die Komponenten der Kernmagnetisierung

$$M_x(t) = \frac{1}{2} [\chi'_{M_1,Q_{2,-1}}(\omega) \cos \omega t + \chi''_{M_1,Q_{2,-1}}(\omega) \sin \omega t]\, \mathrm{E}_0 \sum_{i=1}^{N} \sin \boldsymbol{k}\boldsymbol{r}_i\,,$$

$$M_y(t) = \frac{1}{2} [-\chi''_{M_1,Q_{2,-1}}(\omega) \cos \omega t + \chi'_{M_1,Q_{2,-1}}(\omega) \sin \omega t]\, \mathrm{E}_0 \sum_{i=1}^{N} \sin \boldsymbol{k}\boldsymbol{r}_i\,, \tag{17.6}$$

$$M_z = M_0 = \chi_0 H_0\,.$$

Die Berechnung von Summen der Form $\Gamma = \sum_{i=1}^{N} \sin \boldsymbol{k}\boldsymbol{r}_i$ erfolgte schon in Abschnitt 3. Für eine Probe, die einen konstanten Querschnitt in der zu $\boldsymbol{k}$ senkrechten Ebene besitzt, gilt

$$\Gamma = \overline{N \sin \boldsymbol{k}\boldsymbol{r}_i} = \frac{N}{2\pi} \frac{\lambda}{l} [1 - (-1)^n], \tag{17.7}$$

wobei $n = 2l/\lambda$ die (ganze) Zahl der Halbwellen längs der Probe darstellt. Folglich ist Γ ungleich Null, wenn n ungerade ist, und einen Beitrag zur Magnetisierung der Probe liefert nur eine Schicht von der Dicke einer halben akustischen Wellenlänge.

Mit (17.7) kann man den Ausdruck (17.6) in der Form

$$M_{x,y} = [\chi'_{M_{x,y},\mathrm{E}}(\omega) \cos \omega t + \chi''_{M_{x,y},\mathrm{E}}(\omega) \sin \omega t]\, \mathrm{E}_0 \tag{17.8}$$

darstellen, wo

$$\chi''_{M_x,\mathrm{E}}(\omega) = -\chi'_{M_y,\mathrm{E}}(\omega) = \frac{3(2I-1)(2I+3)}{40}\,\frac{\lambda}{l}$$

$$\times \frac{\mathcal{A} S_{11}\omega}{kT}\, M_0\, \frac{e^{-\frac{(\omega-\omega_\alpha'')^2}{2\sigma_{\alpha 0}^2}}}{\sqrt{2\pi\sigma_{\alpha 0}^2}} \sin 2\theta,$$

$$\chi'_{M_x,\mathrm{E}}(\omega) = \chi''_{M_y,\mathrm{E}}(\omega) = \chi''_{M_x,\mathrm{E}}(\omega)\,\Phi\left(\frac{\omega-\omega_\alpha^*}{\sqrt{2\sigma_{\alpha 0}^2}}\right)$$

ist.

Der Tensor $\chi^*_{M_\alpha,\mathrm{E}}(\omega) = \chi'_{M_\alpha,\mathrm{E}}(\omega) - i\chi''_{M_\alpha,\mathrm{E}}(\omega)$ stellt die magneto-elastische Suszeptibilität dar, die in linearer Näherung die Verbindung zwischen der Kernmagnetisierung der Probe und der Deformationsamplitude angibt, die durch die äußeren Kräfte geschaffen wird.

Wir führen die ziemlich komplizierten Berechnungen für Kernsysteme mit nichtäquidistanten Spinniveaus [4] hier nicht durch und weisen nur auf einen qualitativen Unterschied hin. Der Ausdruck (17.3) für den Mittelwert $\langle\{\hat{I}_\alpha, \hat{Q}_{2,-\alpha}\}\rangle$ ist bei äquidistantem Spektrum proportional zu der kleinen Größe $\xi = \hbar\omega_0/kT$. Wenn die Abstände zwischen den Spinniveaus nicht gleich sind und Resonanzübergänge nur zwischen den Niveaus m und n angeregt werden, so geht anstelle von (17.3) in die Theorie das Produkt der Matrixelemente

$$\langle m \mid \hat{I}_\alpha \mid n\rangle \langle n \mid \hat{Q}_{-\alpha} \mid m\rangle \tag{17.9}$$

ein, eine Zahl der Größenordnung Eins.

Wir vergleichen nun die Kernmagnetisierung, die durch akustische Einstrahlung bzw. ein magnetisches Wechselfeld erzeugt wird.

In der Nähe der Resonanz ist $\chi''_{M_1,Q_{2,-1}} \gg \chi'_{M_1,Q_{2,-1}}$. Daher finden wir z. B. für M_x aus (17.8)

$$M_x(t) = \frac{3(2I-1)(2I+3)}{40}\, M_0\, \frac{\lambda}{l}\, \frac{\mathcal{A} S_{11}\mathrm{E}_0}{kT}$$

$$\times\ \omega g_1(\omega-\omega_\alpha^*) \sin 2\theta \sin\omega t, \tag{17.10}$$

wo $g_1(\omega)$ die normierte Gaussssche Formfunktion darstellt.

Die Kernmagnetisierung, die durch ein magnetisches Resonanz-Wechselfeld $2H_1 \cos \omega t$ senkrecht zum konstanten Feld H_0 entsteht, ergibt sich als Lösung der BLOCHschen Gleichungen für den stationären Fall [5]. Man erhält bei vernachlässigbarer Sättigung

$$M_x(t) = \frac{1}{2} \chi_0 \omega_0 H_1 g_L(\omega - \omega_0) \sin \omega t; \quad (17.11)$$

dabei ist $g_L(\omega)$ die normierte LORENTZ-Linienformfunktion.

Indem wir die Unterschiede der Linienformen vernachlässigen, erhalten wir für das Verhältnis von (17.10) und (17.11)

$$\eta = \frac{[M_x(t)]_A}{[M_x(t)]_M} = \frac{3(2I-1)(2I+3)}{20} \times \frac{\lambda}{l} \frac{\hbar\omega_0}{kT} \frac{\mathcal{A} S_{11} \mathrm{E}_0}{\hbar \gamma_n H_1} \sin 2\theta .$$

Für die Abschätzung des Verhältnisses η nehmen wir an, daß die Amplituden der Deformation E_0 und des Wechselfeldes H_1 so gewählt worden sind, daß die Wechselwirkungsenergie des Kerns mit dem Schall $\mathcal{A} S_{11} \mathrm{E}_0$ gleich der Wechselwirkungsenergie mit dem magnetischen Wechselfeld $\hbar \gamma_n H_1$ ist (das gewährleistet insbesondere einen gleichen Sättigungsgrad der Resonanz). In diesem Fall haben wir für eine Probe mit linearen Abmessungen von 1 cm und einer Schallgeschwindigkeit $v \approx 10^5$ cm/s bei einer Frequenz $\nu \approx 10^7$ Hz $\lambda/l \approx 10^{-2}$ und $\hbar\omega_0/kT \approx 10^{-6}$ bei Zimmertemperatur sowie $\hbar\omega_0/kT \approx 10^{-4}$ bei der Temperatur des flüssigen Heliums. Somit liegt in diesem Temperaturintervall das Verhältnis η für kubische Kristalle in den Grenzen $\eta \approx 10^{-8}$ bis 10^{-6}.

Wie schon bemerkt wurde, muß bei Proben mit nichtäquidistanten Spinniveaus $\hbar\omega_0/kT$ in allen Ausdrücken durch die Größe (11.9) (der Größenordnung Eins) ersetzt werden. Daher wird das Verhältnis $(M_x)_A/(M_x)_M$ in diesem Falle ungefähr gleich 10^{-2}. Die Gründe für die sehr kleinen Signale der Kerninduktion, die durch stationäre akustische Schwingungen erzeugt werden, sind völlig identisch mit den in Abschn. 3 ausführlich betrachteten Gründen für die Kleinheit der Signale der freien Präzession und des Spinechos bei akustischen Impulsen. Einen davon, die geringe Wellenlänge der akustischen Wellen im Vergleich zu den Probendimensionen, die den Effekt ungefähr um einen Faktor 100 verringert, kann man bei Beobachtung der stationären Kerninduktion nicht vermeiden. Der andere Grund fällt beim Übergang zu Kernen mit nichtäquidistantem Spektrum weg.

§ 18. Akustische Kernresonanz in Metallen

Bei Untersuchungen von Metallen mit den Methoden der magnetischen Resonanz entstehen eine Reihe von Schwierigkeiten, die ihre Ursache im Auftreten des Skineffekts haben. Das Wechselfeld dringt nicht tief in das Metall ein, die Oberflächenschichten geben ein verzerrtes Signal der magnetischen Resonanz. Der Einfluß des Skineffekts kann ausgeschaltet werden, wenn man Proben mit Abmessungen verwendet, die kleiner als die Skintiefe sind. Man muß jedoch berücksichtigen, daß die Eigenschaften von Proben dieser Dimensionen von Oberflächenerscheinungen beeinflußt werden und nicht identisch sind mit denen massiver Leiter. Darüber hinaus entstehen beim Herstellungsprozeß dieser Proben in ihnen innere Spannungen, Verunreinigungen usw.

Bei den akustischen Untersuchungsmethoden von Leitern spielt der Skineffekt keine Rolle. Dies eröffnet den Methoden der NAR einen breiten Anwendungsbereich, um so mehr, weil die Parameter der NAR-Linien außer Größen, die mit den Gitterschwingungen im Zusammenhang stehen (durch den Schall erzeugte elektromagnetische Felder), von der KNIGHT-Verschiebung, den Kernspin-Gitter-Relaxationszeiten infolge Leitungselektronen, den Momenten der Linien, die durch Gitterdefekte erzeugt werden, usw. [6, 7] abhängen, d. h. von Größen, die üblicherweise mit den Methoden der NMR untersucht werden.

Die Rolle des Metallgitters, das als isoliert von den Leitungselektronen betrachtet wird, muß sich nicht qualitativ von der Funktion des Gitters eines Ionenkristalls in der AR unterscheiden. Das Vorhandensein von Leitungselektronen ändert diesen Tatbestand jedoch wesentlich. Erstens schirmen die Leitungselektronen alle elektrischen Ladungen in Metallen ab, insbesondere die elektrische Quadrupolwechselwirkung der Kerne mit dem Gitter. Zweitens können die akustischen Schwingungen der Kerne relativ zur Elektronenwolke in den Fällen, wo diese den Schwingungen nicht folgt, einen neuen Kopplungskanal der Kerne mit dem Schall bilden. Drittens erzeugt die Kontaktwechselwirkung der Kerne mit den Leitungselektronen

$$\hat{\mathscr{H}}_k' = -K \sum_{jp} (\hat{I}_j \hat{\sigma}_p)\, \delta(\boldsymbol{R}_j - \boldsymbol{r}_p), \quad K = \frac{8\pi}{3} \gamma_e \gamma_n \hbar^2. \tag{18.1}$$

(σ_p: PAULI-Matrizen, $\boldsymbol{R}_j$ und $\boldsymbol{r}_p$: Ortsvektoren des Kerns j und des Elektrons p) die KNIGHT-Verschiebung [8] der Kernresonanzfrequenz, stellt den wirkungsvollsten Mechanismus der Kernspin-Gitter-Relaxation dar ([5], Abschn. 7) und führt auch zum Auftreten der indirekten Spin-Spin-Austauschkopplung zwischen den Kernen ([5], Abschn. 5)

$$\hat{\mathscr{H}}'_{\text{aust}} = \sum_j A_{jk} (\hat{\boldsymbol{I}}_j \hat{\boldsymbol{I}}_k), \tag{18.2}$$

die in einer Reihe von Fällen den Hauptbeitrag zur Linienbreite der Kernresonanz liefert[1]).

---

[1]) In einigen Metallen können die indirekten Quadrupol-Quadrupol-Wechselwirkungen der Kerne über die Leitungselektronen eine wesentliche Rolle spielen [9].

Wir betrachten ausführlich Alkalimetalle, die ein kubisches Gitter besitzen, und nehmen an, daß die Kopplung der Kerne mit dem Schall durch elektrische Quadrupolwechselwirkung erfolgt. Trotz der starken Abschirmung und der Tatsache, daß die Leitungselektronen auch Quellen periodischer elektrischer Feldgradienten an den Kernen sein können, muß der Operator der Spin-Phonon-Kopplung in Metallen die Form (5.10) oder (16.30) haben, weil die Gestalt dieser Ausdrücke nur auf der Grundlage von Symmetrieüberlegungen bestimmt wurde. Dabei können sich die Werte der Komponenten des Tensors der dynamischen Quadrupolwechselwirkung S_{jk} wesentlich von den entsprechenden Größen in Ionenkristallen unterscheiden.

Das Spektrum des Spinsystems wird im betrachteten Falle durch die Wechselwirkung der Kerne mit dem konstanten Magnetfeld bestimmt:

$$\hat{\mathscr{H}}_1 = \hbar\omega_0 \hat{I}_z, \quad \omega_\alpha = \alpha\omega_0. \tag{18.3}$$

Als Grund für die Verbreiterung der Resonanzlinien betrachten wir zunächst die Kontaktwechselwirkung der Kerne mit den Leitungselektronen (18.1) in der Näherung des „schnell fluktuierenden" Gitters.

Ein gutes Modell für die Leitungselektronen in Alkalimetallen bildet ein Gas freier Elektronen mit der effektiven Masse m^*, dem Impuls $\hbar\boldsymbol{k}$ und der Energie $\mathscr{E}_{\boldsymbol{k}} = \hbar^2 k^2/2m^*$. Im konstanten magnetischen Feld H_0 lauten die Eigenwerte des Hamilton-Operators $\hat{\mathscr{H}}_e$ (der im gegebenen Fall als Hamilton-Operator $\hat{\mathscr{H}}_2$ in den Bezeichnungen des § 16 angesehen werden muß):

$$E_{\boldsymbol{k}\xi} = \mathscr{E}_{\boldsymbol{k}} + \frac{1}{2}\hbar\omega_e\xi, \quad \omega_e = \gamma_e H_0, \quad \xi = \pm 1. \tag{18.4}$$

Die Eigenfunktionen sind $\varphi_{\boldsymbol{k}}(r_p)\chi_\xi$, wo χ_ξ die Spinfunktionen (Spin $^1/_2$) darstellen und die Funktion $\varphi_{\boldsymbol{k}}(r)$ über das gesamte Probevolumen normiert wurde.

In der Darstellung der zweiten Quantisierung hat die Wechselwirkung $\hat{\mathscr{H}}_{\boldsymbol{k}}'$ der Elektronen mit dem Kern j die Form

$$\hat{\mathscr{H}}_{\boldsymbol{k}}'(t) = e^{i\hat{\mathscr{H}}_{el}t/\hbar}\,\hat{\mathscr{H}}_{\boldsymbol{k}}'\,e^{-i\hat{\mathscr{H}}_{el}t/\hbar} = \sum_{\boldsymbol{k}_1,\boldsymbol{k}_2,\xi_1\xi_2} \langle \boldsymbol{k}_1, \xi_1 | \hat{\mathscr{H}}_{\boldsymbol{k}}' | \boldsymbol{k}_2, \xi_2 \rangle$$

$$\times\, e^{i\frac{(E_{\boldsymbol{k}_1\xi_1} - E_{\boldsymbol{k}_2\xi_2})t}{\hbar}}\, \hat{a}^{\dagger}_{\boldsymbol{k}_1\xi_1}\hat{a}_{\boldsymbol{k}_2\xi_2} = -\frac{K}{2}\sum_{\substack{\boldsymbol{k}_1\boldsymbol{k}_2\\ \xi_1\xi_2}} \hat{a}^{\dagger}_{\boldsymbol{k}_1\xi_1}\hat{a}_{\boldsymbol{k}_2\xi_2}$$

$$\varphi^{\dagger}_{\boldsymbol{k}_1}(R_j)\,\varphi_{k_2}(R_j)\, e^{it\hbar^{-1}(E_{\boldsymbol{k}_1\xi_1} - E_{\boldsymbol{k}_2\xi_2})}[\xi_1 \hat{I}_z{}^j \delta_{\xi_1,\xi_2}$$

$$+ \hat{I}_-{}^j \delta_{\xi_1,1}\delta_{\xi_2,-1} + \hat{I}_+{}^j \delta_{\xi_1,-1}\delta_{\xi_2,1}], \tag{18.5}$$

wo $\hat{a}^{+}_{\boldsymbol{k}\xi}$ und $\hat{a}_{\boldsymbol{k}\xi}$ die Vernichtungs- und Erzeugungsoperatoren der Elektronen mit dem Impuls $\hbar\boldsymbol{k}$ und der Spinprojektion $\xi\hbar/2$ darstellen, die den FERMIschen Vertauschungsrelationen

$$\hat{a}_{\boldsymbol{k}\xi}\hat{a}^{\dagger}_{\boldsymbol{k}_1\xi_1} + \hat{a}^{\dagger}_{\boldsymbol{k}_1\xi_1}\hat{a}_{\boldsymbol{k}\xi} = \delta_{\boldsymbol{k}\boldsymbol{k}_1}\delta_{\xi\xi_1}$$

genügen. Wir setzen den in $\hat{\mathscr{H}}_1$-Darstellung diagonalen Teil des Operators (18.5) bei $t = 0$ in die Beziehung (16.24) für die Verschiebung erster Ordnung ein:

$$\delta_\alpha{}^{(1)} = \frac{\langle [\hat{Q}^j_{2,\alpha}\,\hat{a}_{-\alpha}, \hat{I}_z{}^j]\hat{Q}^j_{2,-\alpha}\,\hat{a}_\alpha \rangle}{\hbar\langle\{\hat{a}_{-\alpha}\hat{Q}^j_{2,\alpha}, \hat{a}_\alpha\hat{Q}^j_{2,-\alpha}\}\rangle}\sum_{\boldsymbol{k}\boldsymbol{k}_1\xi}\left(-\frac{K}{2}\right)$$

$$\times\, \varphi_{\boldsymbol{k}}{}^{\dagger}(R_j)\,\varphi_{\boldsymbol{k}_1}(R_j)\langle \hat{a}^{\dagger}_{\boldsymbol{k}\xi}\hat{a}_{\boldsymbol{k}_1\xi}\rangle\,\xi\,.$$

Hier wurde der Umstand ausgenutzt, daß die Spuren von Kern- und Elektronenoperatoren unabhängig voneinander berechnet werden können. Weil bei kanonischer Mittelung $\langle \ldots \rangle$ nur die in Energiedarstellung diagonalen

Operatoren ungleich Null sind, erhalten wir

$$\langle \hat{a}^{\dagger}_{\boldsymbol{k}\xi} \hat{a}_{\boldsymbol{k}_1\xi} \rangle = \delta_{\boldsymbol{k}\boldsymbol{k}_1} \langle \hat{a}^{\dagger}_{\boldsymbol{k}\xi} \hat{a}_{\boldsymbol{k}\xi} \rangle \equiv \delta_{\boldsymbol{k}\boldsymbol{k}_1} \langle n_{\boldsymbol{k}\xi} \rangle ,$$

wobei $\langle n_{\boldsymbol{k}\xi} \rangle$ die mittlere Zahl der Elektronen im Zustand $E_{\boldsymbol{k}\xi}$ darstellt. Damit finden wir für $\delta_{\alpha}{}^{(1)}$

$$\delta_{\alpha}{}^{(1)} = \frac{\alpha K}{2\hbar} \sum_{\boldsymbol{k}} |\varphi_{\boldsymbol{k}}(R_j)|^2 [\langle n_{\boldsymbol{k}_1} \rangle - \langle n_{\boldsymbol{k}_{-1}} \rangle] . \quad (18.6)$$

Die mittlere Elektronenzahl im Zustand $\boldsymbol{k}\,\xi$ wird durch die Fermi-Verteilung gegeben:

$$\langle n_{\boldsymbol{k}\xi} \rangle = f(E_{\boldsymbol{k}\xi}) = \frac{1}{\left[\exp\left\{\frac{E_{\boldsymbol{k}\xi} - \mathscr{E}_F}{kT}\right\} + 1\right]} ;$$

dabei ist $\mathscr{E}_F$ die Fermi-Energie, und im Falle eines stark entarteten Elektronengases ($\mathscr{E}_F \gg kT$) besitzt die Funktion $f(E)$ die wichtige Eigenschaft

$$\frac{d f(E)}{dE} = -\delta(E - \mathscr{E}_F) .$$

Hieraus folgt bei $\hbar \omega_e \ll kT$

$$\langle n_{\boldsymbol{k},1} \rangle - \langle n_{\boldsymbol{k},-1} \rangle = f\left(\mathscr{E}_{\boldsymbol{k}} + \frac{\hbar \omega_e}{2}\right) - f\left(\mathscr{E}_{\boldsymbol{k}} - \frac{\hbar \omega_e}{2}\right)$$

$$= \frac{d f(\mathscr{E}_{\boldsymbol{k}})}{d \mathscr{E}_{\boldsymbol{k}}} \hbar \omega_e = -\hbar \omega_e \delta(\mathscr{E}_{\boldsymbol{k}} - \mathscr{E}_F) . \quad (18.7)$$

Wir setzen (18.7) in (18.6) ein und gehen unter Benutzung von

$$\sum_{\boldsymbol{k}} \rightarrow \frac{3}{4 \mathscr{E}_F^{3/2}} \int_0^{\infty} \sqrt{\mathscr{E}_{\boldsymbol{k}}}\, d\mathscr{E}_{\boldsymbol{k}}$$

von der Summation zur Integration über. Dann finden wir

$$\delta_\alpha^{(1)} = -\frac{3\alpha K\omega_e}{8\mathscr{E}_F^{3/2}}\int_0^\infty \sqrt{\mathscr{E}_k}\,|\overline{\varphi_{\mathscr{E}_k}(R_j)}|^2\,\delta(\mathscr{E}_k-\mathscr{E}_F)d\mathscr{E}_k$$

$$= -\alpha\,\frac{8\pi}{3}\,\gamma_n H_0\,\frac{\chi_e}{N}\,\overline{|\varphi_{\mathscr{E}_F}(R_j)|^2} \equiv -\alpha\,\Delta\omega_N, \tag{18.8}$$

wo $\overline{|\varphi_{\mathscr{E}_k}(R_j)|^2}$ die über die Zustände mit verschiedenen $\boldsymbol{k}$-Vektoren auf der Fermi-Oberfläche E gemittelte Wahrscheinlichkeit darstellt, ein Elektron beim Kern j zu finden. $\overline{|\psi_{\mathscr{E}_k}(R_j)|^2} = N^{-1}\,\overline{|\varphi_{\mathscr{E}_k}(R_j)|^2}$ ist die gleiche, über das Volumen der Elementarzelle des Metalls normierte Wahrscheinlichkeit, und $\chi_e = 3N\hbar^2\gamma_e^2/8\mathscr{E}_F$ stellt die paramagnetische Suszeptibilität des Elektronengases dar.

Der Ausdruck

$$\Delta\omega_N = \frac{8\pi}{3}\,\gamma_n H_0 \chi_e\,\overline{|\psi_{\mathscr{E}_F}(R_j)|^2} \tag{18.9}$$

ist die wohlbekannte Knight-Verschiebung für die Kernresonanzfrequenz in Metallen ($\Delta\omega_N$ hängt nicht vom Index j ab, weil die Elektronendichte an den verschiedenen Kernen gleich ist). Die Untersuchung der Knight-Verschiebung stellt eine einfache und zuverlässige Methode zur Bestimmung der wichtigen Größe $\overline{|\psi_{\mathscr{E}_F}(R_j)|^2}$ der Leitungselektronen dar.

Der Ausdruck (18.8) zeigt, daß die Verschiebung der Resonanzfrequenz der akustischen Resonanz in erster Ordnung bei Anregung von Übergängen mit einer Änderung der magnetischen Quantenzahl um α gleich $\alpha\Delta\omega_N$ ist.

Zur Bestimmung des Beitrags der Leitungselektronen zur Linienform muß man den Parameter

$$\tau_\gamma^* = \int_0^\infty e^{i\gamma\omega_0 t} f_\gamma(t)\, dt = \frac{1}{\Pi_\gamma} \int_0^\infty e^{i\gamma\omega_0 t} \langle \{\hat{p}_\gamma(\tau), \quad \hat{p}_{-\gamma}\}\rangle\, dt \tag{18.10}$$

ausrechnen (zweite Näherung), dabei ist gemäß (18.5) und (16.20) für $\hat{p}_\gamma = \hat{I}_\gamma$

$$\hat{p}_\gamma(t) = -\frac{K}{2} \sum_{\boldsymbol{k}_2 \boldsymbol{k}_1 \xi_1 \xi_2} \beta_\gamma \hat{a}^\dagger_{\boldsymbol{k}_1\xi_1} \hat{a}_{\boldsymbol{k}_2\xi_2} \varphi^*_{\boldsymbol{k}_1}(R_j)$$
$$\times \varphi_{\boldsymbol{k}_2}(R_j) \exp\{-it\hbar^{-1}(E_{\boldsymbol{k}_1\xi_1} - E_{\boldsymbol{k}_2\xi_2})\},$$
$$\beta_0 = \xi_1 \delta_{\xi_1\xi_2}, \quad \beta_{\pm 1} = \delta_{\xi_2,\mp 1} \delta_{\xi_1,\pm 1}. \tag{18.11}$$

Wir setzen p_0 aus (18.11) in (18.10) ein und erhalten

$$\tau_0^* = \frac{K^2}{8\Pi_0} \sum_{\boldsymbol{k}_1 \boldsymbol{k}_2 \xi_1 \xi_2} \langle \hat{a}^\dagger_{\boldsymbol{k}_1\xi_1} \hat{a}_{\boldsymbol{k}_2\xi_2} \hat{a}^\dagger_{\boldsymbol{k}_2\xi_2} \hat{a}_{\boldsymbol{k}_1\xi_1} \rangle \xi_1^2 \delta_{\xi_1\xi_2}$$
$$\times |\varphi_{\boldsymbol{k}_1}(R_j)|^2 |\varphi_{\boldsymbol{k}_2}(R_j)|^2 \int_0^\infty 2 \cos\left(\frac{E_{\boldsymbol{k}_1\xi_1} - E_{\boldsymbol{k}_2\xi_2}}{\hbar}\right) t\, dt.$$

Gehen wir von der Summation zur Integration über $\boldsymbol{k}$ über, so ergibt sich

$$\tau_0^* = \frac{9\pi K^2}{64 \mathscr{E}_F^3 \Pi_0} \sum_\xi \int_0^\infty \sqrt{\mathscr{E}_{\boldsymbol{k}_1}}\, d\mathscr{E}_{\boldsymbol{k}_1} \int_0^\infty \sqrt{\mathscr{E}_{\boldsymbol{k}_2}}\, d\mathscr{E}_{\boldsymbol{k}_2} \overline{|\varphi_{\mathscr{E}_{\boldsymbol{k}_1}}(R_j)|^2}$$
$$\times \overline{|\varphi_{\mathscr{E}_{\boldsymbol{k}_2}}(R_j)|^2} \langle \hat{a}^\dagger_{\boldsymbol{k}_1\xi_1} \hat{a}_{\boldsymbol{k}_2\xi_2} \hat{a}^\dagger_{\boldsymbol{k}_2\xi_2} \hat{a}_{\boldsymbol{k}_1\xi_1} \rangle \delta\left(\frac{E_{\boldsymbol{k}_1\xi_1} - E_{\boldsymbol{k}_2\xi_2}}{\hbar}\right)$$
$$= \frac{9\pi K^2}{64 \mathscr{E}_F^3 \Pi_0} \sum_{\xi_1} \int_0^\infty \mathscr{E}_{\boldsymbol{k}_1}\, d\mathscr{E}_{\boldsymbol{k}_1} \left(\overline{|\varphi_{\mathscr{E}_{\boldsymbol{k}_1}}(R_j)|^2}\right)^2 \langle \hat{a}^\dagger_{\boldsymbol{k}_1\xi_1} \hat{a}_{\boldsymbol{k}_2\xi_2} \hat{a}^\dagger_{\boldsymbol{k}_2\xi_2} \hat{a}_{\boldsymbol{k}_1\xi_1} \rangle. \tag{18.12}$$

Bei $\boldsymbol{k}_1 \neq \boldsymbol{k}_2$ ($|\boldsymbol{k}_1| = |\boldsymbol{k}_2|$, $\mathscr{E}_{\boldsymbol{k}_1} = \mathscr{E}_{\boldsymbol{k}_2} = \mathscr{E}_{\boldsymbol{k}}$) ist

$$\begin{aligned}\langle \hat{a}^\dagger_{\boldsymbol{k}_1\xi} \hat{a}_{\boldsymbol{k}_2\xi} \hat{a}^\dagger_{\boldsymbol{k}_2\xi} \hat{a}_{\boldsymbol{k}_1\xi} \rangle &= \langle \hat{a}^\dagger_{\boldsymbol{k}_1\xi} \hat{a}_{\boldsymbol{k}_1\xi} \rangle \langle \hat{a}^\dagger_{\boldsymbol{k}_2\xi} \hat{a}_{\boldsymbol{k}_2\xi} \rangle \\ &= f(E_{\boldsymbol{k}\xi})\,[1 - f(E_{\boldsymbol{k}\xi})] = -kT\,\frac{d f(E_{\boldsymbol{k}\xi})}{d E_{\boldsymbol{k}\xi}} \\ &= kT\,\delta\,(E_{\boldsymbol{k}\xi} - \mathscr{E}_F). \end{aligned} \tag{18.13}$$

In allen Fällen, wo die ZEEMAN-Energie gegenüber der FERMI-Energie zu vernachlässigen ist, erhalten wir

$$\tau_0{}^* = \frac{9\pi\hbar K^2 kT}{32\mathscr{E}_F{}^2 \Pi_0}\,\left(\overline{|\varphi_{\mathscr{E}_F}(R_j)|^2}\right)^2 = \frac{\tau_0}{\Pi_0}. \tag{18.14}$$

Die anderen beiden Parameter $\tau_\gamma{}^*$ werden auf ähnliche Weise berechnet:

$$\begin{aligned}\tau^*_{\pm 1} &= \frac{\pi K^2}{4\Pi_{\pm 1}} \sum_{\boldsymbol{k}_1\boldsymbol{k}_2\xi_1\xi_2} \langle \hat{a}^\dagger_{\boldsymbol{k}_1\xi_1} \hat{a}_{\boldsymbol{k}_2\xi_2} \hat{a}^\dagger_{\boldsymbol{k}_2\xi_2} \hat{a}_{\boldsymbol{k}_1\xi_1} \rangle\, |\varphi_{\boldsymbol{k}_1}(R_j)|^2 \\ &\quad \times |\varphi_{\boldsymbol{k}}(R_j)|^2\, \delta_{\xi_1,\pm 1}\, \delta_{\xi_2,\mp 1}\, \delta\left(\frac{E_{\boldsymbol{k}_1\xi_1} - E_{\boldsymbol{k}_2\xi_2} \pm \hbar\omega_e}{\hbar}\right) \\ &= \frac{9\pi K^2}{64\mathscr{E}_F{}^3 \Pi_{\pm 1}} \int_0^\infty \sqrt{\mathscr{E}_{\boldsymbol{k}_1}}\, d\mathscr{E}_{\boldsymbol{k}_1} \int_0^\infty \sqrt{\mathscr{E}_{\boldsymbol{k}_2}}\, d\mathscr{E}_{\boldsymbol{k}_2} \\ &\quad \times \overline{|\varphi_{\mathscr{E}_{\boldsymbol{k}_1}}(R_j)|^2}\, \overline{|\varphi_{\mathscr{E}_{\boldsymbol{k}_2}}(R_j)|^2}\, \langle \hat{a}^\dagger_{\boldsymbol{k}_1,\pm 1} \hat{a}_{\boldsymbol{k}_1,\pm 1} \rangle \\ &\quad \times \langle \hat{a}_{\boldsymbol{k}_2,\mp 1} \hat{a}^\dagger_{\boldsymbol{k}_2,\mp 1} \rangle\, \delta\left(\frac{E_{\boldsymbol{k}_1,\pm 1} - E_{\boldsymbol{k}_2,\mp 1} \pm \hbar\omega_0}{\hbar}\right) \\ &= \frac{9\pi K^2}{64\mathscr{E}_F{}^3 \Pi_{\pm 1}} \int_0^\infty \sqrt{\mathscr{E}_{\boldsymbol{k}_1}\mathscr{E}_{\boldsymbol{k}}}\, d\mathscr{E}_{\boldsymbol{k}_1}\, \overline{|\varphi_{\mathscr{E}_{\boldsymbol{k}_1}}(R_j)|^2}\, \overline{|\varphi_{\mathscr{E}_{\boldsymbol{k}}}(R_j)|^2} \\ &\quad \times f\left(\mathscr{E}_{\boldsymbol{k}_1} \pm \frac{\hbar\omega_e}{2}\right) [1 - f(\mathscr{E}_{\boldsymbol{k}})],\end{aligned}$$

dabei ist $\mathscr{E}_k = \mathscr{E}_{k_1} \pm \hbar\omega_e \pm \hbar\omega_0$. Wenn wir wiederum die Kern- und Elektronen-ZEEMAN-Energie gegenüber der kinetischen Energie des Elektrons vernachlässigen, so finden wir hieraus

$$\tau_{\pm 1}^* = \frac{9\pi\hbar K^2}{64\mathscr{E}_F \Pi_{\pm 1}} kT \left(\left|\overline{\varphi_{\mathscr{E}_F}(R_j)}\right|^2\right)^2 = \frac{1}{2}\frac{\tau_0}{\Pi_{\pm 1}}. \tag{18.15}$$

In der bei der Rechnung benutzten Näherung erhält man den Parameter τ_γ^* reell, und nach (16.26) ist die Frequenzverschiebung in zweiter Ordnung gleich Null. Die Linienbreite wird durch den Ausdruck

$$\Delta_\alpha = \sum_\gamma \sigma_{\alpha\gamma}^2 \tau_\gamma' = \sum_\gamma \sigma_{\alpha\gamma}^2 \tau_\gamma^* \tag{18.16}$$

gegeben.

Für die akustische Resonanz sind die zweiten Momente $\sigma_{\alpha\gamma}^2$, die durch die Wechselwirkungen (18.5), (18.11) hervorgerufen werden, gleich

$$\begin{aligned}\sigma_{\alpha\gamma}^2 &= \frac{\langle\{[\hat{Q}_{2,\alpha}\hat{I}_\gamma], [\hat{I}_{-\gamma}, \hat{Q}_{2,-\alpha}]\}\rangle \Pi_\gamma}{\hbar^2\langle\{\hat{Q}_{2,\alpha}\hat{Q}_{2,-\alpha}\}\rangle} \\ &= \frac{\Pi_\gamma (d_\alpha{}^\gamma)^2}{\hbar^2} \frac{\langle\{\hat{Q}_{2,\alpha+\gamma}, \hat{Q}_{2,-\alpha-\gamma}\}\rangle}{\langle\{\hat{Q}_{2,\alpha}, \hat{Q}_{2,-\alpha}\}\rangle} \\ &= \frac{(d_\alpha{}^\gamma)^2 \Pi_\gamma}{\hbar^2}.\end{aligned} \tag{18.17}$$

Die letzte Gleichung in (18.17) erhält man, ausgehend von der Definition (5.10) der Operatoren $\hat{Q}_{2,\alpha}$ und folgenden Formeln für die Mittelwerte des Produktes zweier Quadrupoloperatoren:

$$\begin{aligned}\langle\{\hat{Q}_{2,\alpha}\hat{Q}_{2,-\beta}\}\rangle &= \delta_{\alpha,-\beta}(-1)^\alpha I(I+1)(2I-1) \\ &\quad \times (2I+3)/5 + O\left(\frac{\hbar\omega_0}{kT}\right).\end{aligned}$$

Die Zahlenparameter $(d_\alpha{}^\gamma)^2$ ergeben sich aus

$$[\hat{Q}_{2,\alpha}, \hat{I}_\gamma] = d_\alpha{}^\gamma \hat{Q}_{2,\alpha+\gamma}, \quad d_\alpha{}^\gamma = d_{-\alpha}^{-\gamma}$$

und sind in den uns interessierenden Fällen gleich

$$(d_{\pm 2}^{\pm 1})^2 = 0, \quad (d_{\pm 1}^{\pm 1})^2 = (d_{\pm 1}^{\mp 1})^2 = 4,$$
$$(d_{\pm 1}^{\mp 1})^2 = 6, \quad (d_\alpha{}^0)^2 = \alpha^2. \qquad (18.18)$$

Die Größen $\sigma^2_{\alpha\gamma}$ für die paramagnetische Kernresonanz

$$\sigma^2_{\alpha\gamma} = \frac{\langle\{[\hat{I}_\alpha, \hat{I}_\gamma], [\hat{I}_{-\gamma}, \hat{I}_{-\alpha}]\}\rangle \Pi_\gamma}{\hbar^2 \langle\{\hat{I}_\alpha, \hat{I}_{-\alpha}\}\rangle}$$

sind gleich

$$\sigma^2_{\pm 1, \pm 1} = 0, \quad \sigma^2_{\pm 1, 0} = \frac{\Pi_0}{\hbar^2}, \quad \sigma^2_{\pm 1 \mp 1} = \frac{2\Pi_{\pm 1}}{\hbar^2}. \qquad (18.19$$

Die Spin-Gitter-Relaxationszeit der Kerne, die durch Kontaktwechselwirkung mit den Leitungselektronen (18.1) hervorgerufen wird, kann auf analoge Weise nach Formel (16.27) berechnet werden, wobei $\hat{\mathscr{H}}_1 = \hbar\omega_0 \hat{I}_z$ ist und $\mathscr{H}'$ durch (18.11) gegeben wird:

$$\frac{1}{T_1} = \sum_\gamma \frac{1}{2\hbar^2} \int_{-\infty}^{\infty} e^{i\gamma\omega_0 t} \frac{\langle\{[\hat{I}_z, \hat{I}_\gamma], [\hat{I}_{-\gamma}, \hat{I}_z]\}\rangle}{\langle \hat{I}_z{}^2 \rangle} \langle \hat{p}_{-\gamma}(t)\, \hat{p}_\gamma \rangle \, dt$$

$$= \sum_\gamma \left(\frac{\gamma K}{2\hbar}\right)^2 \sum_{\boldsymbol{k}_1 \boldsymbol{k}_2 \xi_1 \xi_2} \langle \hat{a}^\dagger_{\boldsymbol{k}_1\xi_1} \hat{a}_{\boldsymbol{k}_2\xi_2} \hat{a}^\dagger_{\boldsymbol{k}_2\xi_2} \hat{a}_{\boldsymbol{k}_1\xi_1} \, |\varphi_{\boldsymbol{k}_1}(R_j)|^2$$

$$\times |\varphi_{\boldsymbol{k}_2}(R_j)|^2 \, \delta_{\xi_1 \pm 1} \, \delta_{\xi_2 \mp 1} \, 2\pi\, \delta \left(\frac{E_{\boldsymbol{k}_1\xi_1} - E_{\boldsymbol{k}_2\xi_2} + \gamma\hbar\omega_0}{\hbar}\right)$$

$$= \sum_\gamma \gamma^2 \frac{2\tau_\gamma{}^*}{\hbar^2} \Pi_\gamma = \frac{4\tau_1{}^* \Pi_1}{\hbar^2} = \frac{9\pi K^2 kT}{16\hbar\,\mathscr{E}_F{}^2} (\overline{|\varphi_{\mathscr{E}_F}(R_j)|^2})^2. \qquad (18.20)$$

Der Vergleich von (18.9) und (18.20) liefert die für die Anwendungen wichtige KORRINGA-Beziehung zwischen der Spin-Gitter-Relaxationszeit T_1 und der KNIGHT-Verschiebung $\Delta\omega_N$

$$T_1\left(\frac{\Delta\omega_N}{\omega_e}\right)^2 = \frac{\hbar}{4\pi kT}. \tag{18.21}$$

Zur Bestimmung des Beitrags der Wechselwirkung (18.11) zur Breite der Resonanzlinien setzen wir (18.14), (18.15) und (18.17) bis (18.20) in (18.16) ein und erhalten

1. für magnetische Resonanz

$$\Delta^M = 2\tau_0/\hbar^2 = 1/T_1; \tag{18.22}$$

2. für akustische Resonanz

$$\Delta^A_{\pm1} = \Delta^A_{\pm2} = 6\tau_0/\hbar^2 = 3/T_1. \tag{18.23}$$

Hieraus ist ersichtlich, daß die Kontaktwechselwirkung einen gleichgroßen Beitrag zur Breite der NAR-Absorptionslinien ergibt, die Übergängen $\Delta m = \pm 1$ und $\Delta m = \pm 2$ entsprechen, und der Beitrag zur Breite der NMR-Linien um einen Faktor 3 geringer ist.

Wir benutzen die Resultate der oben durchgeführten Berechnungen (18.8) und (18.23) zur Bestimmung der Autokorrelationsfunktion des Operators

$$\sum_\alpha \hat{A}_\alpha = \sum_\alpha \hat{B}_\alpha = \sum_\alpha \mathcal{A} S_{11} f_2^\alpha(\theta, \varphi) \hat{Q}_{2,\alpha},$$

$$\psi_{\hat{A}\hat{A}}(t) = \mathcal{A}^2 S_{11}^2 \sum_\alpha \langle\{\hat{Q}_{2,\alpha}, \hat{Q}_{2,-\alpha}\}\rangle\, |f_2^\alpha(\theta, \varphi)|^2$$
$$\times \exp\left\{i\alpha(\omega - \Delta\omega_H)t - \frac{3|t|}{T_1}\right\}. \tag{18.24}$$

Die Autokorrelationsfunktion dieser Operatoren für den Fall, daß die Linienbreite $(\hat{\mathcal{H}}')$ durch magnetische Dipol-Dipol- und Austauschwechselwirkung hervorgerufen wird, wurde schon bestimmt [s. (16.31)]. Bei gleichzeitiger Berücksichtigung der Kontakt-, der Dipol-Dipol- und der Austauschwechselwirkung der Kerne hat die Autokorrelationsfunktion die Form

$$\psi_{\hat{A}\hat{A}}(t) = \mathcal{A}^2 S_{11}^2 \sum_\alpha |f_2{}^\alpha|^2 \langle\{\hat{Q}_{2,\alpha}, \hat{Q}_{2,-\alpha}\rangle\} \times \exp\left\{i\alpha t\left(\omega_0 - \Delta\omega_H - \sum_{\gamma\neq 0}\sigma_{\alpha\gamma}^2/\alpha\gamma\omega_0\right) - \frac{3|t|}{T_1} - \frac{\sigma_{\alpha 0}^2 t^2}{2}\right\}. \quad (18.25)$$

Die hier eingehenden Momente $\sigma_{\alpha\gamma}^2$ sind in Anhang C aufgeführt.

Die Fourier-Transformierte der Funktion (18.25) kann mit Hilfe tabulierter Integrale bestimmt werden. Die auf diese Weise erhaltene NAR-Linienform erweist sich als kompliziert und erlaubt keine unmittelbare Auswertung [6]. Darum beschränken wir uns auf die Betrachtung einer Korrelationsfunktion (18.24), die dem Fall entspricht, wenn der Beitrag der Kontaktwechselwirkung zur Linienbreite alle anderen Beiträge übertrifft. NMR-Untersuchungen in Metallen zeigten, daß eine solche Situation oft anzutreffen ist.

Die Fourier-Transformierte des Ausdrucks (18.24) lautet

$$g_{AA}(\omega) = \frac{3I(I+1)(2I-1)(2I+3)}{40}\mathcal{A}^2 S_{11} \times \sum_{\alpha=\pm 1,\pm 2} \sin^{2|\alpha|}\left(\frac{2\theta}{|\alpha|}\right) g_L(\omega - \omega_\alpha{}^*). \quad (18.26)$$

Hierbei ist

$$g_L(\omega - \omega_\alpha{}^*) = \frac{\Delta_\alpha}{\pi}\,\frac{1}{(\omega - \omega_\alpha{}^*)^2 + \Delta_\alpha{}^2} \quad (18.27)$$

die normierte Lorentz-Linienformfunktion der Breite $\Delta_\alpha = 3/T_1$ und der Resonanzfrequenz $\omega_\alpha{}^* = \alpha(\omega_0 - \Delta\omega_N)$.

Wir setzen in (16.12) die Ausdrücke (18.26), (18.27) sowie (16.30) ein und summieren über alle Kerne der Probe. Damit ergibt sich der NAR-Absorptionskoeffizient zu

$$\sigma_a = \frac{3I(I+1)(2I-1)(2I+3)}{320} \frac{N\omega^2 \mathcal{A}^2 S_{11}^2}{d v^3 k T} \times \sum_{\alpha=1,2} \sin^{2\alpha}\left(\frac{2\theta}{\alpha}\right) [g_L(\nu - \nu_\alpha) + g_L(\nu + \nu_\alpha)]. \tag{18.28}$$

Wie zu erwarten war, unterscheidet sich der Ausdruck für den Absorptionskoeffizienten in Metallen (18.28) von der entsprechenden Beziehung für einen Ionenkristall (16.35) nur durch die Linienformfunktion (18.27). Der LORENTZ-Charakter der Formfunktion (18.27) ist eine Folge der bei der Ableitung von (18.28) gemachten Annahme, daß die Form der Linie durch Kontaktwechselwirkung der Kerne mit den Leitungselektronen bestimmt wird.

Hingegen unterscheiden sich wahrscheinlich die Werte des Tensors S_{jk} der dynamischen Quadrupolwechselwirkung, die die Größe der NAR-Absorption bestimmen, in Metallen und Ionenkristallen wegen der Abschirmung der elektrischen Quadrupolwechselwirkung durch die freien Elektronen stark voneinander. Leider wurden noch keine theoretischen Berechnungen des Tensors S_{jk} in Metallen ausgeführt.

§ 19. Einfluß der innermolekularen Bewegung auf die akustische Resonanz

Untersuchungen der paramagnetischen Resonanz zeigten, daß die unterschiedliche Natur der Bewegung im Paramagnetikum (thermische Bewegung, Umorientierung der Spins infolge Austauschwechselwirkung zwischen ihnen, Umorientierung des magnetischen Moments über paramagnetische Verunreinigungen durch Relaxationsprozesse usw.) zur Verschmälerung der Resonanzlinien führt, weil dabei die lokalen Felder in der Nähe der untersuchten paramagnetischen Teilchen ausgemittelt werden.

Der Einfluß der Bewegung auf die akustische Resonanz ist bedeutend stärker als auf die magnetische. Außer der Ausmittelung der lokalen Felder kann die Bewegung noch in anderer Weise auf die akustische Resonanz einwirken — über die Wechselwirkung der paramagnetischen Teilchen mit dem Schall. In der akustischen Resonanz werden durch die erzwungenen akustischen Schwingungen der Ladungen und Dipole der Probe elektromagnetische Wechselfelder erzeugt, diese sind damit auch von der thermischen Bewegung der Ladungen und Dipole abhängig. Im Unterschied dazu steht das äußere magnetische Wechselfeld in der magnetischen Resonanz unmittelbar mit den paramagnetischen Teilchen in Wechselwirkung.

Um den zweiten Kanal, über den die Bewegung auf die akustische Resonanz einwirkt, zu verdeutlichen, ist es nützlich zu untersuchen, warum die Kernquadrupolresonanz in Flüssigkeiten und Gasen im Gegensatz zur magnetischen Kernresonanz nicht beobachtet wird.

Wir betrachten zum Beispiel flüssiges oder gasförmiges Chlor, das aus Cl_2-Molekülen besteht ($I = 3/2$). Die Elektronenbindung, die die beiden Cl^{35}-Atome zum Molekül vereinigt, erzeugt einen axialsymmetrischen elektrischen Feldgradienten an den Cl-Kernen, was zu einer Quadrupolaufspaltung der Größenordnung $\nu_Q \approx 4{,}25\,\text{MHz}$ führt; hierauf kann man aus der Quadrupolresonanz von Cl_2 im eingefrorenen (festen) Zustand schließen. In Flüssigkeiten und Gasen befinden sich die Cl_2-Moleküle in intensiver thermischer Bewegung.

Wir nehmen an, daß auf die Cl_2-Moleküle ein magnetisches Wechselfeld $H_1(t) = 2H_1 \cos \omega t$ der Resonanzfrequenz einwirkt, dessen Richtung mit der x-Achse des Laborsystems zusammenfällt. Weil das physikalische Resultat nicht von der Wahl des Koordinatensystems abhängt, führen wir die weiteren Betrachtungen in einem Koordinatensystem durch, das sich zusammen mit dem Molekül bewegt. In diesem System sind die Achsen des Moleküls fest, und das magnetische Wechselfeld hat die Form

$$\tilde{\boldsymbol{H}}_1(t) = \tilde{\boldsymbol{H}}_1^0(t)\, e^{i\omega t}, \qquad (19.1)$$

d. h., alle drei Komponenten sind von Null verschieden. Sie ändern sich statistisch von $-H_1$ bis $+H_1$, entsprechend der thermischen Bewegung des Moleküls.

Wir nehmen an, daß die Bewegung des Moleküls ein statistischer MARKOV-Prozeß ist. Dann wird die spektrale Zerlegung von $H_1(t)$ alle Frequenzen bis $1/\tau_c$ enthalten, wobei τ_c die Korrelationszeit dieses Prozesses ist. Darum wirkt auf das unbewegliche Molekül effektiv kein monochromatisches Wechselfeld, sondern ein ganzes Frequenzband, dessen Breite gewöhnlich die Frequenz der Quadrupolresonanz um einige Größenordnungen übertrifft. Die Absorption hängt daher nicht von der Frequenz des äußeren Wechselfeldes ab, und eine Resonanz ist nicht möglich.

Im „eingefrorenen“ Zustand sind die Achsen der Cl_2-Moleküle (und mit ihnen auch die Hauptachsen des elektrischen Feldgradiententensors und damit die Quantisierungsachsen der Kernspins) unbeweglich. Sie sind statistisch im Raum orientiert. Darum sind in einem mit einem bestimmten Molekül verbundenen Koordinatensystem im allgemeinen alle drei Komponenten des Wechselfeldes von Null verschieden. Von Molekül zu Molekül ändern sie sich statistisch und sind nur für ein bestimmtes Molekül konstant. Daher wirkt im Festkörper auf die Moleküle ein monochromatisches Feld der Resonanzfrequenz, und die Resonanzabsorption wird möglich. Weil die Stärke der Absorption nur von dem Teil der Amplitude des Wechselfeldes abhängt, der senkrecht zur Quantisierungsachse liegt, so muß zur Berechnung der Gesamtabsorption aller Moleküle über diese Größe gemittelt werden.

In der magnetischen Resonanz werden die Energieniveaus durch das äußere konstante Magnetfeld bestimmt. Daher bleibt unabhängig von der Bewegung der Moleküle die Quantisierungsachse fest, und relativ zu ihr ist das äußere magnetische Wechselfeld immer monochromatisch. Daher ist die magnetische Resonanz im Prinzip sowohl in Medien mit als auch ohne starke Bewegung möglich. Im ersten Falle sind jedoch die Bedingungen für die Beobachtung der Resonanz infolge der durch die Bewegung verringerten Linienbreite günstiger.

Die akustische Resonanz ist an Quadrupolenergieniveaus in Flüssigkeiten und Gasen unmöglich, schon aus dem gleichen Grund, aus dem an diesen Niveaus Resonanz unter Einwirkung eines äußeren magnetischen Wechselfeldes nicht möglich ist. Jedoch ist sie aus einem ähnlichen Grund auch in dem Fall nicht möglich, wenn die Spin-Energieniveaus durch das konstante äußere Feld bestimmt werden. Denn benutzt man den Ausdruck (4.7) des Wechselwirkungsoperators der paramagnetischen Teilchen (j) mit dem Schall,

$$\hat{\mathscr{H}}_t^j = \sum_i \operatorname{grad}_{r_{ji}} \hat{\mathscr{H}}'(\hat{\boldsymbol{I}}_j, \boldsymbol{r}_{ji}) \boldsymbol{U}_{ji},$$

$$\boldsymbol{U}_{ji} = \boldsymbol{e} A_0 \boldsymbol{k} \boldsymbol{r}_{ji} e^{i(\omega t - \boldsymbol{k}\boldsymbol{r}_{ji})},$$

so kann man den Operator $\hat{\mathscr{H}}_t^j$ in der Form

$$\hat{\mathscr{H}}_t^j = F_j(t) e^{i(\omega t - \boldsymbol{k}\boldsymbol{r}_{ji})}, \tag{19.2}$$

$$F_j(t) = \sum_i \operatorname{grad}_{r_{ji}} \hat{\mathscr{H}}'(\hat{\boldsymbol{I}}_j, \boldsymbol{r}_{ji}) \boldsymbol{e} A_0 \boldsymbol{k} \boldsymbol{r}_{ji},$$

schreiben, wo r_{ji} den Abstand zwischen den Punkten darstellt, um die die Teilchen j und i schwingen. Die übrigen Parameter haben die gleiche Bedeutung wie zuvor. In Flüssigkeiten und Gasen ist r_{ji} und damit die Amplitude des Operators der Spin-Phonon-Wechselwirkung $F_j(t)$ eine statistische Funktion der Zeit. Wenn man (19.2) mit (19.1) vergleicht, so erkennt man, daß die gesamten aus (19.1) folgenden Schlußfolgerungen über die Unmöglichkeit der Quadrupolresonanz in Flüssigkeiten und Gasen ohne Änderung auch auf die akustische Resonanz an ZEEMAN-Niveaus in diesen Medien übertragen werden können.

Wir vergleichen die Übergangswahrscheinlichkeiten zwischen den Niveaus des Spinsystems unter Einwirkung des Operators (19.2); dabei betrachten wir Substanzen mit und ohne intensive Bewegung [10]. Die Übergangswahrscheinlichkeit des Teilchens j vom Niveau m zum Niveau n, wenn $F_j(t)$ eine statistische Zeitfunktion ist, lautet ([5], Abschn. 7)

$$P_{mn}^{\text{flüss}} = \lim_{t\to\infty} \frac{1}{t\hbar^2} \left\langle \left| \int_0^t dt_1\, e^{-i\omega_{mn}t_1}\, \hat{\mathscr{H}}_t(t_1) \right|^2 \right\rangle$$

$$= \lim_{t\to\infty} \frac{1}{t\hbar^2} \int_0^t dt_1 \int_0^{t_1} dt_2\, e^{i(\omega-\omega_{mn})(t_1-t_2)} \langle F_{jmn}(t_1) F_{jnm}^*(t_2)\rangle$$

$$= \lim_{t\to\infty} \frac{1}{t\hbar^2} \int_0^t dt_1 \left\{ \int_0^{t_1} dt_2 + \int_0^{t-t_1} dt_2 \right\} e^{i(\omega-\omega_{mn})(t_1-t_2)}$$

$$\times \langle F_{jmn}(t_1) F_{jnm}^*(t_2)\rangle$$

$$= \lim_{t\to\infty} \frac{1}{t\hbar^2} \left[\int_0^t (t-\tau) e^{i(\omega-\omega_{mn})\tau} \langle F_{jmn}(\tau) F_{jmn}^*\rangle\, d\tau \right.$$

$$\left. + \int_0^t (t-\tau) e^{-i(\omega-\omega_{mn})\tau} \langle F_{jnm}(-\tau) F_{jmn}^*\rangle\, d\tau \right]$$

$$= \frac{1}{\hbar^2} \int_{-\infty}^{+\infty} e^{i(\omega-\omega_{mn})\tau} \langle F_{jmn}(\tau) F_{jnm}^*\rangle\, d\tau ,$$

wo $\langle\ldots\rangle$ die Mittelung über die kanonische Gesamtheit bezeichnet. Schreibt man entsprechend dem MARKOV-Prozeß die Autokorrelationsfunktion als abklingende Exponentialfunktion auf,

$$\langle F_{jmn}(t_1) F^*_{jmn}(t_2)\rangle = \langle F_{jmn}(t_1 - t_2) F^*_{jnm}\rangle$$
$$= \langle |F_{jmn}|^2\rangle e^{-|t_1 - t_2|/\tau_c},$$

so erhält man für die Wahrscheinlichkeit $P^{\text{flüss}}_{mn}$

$$P^{\text{flüss}}_{mn} = \hbar^{-2}\langle |F_{jmn}|^2\rangle\, 2\tau_c[1 + (\omega - \omega_{mn})^2\tau_c^2]^{-1}. \tag{19.3}$$

Bei kurzen Korrelationszeiten, wenn $\omega\tau_c$, $\omega_{mn}\tau_c \ll 1$ gilt, hängt diese Wahrscheinlichkeit nicht von $\omega - \omega_{mn}$ ab, d. h., sie besitzt keinen Resonanzcharakter.

Die Wahrscheinlichkeit des gleichen Übergangs unter Wirkung des Operators (19.2), wobei F_j nicht von der Zeit abhängt (feste Phase), ist gleich

$$P^{\text{fest}}_{mn} = \hbar^{-2}\langle |F_{jmn}|^2\rangle g_a(\nu). \tag{19.4}$$

Wir vergleichen die Wahrscheinlichkeit der akustischen Absorption in der flüssigen (gasförmigen) und festen Phase des Stoffes, die durch die gleiche Wechselwirkung hervorgerufen wird. Dazu bilden wir das Verhältnis von (19.3) zu (19.4) bei der Resonanzfrequenz des Wechselfeldes ($\omega = \omega_{mn}$), wo $g(\nu_{mn}) = 2T_2$ ist (T_2: transversale Relaxationszeit). Wenn außerdem die Änderungen der F_{jmn} beim Phasenübergang zu vernachlässigen sind, erhalten wir

$$\eta = P^{\text{flüss}}_{mn} \mid P^{\text{fest}}_{mn} = \tau_c/T_2. \tag{19.5}$$

Hieraus ist ersichtlich, daß in nichtviskosen Flüssigkeiten und Gasen ($\tau_c \approx 10^{-11}\ldots 10^{-12}$ s) das Verhältnis etwa $10^{-4}\ldots 10^{-8}$ für die Elektronenparamagnetika und ungefähr 10^{-7} bis 10^{-8} für die Kernparamagnetika beträgt.

Die Abschätzung des Einflusses der Bewegung auf die akustische Resonanz mit Hilfe der Berechnung der Übergangswahrscheinlichkeiten ist ziemlich grob; insbesondere enthält das Resultat (19.3) nicht die Breite der Spinniveaus. Weiterhin ist nicht ersichtlich, wie man vorzugehen hat, wenn man es nicht mit der Bewegung von Molekülen in Flüssigkeiten, sondern anderen Bewegungsformen zu tun hat. Zur Lösung dieses Problems ist es korrekter, den in § 16 dargelegten Formalismus anzuwenden.

§ 20. Linienbreite der akustischen Resonanz im Falle beweglicher Spins

Die am Ende von § 16 und in den §§ 17, 18 erhaltenen Resultate gehören zum Spezialfall einer Theorie, der der Bedingung (16.21) entspricht. Diese Bedingung bedeutet, daß Korrelationsfunktionen $\psi_{\hat{A}\hat{B}}(t)$ der Operatoren $\hat{A}$ und $\hat{B}$ betrachtet (und berechnet) werden, die ganz zum Spin-Untersystem gehören:

$$[\hat{A}, \hat{\mathscr{H}}_2] = [\hat{B}, \hat{\mathscr{H}}_2] = 0 .$$

In § 19 wurde gezeigt, daß dies in der akustischen Resonanz nicht immer gültig ist. In die Wechselwirkung der Spins mit dem Schall $\hat{\mathscr{H}}_t$ gehen die Operatoren des Untersystems 2 ein. Wenn ihre Bewegung nicht eingefroren ist, so wird die Bedingung (16.21) nicht erfüllt, und es ist nötig, die Bewegung der Spin-($\hat{A}^\alpha$, $\hat{B}^\alpha$) und Koordinatenanteile ($\hat{a}_\alpha$, $\hat{b}_\alpha$) der Operatoren $\hat{A}_\alpha$ und $\hat{B}_\alpha$ getrennt zu betrachten.

In nullter Näherung in $\hat{\mathscr{H}}'$ ist die Autokorrelationsfunktion gleich

$$\psi^{(0)}_{\hat{A}\hat{A}}(t) = \sum_\alpha \langle\{\hat{A}^\alpha(t), \hat{A}^{-\alpha}\}\rangle \langle \hat{a}_\alpha(t), \hat{a}_{-\alpha}\rangle . \qquad (20.1)$$

Die Spuren der Spin- und Koordinatenoperatoren werden einzeln berechnet, weil man den Einfluß von $\hat{\mathscr{H}}'$ auf die Gleichgewichtsverteilung (16.16) vernachlässigen kann.

Bei den folgenden Näherungen werden Mittelwerte der Form

$$\langle \hat{a}_\alpha(t)\hat{p}_\gamma(t_1)\hat{a}_{-\alpha}\rangle \equiv \varphi^{(1)}_{\alpha\gamma}(t, t_1)\,\langle \hat{a}_\alpha(t)\hat{a}_{-\alpha}\rangle, \qquad (20.2)$$

$$\langle \hat{a}_\alpha(t)\hat{p}_\gamma(t_1)\hat{p}_{-\gamma}(t_2)\hat{a}_{-\alpha}\rangle \equiv \varphi^{(2)}_{\alpha\gamma}(t, t_1, t_2)\,\langle \hat{a}_\alpha(t)\hat{a}_{-\alpha}\rangle$$

vorkommen, wobei

$$\varphi^{(1)}_{\alpha\gamma}(t, t_1) = \frac{\langle \hat{a}_\alpha(t)\,\hat{p}_\gamma(t_1)\hat{a}_{-\alpha}\rangle}{\langle \hat{a}_\alpha(t)\hat{a}_{-\alpha}\rangle},$$

$$\varphi^{(2)}_{\alpha\gamma}(t, t_1, t_2) = \frac{\langle \hat{a}_\alpha(t)\hat{p}_\gamma(t_1)\hat{p}_{-\gamma}(t_2)\hat{a}_{-\alpha}\rangle}{\langle \hat{a}_\alpha(t)\hat{a}_{-\gamma}\rangle}$$

ist.

In den Fällen, wo der Ursprung der Zeitveränderlichkeit der Operatoren $\hat{\mathscr{H}}'$ und $\hat{a}_\alpha$ unterschiedlich und also keine Korrelation vorhanden ist, gilt

$$\varphi^{(1)}_{\alpha\gamma}(t, t_1) \equiv \mathrm{Sp}\left\{e^{-\hat{\mathscr{H}}_2/kT}\, e^{i\hat{\mathscr{H}}_2 t_1/\hbar}\,\hat{p}_\gamma\, e^{-i\hat{\mathscr{H}}_2 t_1/\hbar}\right\} C$$

$$= C\,\mathrm{Sp}\left\{e^{-\hat{\mathscr{H}}_2/kT}\hat{p}_\gamma\right\} = \langle \hat{p}_\gamma\rangle$$

$$\left(C^{-1} = \mathrm{Sp}\, e^{-\hat{\mathscr{H}}_2/kT}\right), \qquad (20.3)$$

$$\varphi^{(2)}_{\alpha\gamma}(t, t_1, t_2) = \frac{\langle \hat{a}_\alpha(t)\hat{a}_{-\alpha}\rangle\,\langle \hat{p}_\gamma(t_1)\hat{p}_{-\gamma}(t_2)\rangle}{\langle \hat{a}_\alpha(t)\hat{a}_{-\alpha}\rangle}$$

$$= \langle \hat{p}_\gamma(t_1 - t_2)\hat{p}_{-\gamma}\rangle, \qquad (20.4)$$

Das heißt, die Funktionen $\varphi^{(n)}_{\alpha\gamma}$ sind in diesem Falle gleich den Korrelationsfunktionen der Koordinatenoperatoren $\hat{p}_\gamma$, die in n-ter Näherung bezüglich $\hat{\mathscr{H}}'$ in die vorhergehende Theorie eingingen (die zeitliche Entwicklung der Operatoren $\hat{a}_\alpha$ wurde dabei nicht berücksichtigt). Die Beziehungen (20.3) und (20.4) gelten z. B. für Elektronenparamagnetika, wobei $\hat{\mathscr{H}}_t$ die Wechselwirkung der Kerne mit dem Schall über das Quadrupolmoment und $\hat{\mathscr{H}}'$ die Wechselwirkung der Kerne mit den magnetischen Momenten der paramagnetischen Verunreinigungen darstellt, die infolge der Relaxationsumorientierung der letzteren zeitabhängig ist. In Metallen kann beispielsweise $\hat{\mathscr{H}}'$ von der Bewegung der Leitungselektronen und $\hat{\mathscr{H}}_t$ von der thermischen Bewegung des Gitters abhängen usw.

Wenn der Typ der Wechselwirkungen $\hat{\mathscr{H}}_t$ und $\hat{\mathscr{H}}'$ unterschiedlich ist (der Schall moduliert die lokalen elektrischen Felder, und die Linienbreite wird durch lokale magnetische Felder bestimmt usw.), aber die modulierende Bewegung des Untersystems 2 gleich ist (z. B. thermische Bewegung), so sind die Beziehungen (20.3) und (20.4) angenähert erfüllt. In der Tat kann man annehmen, daß die Korrelation der Amplituden des magnetischen (elektrischen) Feldes zu verschiedenen Zeitpunkten bedeutend größer sein muß als die Korrelation der Werte des elektrischen und magnetischen Feldes untereinander.

Eine Aufteilung der Form (20.1) ist unmöglich, wenn $\hat{\mathscr{H}}_t$ und $\hat{\mathscr{H}}'$ Wechselwirkungen vom gleichen Typ darstellen und durch die gleiche Art innerer Bewegungen moduliert werden. Die Rolle der Funktionen $\langle \hat{p}_\gamma \rangle$ und $\langle \hat{p}_\gamma (t_1 - t_2) \hat{p}_{-\gamma} \rangle$ in der Linienform werden in diesem Falle die Funktionen $\varphi^{(1)}_{\alpha\gamma}(t, t_1)$ und $\varphi^{(2)}_{\alpha\gamma}(t, t_1, t_2)$ spielen, die stark von t abhängen und schneller mit wachsendem t abklingen. Weil die Linienform in der Nähe des Zentrums durch das asymptotische Verhalten von $\psi_{\hat{A}\hat{A}}(t)$ bei $t \to \infty$ bestimmt wird, geben Terme dieser Art im Vergleich zu anderen Wechselwirkungen einen unwesentlichen Beitrag zur Linienform.

Wir berücksichtigen (20.1) bis (20.4) und erhalten für die Autokorrelationsfunktion

$$\begin{aligned} \psi_{\hat{A}\hat{A}}(t) &= \sum_\alpha \langle \hat{a}_\alpha(t) \hat{a}_{-\alpha} \rangle \langle \{ \hat{A}^\alpha(t),\ \hat{A}^{-\alpha} \} \rangle^{(n)} \\ &= \sum_\alpha \frac{\langle \hat{a}_\alpha(t) \hat{a}_{-\alpha} \rangle}{\langle |\hat{a}_\alpha|^2 \rangle} \langle \{ \hat{A}^\alpha(t),\ \hat{A}^{-\alpha} \} \rangle^{(n)} \\ &\equiv \sum_\alpha f_{a_\alpha}(t)\, \overline{\psi}_{A_\alpha A_{-\alpha}}(t), \end{aligned} \tag{20.5}$$

wo $\langle\{\hat{A}^{\alpha}(t), \hat{A}^{-\alpha}\}\rangle^{(n)}$ die Korrelationsfunktion der Operatoren $\hat{A}^{\alpha}$ und $\hat{A}^{-\alpha}$ in n-ter Näherung bezüglich $\hat{\mathscr{H}}'$ darstellt.

Somit ist die gesamte Autokorrelationsfunktion des Operators $\hat{A}_{\alpha}$ das Produkt der Korrelationsfunktion des Koordinatenanteils des Operators $\hat{A}_{\alpha}$

$$f_{a_{\alpha}}(t) = \langle \hat{a}_{\alpha}(t)\hat{a}_{-\alpha}\rangle / \langle |\hat{a}_{\alpha}|^2\rangle \tag{20.6}$$

und der Korrelationsfunktion $\psi_{\hat{A}_{\alpha},\hat{A}_{\alpha}}(t)$, bei deren Berechnung nur die zeitliche Entwicklung des Spinanteils des Operators $\hat{A}_{\alpha}$ berücksichtigt wird. Das heißt, es wird $\hat{a}_{\alpha} = \text{const}$ (Bedingung (16.21)) wie bei den Berechnungen in § 16 bis § 18) angenommen.

Bei der Berechnung der FOURIER-Transformierten von (20.5) liefert die Funktion $f_{a_{\alpha}}(t)$ den Beitrag $(\Delta\omega_{\alpha})_a$ zur Linienbreite $\Delta\omega_{\alpha}$ der akustischen Resonanz bei der Frequenz ω_{α}:

$$\Delta\omega_{\alpha} = (\Delta\omega_{\alpha})_a + (\Delta\omega_{\alpha})_A. \tag{20.7}$$

Hier ist $(\Delta\omega_{\alpha})_A$ die Linienbreite der akustischen Resonanz, berechnet ohne Berücksichtigung der zeitlichen Änderung der Koordinatenanteile des Operators der Spin-Phonon-Wechselwirkung (jedoch unter Berücksichtigung der zeitlichen Entwicklung der Koordinatenanteile der Operatoren $\hat{\mathscr{H}}'$, die die Linie verbreitern). Die Größe $(\Delta\omega_{\alpha})_a$ hängt von der konkreten Form der Korrelationsfunktion $f_{a_{\alpha}}(t)$ ab.

Es liegt keine Notwendigkeit vor, ausführlich bei der Untersuchung des Einflusses der Bewegung auf $(\Delta\omega_{\alpha})_A$ zu verweilen, weil die Formeln für die Berechnung dieser Größe weiter oben gegeben sind. Wie auch im Falle der magnetischen Resonanz $\left((\Delta\omega_{\alpha})_M\right)$ beeinflußt die Bewegung die Breite $(\Delta\omega_{\alpha})_A$ nur über die Modulation des Operators $\hat{\mathscr{H}}'$ und tritt in gleicher Weise bei $(\Delta\omega_{\alpha})_M$ und $(\Delta\omega_{\alpha})_A$ in Erscheinung. Der Einfluß der Bewegung auf $(\Delta\omega_{\alpha})_M$ wird ausführlich in der Arbeit [1] betrachtet (s. auch [5], Abschn. 9).

Es existiert jedoch ein Unterschied: Die isotrope Austauschwechselwirkung kommutiert in der magnetischen Resonanz mit dem Operator $\hat{\mathscr{H}}_t$; dies führt zur Verschmälerung der Resonanzlinien [1]. In der akustischen Resonanz kommutiert bei Wechselwirkung der Kerne mit dem Schall über das Quadrupolmoment der Operator der isotropen Austauschwechselwirkung nicht mit $\hat{\mathscr{H}}_t$ und liefert, wie schon in § 8 bemerkt, einen Beitrag zur Linienbreite.

In der Näherung des starren Gitters haben die Linien die Form von GAUSS-Kurven. Ihre Linienbreite wird durch das zweite Moment $\sigma^2_{\alpha 0}$ bestimmt. In der Näherung des schnell fluktuierenden Gitters besitzen die Linien LORENTZ-Form mit einer Breite $(\Delta \omega_\alpha)_A = \sum \sigma^2_{\alpha\gamma} \tau_\gamma$ (s. § 16). Darum stellt die Ungleichung

$$(\Delta \omega_\alpha)_a + (\Delta \omega_\alpha)_A < \sigma_{\alpha 0} \tag{20.8}$$

die notwendige Bedingung dafür dar, daß die Bewegung die Linie der akustischen Resonanz verschmälert.

Hieraus ist ersichtlich, daß außer der Bedingung

$$\sum_\gamma \sigma^2_{\alpha\gamma} \tau_\gamma < \sigma_{\alpha 0},$$

bei deren Erfüllung die Bewegung die lokalen Felder ausmittelt (Bedingung für Linienverschmälerung in der magnetischen Resonanz), die Bedingung $(\Delta \omega_\alpha)_a < \sigma_{\alpha 0}$ nötig ist, damit die Verbreiterung, die durch Modulation der Wechselwirkung der Kerne mit den akustischen Schwingungen infolge thermischer Bewegung hervorgerufen wird, kleiner als die Linienbreite der akustischen Resonanz beim Fehlen von Bewegung ist.

§ 21. Akustische Resonanz in Flüssigkeiten [11]

Bei den ersten Abschätzungen der Größe der NAR-Absorption [12] wurden die Flüssigkeiten als geeignete Substanzen zur Beobachtung des Effekts angesehen, weil die Linienbreite der magnetischen Resonanz in ihnen wesentlich geringer als in Festkörpern ist. Jedoch hatten die in Kasan und Leningrad sowie die später [13] unternommenen Versuche zum experimentellen Nachweis des Effekts keinen Erfolg[1]). Das wird dadurch erklärlich, daß bei der Abschätzung der Größe des Effekts in der Arbeit [12] nur ein Kanal berücksichtigt wurde, über den die Bewegung auf die akustische Resonanz einwirkt, nämlich die Modulation der die Linie verbreiternden Wechselwirkung $\hat{\mathscr{H}}'$.

Die Notwendigkeit dafür, den Einfluß der Bewegungen auf die Wechselwirkung der Spins mit dem Schall zu berücksichtigen, ist auch aus dem Vergleich folgender Größen ersichtlich. Bei einer Schallintensität $I \approx 1\,\mathrm{W/cm^2}$ und einer Frequenz $\nu = 3 \cdot 10^7$ Hz ist die Schwingungsamplitude der Wassermoleküle gleich $A_0 \approx 0{,}6 \cdot 10^{-6}$ cm. Die relative Verschiebung U_{ij} zweier Teilchen i und j, die sich im Abstand von ungefähr 10^{-8} cm befinden, beträgt etwa 10^{-11} cm, während der mittlere Diffusionsweg eines Moleküls während einer Schwingungsperiode T $A_{0\mathrm{diff}} = \sqrt{2DT} \approx 1 \cdot 10^{-6}$ cm beträgt (Diffusionskoeffizient des Wassers: $D \approx 2 \cdot 10^{-5}\,\mathrm{cm^2/s}$). Darum muß man bei Flüssigkeiten und Gasen den Koordinatenanteil im Spin-Schall-Wechselwirkungsoperator abteilen und seine zeitliche Änderung berücksichtigen. Dazu schreiben wir die Wechselwirkung der Spins mit dem Schall in der Form

$$\hat{\mathscr{H}}_t^j = -\hat{A}^j F_A(t) = -\hat{A}^j \mathrm{E}_0 \cos(\omega t - \boldsymbol{k}\boldsymbol{r}_j), \quad (21.1)$$

$$\hat{A}^j = \sum_\alpha \hat{A}_\alpha{}^j = \sum_\alpha \hat{A}^{j\alpha} \hat{a}_\alpha{}^j(\boldsymbol{r}_{ji}),$$

---

[1]) W. A. SCHUTILOW und L. G. ANTOKOLSKI berichteten dem Autor über vergebliche Versuche, NAR in Flüssigkeiten nachzuweisen. Es wurden untersucht: Protonen in Polymerlösungen (Makroviskosität mehr als 1000 Poise), in Lösungen von Gelatine in Wasser, von Polybutylen in Benzin, von Polyvinylalkohol in Wasser, von Nitrozellulose in Azeton, von Polystyrol in Benzol; Na^{23}-Kerne in wäßriger Gelatinelösung, in flüssigen Silikatgläsern unterschiedlicher Viskosität; verschiedene Kerne von Hydrationen in Elektrolytlösungen und schließlich Al^{27} in kolloider Lösung von $AlCl_3$ in Wasser sowie die Protonen dieser Lösung.

wobei E_0 die Deformationsamplitude darstellt, die durch longitudinale akustische Schwingungen erzeugt wird. Wir setzen voraus, daß sich diese in z-Richtung ausbreiten. Wenn der Schall auf den Kern über die Quadrupolkopplung mit der Umgebung einwirkt, so ergibt sich unter Berücksichtigung von (2.6), (4.8)

$$\hat{A}^{j\alpha} = \hat{Q}^j_{2,\alpha}, \quad \hat{a}_\alpha{}^j(\boldsymbol{r}_{ji}) = (-1)^\alpha \sum_i \frac{\partial}{\partial x_{ji}} \left(\nabla E_\alpha(\boldsymbol{r}_{ji})\right) x_{ji};$$

wenn die Wechselwirkung des Schalls über Dipol-Dipol-Wechselwirkung (4.13) erfolgt, so gilt

$$\hat{A}^{j\alpha} = \hbar \gamma_n{}^j \gamma_n{}^i \{ji\}_\alpha, \quad \hat{a}_\alpha(\boldsymbol{r}_{ji}) = \frac{\partial}{\partial x_{ji}} \left(P^\alpha_{ji}(\boldsymbol{r}_{ji})\right) x_{ji}$$

usw. Infolge der Brownschen Bewegung ist der Abstand $\boldsymbol{r}_{ji}$ (x_{ji}, y_{ji}, z_{ji}) eine statistische Funktion der Zeit. Darum hat auch der Operator $\hat{a}_\alpha{}^j(\boldsymbol{r}_{ji})$ analoge Eigenschaften.

Wir nehmen an, daß die Korrelationsfunktionen der Koordinatenanteile der Operatoren $\hat{\mathscr{H}}_t$ und $\hat{\mathscr{H}}'$ Exponentialfunktionen sind,

$$f_a(t) = e^{-|t|/\tau_a}, \qquad f_\gamma(t) = e^{-|t|/\tau_\gamma}, \tag{21.2}$$

wie dies in der Theorie der Spin-Gitter-Relaxation von Flüssigkeiten üblich ist [14]. Die Parameter τ_a und τ_γ sind Korrelationszeiten[1]). Mit (20.5) und (16.26) erhalten

---

[1]) Nach Definition stellt die Korrelationszeit eine mittlere, für einen bestimmten Bewegungsprozeß charakteristische Zeit dar, in der sich das Molekül um einen Winkel $\approx \pi$ dreht oder sich um eine Entfernung in der Größenordnung seines Durchmessers verschiebt. Die Korrelationszeit eines Teilchens, das als starre Kugel vom Radius a vorausgesetzt wird und sich in einem Medium der Viskosität η befindet, ist bei Translationsdiffusion gleich [14]

$$\tau_c^{tr} = 12\pi\eta a^3/kT \tag{21.3}$$

und bei Rotationsdiffusion [14]

$$\tau_c^{\mathrm{rot}} = 8\pi\eta a^3/l\,(l+1)\,kT, \tag{21.4}$$

wo l die Ordnung der Kugelfunktion darstellt, für die die Korrelationsfunktion berechnet wird.

wir für die Resonanzkurve (LORENTZ-Kurve) eine Linienbreite

$$(\Delta\omega_\alpha)_{\text{flüss}} = \frac{1}{\tau_a} + \sum_{\omega_\gamma \neq 0} \frac{\sigma_{\alpha\gamma}^2 \tau_\gamma}{[1 + \omega_\gamma{}^2 \tau_\gamma{}^2]}. \tag{21.5}$$

Die Korrelationszeiten τ_a und τ_γ sind größenordnungsmäßig gleich, ebenso die zweiten Momente $\sigma_{\alpha\gamma}^2$. In niederviskosen Flüssigkeiten ist $\tau_a \approx \tau_\gamma \approx 10^{-11} \ldots 10^{-12}$ s, daher gilt $\sigma_{\alpha\gamma}\tau_\gamma \ll \omega_\gamma\tau_\gamma \ll 1$, und der zweite Term des Ausdrucks (21.5) ist viel kleiner als die Breite $\sigma_{\alpha 0}$ der gleichen Linie im festen Zustand des Stoffes:

$$\sum_\gamma \sigma_{\alpha\gamma}^2 \tau_\gamma \ll \sigma_{\alpha 0}. \tag{21.6}$$

Eine Bedingung der Form (21.4) führt in der paramagnetischen Resonanz zur Linienverschmälerung.

In der akustischen Resonanz wird die Linienbreite durch den ersten Term von (21.5) bestimmt: $(\Delta\omega_\alpha)_a \approx 1/\tau_a$. Somit ist es in niederviskosen Flüssigkeiten nicht möglich, eine akustische Resonanzabsorption zu beobachten, weil es gegenwärtig nicht gelingt, Schall einer Frequenz zu erzeugen, die größer als diese Linienbreite ist.

Es muß betont werden, daß wir hier die Resonanzabsorption betrachten. Die nichtresonante Schallabsorption durch das Spinsystem wird auch in diesem Falle auftreten; jedoch dürfte es äußerst schwierig sein, sie von der durch die Viskosität verursachten Grundabsorption zu unterscheiden.

Mit größer werdender Viskosität wachsen die Korrelationszeiten. So ist in Glycerin $\tau_a \approx \tau_\gamma \approx 10^{-8}$ s. Der zweite Term von (21.5), der größenordnungsmäßig mit der Linienbreite der magnetischen Resonanz übereinstimmt, beträgt $10^2 \ldots 10^5$ Hz für Kerne und $10^6 \ldots 10^8$ Hz für Elektronen [15]. Folglich übertreffen die akustischen Frequenzen von ungefähr 10^9 Hz, deren Erzeugung in Flüssigkeiten möglich ist, ungefähr um einen Faktor 10 die Linienbreite der akustischen Resonanz in viskosen Flüssigkeiten. Leider wird Schall von solch hoher Frequenz (10^9 Hz) in viskosen Flüssigkeiten stark gedämpft, und der experimentelle Nachweis der ziemlich breiten Absorptionslinien der akustischen Resonanz ist mit großen Schwierigkeiten verbunden [25].

Wir vergleichen die Werte der Absorptionskoeffizienten für Schall, der über den gleichen Mechanismus auf die Spins in der festen (σ_{fest}) und in der flüssigen ($\sigma_{\text{flüss}}$) Phase eines Stoffes einwirkt. Vernachlässigt man dabei die Unterschiede der Temperatur, der Schallgeschwindigkeit und des Aufbaus der näheren Umgebung des paramagnetischen Teilchens beim Phasenübergang, so gilt

$$\frac{\sigma_{\text{flüss}}}{\sigma_{\text{fest}}} \approx \frac{[g_\alpha(\omega)]_{\text{flüss}}}{[g_\alpha(\omega)]_{\text{fest}}} \approx \frac{(\Delta\,\omega_\alpha)_{\text{fest}}}{(\Delta\,\omega_\alpha)_{\text{flüss}}} \approx \frac{\sigma_{\alpha 0}\,\tau_a}{1 + \sum\limits_{\alpha \neq 0} \sigma_{\gamma\alpha}^2\,\tau_\gamma\,\tau_a}.$$

Setzen wir hier für $\sigma_{\alpha\gamma} \approx \sigma_{\alpha 0} \approx 10^{-8}$ s und für $\tau_a \approx \tau_\gamma$ die oben angegebenen Werte ein, so finden wir, daß in viskosen Flüssigkeiten das Verhältnis $\sigma_{\text{flüss}}/\sigma_{\text{fest}}$ für die Kerne in der Größenordnung $10^{-3} \cdots 10^{-5}$ liegt. Für Elektronenspins kann dieses Verhältnis die Größenordnung 1 erreichen. In beiden Fällen wird es mit der Verringerung der Viskosität kleiner.

Es gibt keinen Grund anzunehmen, daß die akustische Resonanz in Flüssigkeiten unmöglich ist, wenn die Wechselwirkung der Spins mit dem Schall aus irgendeinem Grund nur schwach durch thermische Bewegung gestört wird. Die Suche nach solchen Bedingungen ist für die Untersuchung der Eigenschaften von Flüssigkeiten sehr interessant, besonders weil die Experimente in Flüssigkeiten technisch einfacher sind als im Falle von Festkörpern.

Über experimentelle Erfolge auf diesem Gebiet berichtete Bowen [16]. Obwohl seine Resultate teilweise ergänzt und bestätigt werden müssen und die Größe des effektiven Wechselfeldes einer theoretischen Klärung bedarf (s. unten), ist der Versuch Bowens sehr lehrreich.

Seine Untersuchungen zeigen eine der möglichen Richtungen zum Nachweis der NAR in Flüssigkeiten auf. In [16] wurde Ultraschall der Frequenz $\nu = 18$ MHz in eine wäßrige Lösung des Salzes As_2S_3 geleitet. Dieses Salz bildet in der Lösung kolloide Teilchen mit einem mittleren Radius $R \approx 10^{-5}$ cm. Die Lösung befand sich in einem konstanten magnetischen Feld einer solchen Feldstärke, daß der Abstand zwischen zwei Spinniveaus der Protonen des Wassers ($I = 1/2$) 18 MHz betrug. Das Auftreten der NAR-Absorption wurde durch Vergleich der Protonen-NMR-Signale (bei der gleichen Frequenz von ≈ 18 MHz) bei angelegtem bzw. ausgeschaltetem Ultraschall bestimmt. Die Wirkung des Ultraschalls führte zu einer teilweisen Verkleinerung (Sättigung, s. § 9) des NMR-Signals. Die Abschätzungen Bowens zeigten, daß der Einfluß des Ultraschalls der Wirkung eines magnetischen Resonanzwechselfeldes mit einer Amplitude von etwa 13,5 mG in der Lösung äquivalent war.

Das elektromagnetische Feld wird wahrscheinlich durch die von Debye [17] bereits vorausgesagten schwingenden Dipole hervorgerufen, die in Elektrolytlösungen beim Durchgang von Ultraschall entstehen. Eine für Lösungen kolloider Teilchen brauchbare Theorie wurde von Hermans [18] entwickelt, der von folgendem Modell ausging.

Die geladenen kugelförmigen kolloiden Teilchen sind in Lösung von Ionenhüllen umgeben, die ihre Ladungen neutralisieren und völlig den Bewegungen der Teilchen folgen. Die Ladung ist gleichmäßig über die Oberfläche des Teilchens verteilt, und in Ruhe hat die Ionenhülle Kugelsymmetrie. Bei Durchgang von Schall durch die Lösung schwingen infolge der Dichteunterschiede die kolloiden Teilchen mit geringeren Geschwindigkeiten als der umgebende Elektrolyt. Durch die Reibung verliert die Ionenhülle ihre sphärische Form, und das System Teilchen plus Hülle verhält sich wie ein elektrischer Dipol.

Aus den Berechnungen HERMANS' für den Fall, der dem BOWENschen Experiment entspricht ($A_0 \ll R \ll d \ll \lambda$), folgt, daß das Dipolmoment der kolloiden Teilchen in der Richtung mit dem Wellenvektor des Schalls übereinstimmt und gleich

$$p = p_0 e^{i\omega t}, \quad p_0 = C\omega A_0 \cos \boldsymbol{k}\boldsymbol{r}_j \tag{21.7}$$

ist. Dabei ist $C = \varrho R^2 \varepsilon \zeta / 3kT\chi$ eine Konstante für ein bestimmtes Teilchen in einer bestimmten Lösung, $\boldsymbol{r}_j$ ist der Radiusvektor im Laborsystem (A_0, λ, ω: Amplitude, Wellenlänge und Kreisfrequenz des Schalls; ϱ: Reibungskoeffizient für die umgebenden Ionen; ε: Dielektrizitätskonstante des Elektrolyten; ζ: elektrokinetisches Potential der Ionenhülle; χ: charakteristische DEBYE-HÜCKEL-Länge; R: Radius der kolloiden Teilchen; d: ihr mittlerer Abstand).

Die Komponenten der Amplitude des durch einen elektrischen Dipol (21.7) induzierten magnetischen Wechselfeldes sind in einem Koordinatensystem, in dem die z-Achse parallel zu $\boldsymbol{k}$ liegt, an der Stelle $\boldsymbol{r}$ (x, y, z) gleich

$$H_x^k = -\frac{\omega}{c} p_0 \frac{y}{r^3}, \quad H_y^k = \frac{\omega}{c} p_0 \frac{x}{z^3}, \quad H_z = 0 \tag{21.8}$$

($R \ll r \ll \Lambda$, Λ: Wellenlänge der elektromagnetischen Strahlung der Frequenz ω). c stellt die Lichtgeschwindigkeit dar.

Die von BOWEN gegebene Abschätzung des Mittelwertes der Amplitude des Feldes (21.6) lieferte einen Wert von 0,9 mG, der um einen Faktor 15 zu klein ist, um damit den beobachteten Sättigungsgrad des NMR-Protonensignals zu erklären.

Welchen Einfluß hat die thermische Bewegung in diesem Falle? Zunächst muß bemerkt werden, daß beim betrachteten Mechanismus das magnetische Wechselfeld entfernt von den absorbierenden Teilchen an den schwingenden Dipolen entsteht. Dieses Feld kann im Prinzip Spinübergänge induzieren, sogar wenn der Ultraschall überhaupt nicht den Abstand zwischen den Wasserprotonen und den kolloiden Teilchen ändert. Darin besteht der Unterschied zu den bisher betrachteten Mechanismen der Spin-Phonon-Kopplung, bei denen der Ultraschall periodisch die magnetische oder elektrische Wechselwirkung der absorbierenden Teilchen mit der Umgebung beeinflußt. Daher erinnert die Situation hier eher an die Bestrahlung der Kerne durch ein äußeres magnetisches Wechselfeld.

Weiter muß bemerkt werden, daß die Rotationsdiffusion keinen merklichen Beitrag zur Linienbreite der akustischen Resonanz zu liefern braucht. Denn es handelt sich darum, daß die Orientierung eines schwingenden Dipols durch den Wellenvektor des Ultraschalls bestimmt wird und sich nicht bei einer Drehung des kolloiden Teilchens ändert. Das gleiche kann man über die Quantisierungsrichtung (der Energieniveaus) der Protonenspins sagen, die nur durch das äußere konstante Magnetfeld bestimmt wird.

Die Translationsbewegungen der kolloidalen Teilchen ändern den Abstandsvektor $\boldsymbol{r}$ zwischen den schwingenden Dipolen und den Protonen der H_2O-Moleküle. Daher erweist sich die Amplitude des Wechselfeldes (21.8) als statistische Funktion der Zeit und das Feld selbst als nicht monochromatisch. Die Korrelationszeit $\tau_c{}^k$ der Feldamplitude (21.8) (die Korrelationszeit der Translationsbewegung des kolloidalen Teilchens) kann grob durch einen Vergleich mit der Korrelationszeit für Wassermoleküle ($\tau_c{}^W$) abgeschätzt werden. Nach der Definition (21.3) gilt

$$\tau_c{}^k = \tau_c{}^W (R/a)^3 .$$

Dabei sind a und R die Radien des Wassermoleküls und des kolloiden Teilchens. Bei $\tau_c{}^W \approx 10^{-11} \dots 10^{-12}$ s,

$a \approx 10^{-8}$ cm, $R \approx 10^{-5}$ cm ergibt diese Beziehung $\tau_c^k \approx 10^{-2} \dots 10^{-3}$ s.

Die aufgezeigte Analogie zwischen dem Feld eines schwingenden Dipols und dem äußeren Wechselfeld ist wegen des nichtmonochromatischen Dipolfeldes nur beschränkt gültig. Ein anderer Unterschied besteht darin, daß das Feld eines schwingenden Dipols räumlich inhomogen ist. Daher geraten bei der Translationsbewegung der Wassermoleküle die Protonen in Felder unterschiedlicher Größe (21.8), was ebenfalls zu einer statistischen Zeitabhängigkeit der Amplitude des auf sie wirkenden effektiven Feldes führt.

Die Korrelationszeit τ_c^p der Feldamplitude (21.8) an den Protonen, die durch Translationsdiffusion der Wassermoleküle entsteht, kann als die mittlere Zeit definiert werden, im Verlaufe derer sich der Wert $H_{x,y}^k$ e-mal infolge der Translationsbewegung der Wassermoleküle relativ zu den unbeweglichen kolloiden Teilchen ändert. Sie kann in folgender Weise abgeschätzt werden.

Für den Abstand der Wassermoleküle von den schwingenden Dipolen gilt $r > R \approx 10^{-5}$ cm. Das auf das Molekül wirkende Feld $H_{x,y}^k$ ändert sich einige Male, wenn es eine Strecke der Größenordnung r durchläuft. Wenn man annimmt, daß für die Diffusionsbewegung der Wassermoleküle in Lösungen kolloider Teilchen die EINSTEINsche Formel gültig ist, so wird für das Durchlaufen einer Strecke der Größenordnung r eine Zeit $\tau_c^p = \text{const} \cdot r^2$ benötigt. Hieraus erhalten wir durch Vergleich mit τ_c^W

$$\tau_c^p \approx \tau_c^W r^2/(2a)^2 .$$

Setzt man die hier angegebenen Werte für τ_c^W, a und r ein, so erhält man $\tau_c^p \approx 10^{-3} \dots 10^{-4}$ s.

Nimmt man als Korrelationsfunktionen des Feldes wieder die Exponentialfunktionen (21.2), so wird die Linienbreite der NAR-Absorption des nicht monochromatischen Feldes der schwingenden Dipole durch einen

Ausdruck der Form (21.5) gegeben:

$$\Delta\omega_a = \frac{1}{\tau_c^k} + \frac{1}{\tau_c^p} + \Delta\omega_M. \tag{21.9}$$

Hierbei stellt $\Delta\omega_M$ die NMR-Linienbreite der Protonen in der Lösung dar. (Bei der Ableitung des Ausdrucks (21.9) wurde beachtet, daß ohne Berücksichtigung der zeitlichen Änderung des Koordinatenanteils des Operators der Spin-Phonon-Wechselwirkung, der die magnetischen Dipolübergänge anregt, die Linienbreiten der NMR und der NAR gleich sind (s. § 8).)

Somit ist die Linienbreite $\Delta\omega_a$ der akustischen Resonanz von Protonen in einer Lösung kolloider Teilchen um eine Größe der Ordnung $\frac{1}{\tau_c^p} + \frac{1}{\tau_c^k}$ größer als die Linienbreite der magnetischen Resonanz. Weil die Korrelationszeiten τ_c^p und τ_c^k genügend groß sind, schafft die thermische Bewegung keine unüberwindlichen Hindernisse für den Nachweis der akustischen Resonanzabsorption in diesem Falle.

Eine ausführlichere Diskussion der Resultate von [16] und insbesondere ein Vergleich der gemessenen Werte für die mittlere Feldamplitude (21.8) mit den theoretischen ist zur Zeit unmöglich, da die experimentellen Daten über die Linienbreiten der NAR und der NMR fehlen.

Eine andere Möglichkeit, geeignete Bedingungen für die Beobachtung der akustischen Resonanz in Flüssigkeiten zu schaffen, wurde von Assadullin und Kopwillem [19] vorgeschlagen. Ihre Idee besteht in der Anregung von Spinübergängen durch Flüssigkeitsschwingungen im inhomogenen Magnetfeld.

Das konstante Magnetfeld $H^0(\boldsymbol{r})$ sei in Richtung der x-Achse des Laborsystems inhomogen und sein Gradient $G_{\alpha x} = dH_\alpha^0/dx$ konstant.

Die Energieänderung, die ein paramagnetisches Teilchen beim Übergang von einem Punkt x zu einem Punkt mit der Koordinate $x + \delta x$ erfährt, ist gleich

$$\Delta E = \gamma_n \hbar \sum_{\alpha = x,y,z} I_\alpha G_{\alpha x} \delta x .$$

Die Verschiebung δx eines Teilchens setzt sich aus einem thermischen Anteil δx^T und einem Schwingungsanteil δx^S zusammen. Zunächst scheinen, weil $G_{\alpha x}$ koordinatenunabhängig ist, auch in δx die thermischen und Schwingungsanteile additiv einzugehen: $\delta x = \delta x^T + \delta x^S$, so daß die thermische Bewegung überhaupt nicht die Spin-Phonon-Kopplung beeinflußt. Das ist jedoch nur in dem Falle richtig, wenn die Abmessungen der Probe in Richtung der x-Achse wesentlich kleiner als eine akustische Wellenlänge sind:

$$\delta x^S = A_0 \cos \omega t \cos 2\pi \frac{x_i}{\lambda} \approx A_0 \cos \omega t ,$$

dabei ist x_i die Koordinate des i-ten Teilchens. In allen anderen Fällen ist der Kopplungsoperator des Spins i mit dem Schall

$$\hat{\mathscr{H}}_t^i = \gamma_n \hbar \sum_{\alpha = x,y,z} \hat{I}_\alpha^i G_{\alpha x} A_0 \cos \omega t \cos \frac{2\pi x_i}{\lambda} \quad (21.10)$$

eine statistische Zeitfunktion, weil sich bei thermischen Verschiebungen das Teilchen in statistischer Weise zwischen den Knoten und Bäuchen der akustischen Welle bewegt.

Dieser Umstand (der in Arbeit [19] nicht berücksichtigt wurde) kann die Linie der akustischen Resonanz wesentlich verbreitern. Dazu muß man die Korrelationsfunktion der statistischen Größe $y(t) = \cos(2\pi x_i(t)/\lambda)$ berechnen.

Nach Definition wird die Funktion

$$\varphi(t_1 t_2) = \iint y_1(t_1)\, y_2(t_2)\, P(y_1, y_2; t_1, t_2)\, p(y_1, t_1)\, dy_1\, dy_2 \quad (21.11)$$

Korrelationsfunktion der statistischen Größe y genannt. Die Integration ist über alle möglichen Werte von y_1

und y_2 durchzuführen; y_1 und y_2 sind dabei die Werte von y zu den Zeiten t_1 und t_2. $p(y_1, t_1)$ stellt die Wahrscheinlichkeit dafür dar, daß zur Zeit $t = t_1$ $y = y_1$ ist, und $P(y_1, y_2; t_1, t_2)$ die bedingte Wahrscheinlichkeit dafür, daß $y = y_2$ bei $t = t_2$ ist, wenn zur Zeit $t = t_1$ die Größe y gleich γ_1 war.

Der Ort des Teilchens i zur Zeit t ist die statistische Größe, für die wir uns hier interessieren. Weil das Teilchen in jedem Punkt des Probevolumens mit gleicher Wahrscheinlichkeit sein kann, gilt

$$p(x_{i1}, t_1) = 1/V. \tag{21.12}$$

Um die Wahrscheinlichkeiten $P(x_{i1}, x_{i2}; t_1, t_2)$ zu bestimmen, muß man berücksichtigen, daß sich bei Drehung des Teilchens die Energie (21.11) nicht ändert und darum die Rotationsdiffusion keinen Einfluß auf die akustische Absorption hat. Die bedingte Wahrscheinlichkeit $P(x_{i1}, x_{i2}; t_1, t_2)$ wird bei Translationsdiffusion durch den Ausdruck

$$P(r_{i1}, r_{i2}, \tau) = (4\pi D\tau)^{-3/2} \exp\left\{-\frac{(r_{i1} - r_{i2})^2}{4D\tau}\right\} \tag{21.13}$$

gegeben; hierbei ist $\tau = t_2 - t_1$ und D der Diffusionskoeffizient.

Wir setzen $y_1 = \cos(2\pi x_i/\lambda)$ zusammen mit (21.12) und (21.13) in (21.11) ein, woraus wir nach Übergang zur eindimensionalen Integration

$$\varphi(\tau) = \frac{1}{2l(4\pi D\tau)^{1/2}} \int dx_1 \int dx_2 e^{-\frac{(x_1-x_2)^2}{4D\tau}} \times [\cos k(x_1 - x_2) + \cos k(x_1 + x_2)]$$

erhalten, wo l die Länge der Probe in x-Richtung angibt ($l \gg \lambda$). Wir ändern die Variablen durch Einführung der Größen $U_1 = x_1 - x_2$ und $U_2 = x_2$ und erstrecken die Integrationsgrenzen für U bis $\pm\infty$ (die Funktion

$e^{-U^2/4D\tau}$ klingt bei großem U schnell ab). Damit folgt

$$\varphi(\tau) = \frac{1}{2\sqrt{4\pi D\tau}} \int_{-\infty}^{+\infty} dU \cos kU\, e^{-U^2/4D\tau} = \frac{1}{2}\, e^{-k^2/D\tau}. \tag{21.14}$$

Die Korrelationsfunktion der Größe $\cos\left(kx_i(t)\right)$ ist also eine Exponentialfunktion (21.2), wobei der Parameter[1])

$$\tau_c^\lambda = \lambda^2/4\pi^2 D \tag{21.15}$$

die Korrelationszeit darstellt. Für Wassermoleküle ist z. B. $\tau_c^\lambda = 1{,}4 \cdot 10^3\, \lambda^2$ s ($D = 1{,}85 \cdot 10^{-5}$ cm²/s).

Die Linienbreite der NAR ist im betrachteten Falle gleich

$$\Delta\omega_a = \frac{2\pi^2 D}{\lambda^2} + \Delta\omega_M. \tag{21.16}$$

Hierbei stellt $\Delta\omega_M$ die Linienbreite der magnetischen Resonanz beim Vorhandensein des Feldgradienten dar.

---

[1]) Man darf nicht die Korrelationszeit τ_c^λ der statistischen Funktion $y(t) = \cos(2\pi x/\lambda)$ mit der Korrelationszeit τ_c^{tr} der Translationsdiffusion (21.3) verwechseln, die in der Theorie der Spin-Gitter-Relaxation von Flüssigkeiten benutzt wird. In der Relaxationstheorie werden die Wechselwirkungen benachbarter Teilchen betrachtet, die sich in einer Entfernung der Größenordnung des Teilchendurchmessers d befinden. Die Verlagerung eines Moleküls um eine Entfernung der Größenordnung d ändert wesentlich die Stärke der Wechselwirkung, und darum taucht in der Relaxationstheorie die Zeit τ_c^{tr} auf, die nötig ist, damit sich ein Molekül um eine Strecke d verlagern kann: $\tau_c^{tr} = d^2/2D$ $(D = kT/3\pi d\eta)$. Die Funktion $y(t) = \cos(2\pi x/\lambda)$ ändert sich wesentlich bei Ortsänderungen der Moleküle in der Größenordnung einer Wellenlänge λ.

Natürlich wird das Verhältnis dieser Zeiten durch das Verhältnis von λ/d bestimmt: $\tau_c^\lambda/\tau_c^{tr} = \frac{1}{\pi^2}(\lambda/d)^2$. Insbesondere entspricht dieses Verhältnis dem EINSTEINschen Gesetz, was oben für die Abschätzung der Zeit τ_c^p, die in die akustische Linienbreite (21.9) eingeht, ausgenutzt wurde.

Die notwendige Bedingung dafür, daß die Linie der akustischen Resonanz bei einem vorhandenen Feldgradienten und bei thermischer Bewegung beobachtbar bleibt, ist die Ungleichung $\Delta_a \omega \ll \omega_0$ (ω_0: Resonanzfrequenz). Diese Bedingung hat in den Fällen, in denen magnetische Resonanz beobachtet wird ($\Delta \omega_M \ll \omega_0$), die Form

$$2\pi D \ll v\lambda \tag{21.17}$$

(v: Schallgeschwindigkeit). Man sieht, daß die Bedingung (21.15) leicht zu erfüllen ist.

In der Arbeit von Saripow [20] wird die akustische Resonanzabsorption in Lösungen betrachtet, die Komplexe enthalten. Das Zentralatom des Komplexes ist starr von 4 oder 6 Molekülen (Liganden) umgeben, die seiner Bewegung folgen. Die thermischen und akustischen Schwingungen verschieben ($\boldsymbol{U}_j$) die Liganden nur wenig aus ihren Gleichgewichtspositionen ($\boldsymbol{R}_j^0$) bezüglich des Komplexzentrums.

Es scheint, daß hier ein Fall vorliegt, der einem Festkörper ähnelt (s. § 22): Da $\boldsymbol{U}_j$ klein im Vergleich zu $\boldsymbol{R}_j^0$ ist, kann man sich bei der Reihenentwicklung der Wechselwirkung des Zentralatoms mit den Liganden j auf lineare Glieder $\boldsymbol{U}_j = \boldsymbol{U}_j^A + \boldsymbol{U}_j^T$ beschränken. Dabei gehen die Beiträge der akustischen ($\boldsymbol{U}_j^A$) und thermischen ($\boldsymbol{U}_j^T$) Verschiebung getrennt ein:

$$\hat{\mathscr{H}}_j(\boldsymbol{R}_j^0 + \boldsymbol{U}_j) = \hat{\mathscr{H}}_j(\boldsymbol{R}_j^0) + \nabla_{\boldsymbol{R}_j^0} \hat{\mathscr{H}}_j(\boldsymbol{R}_j^0)\,(\boldsymbol{U}_j^A + \boldsymbol{U}_j^T).$$

In Wirklichkeit existiert eine solche Aufteilung nicht. Wir betrachten den Operator der Spin-Phonon-Kopplung ausführlicher:

$$\hat{\mathscr{H}}_t = \sum_j x_j^0 \frac{\partial}{\partial x_j^0} \hat{\mathscr{H}}_j\,(R_j^0)\, k A_0 \cos \omega t \cos k x_j^0. \tag{21.18}$$

Als x-Achse des Laborsystems wurde die Schallausbreitungsrichtung $\boldsymbol{k}$ gewählt. x_j^0 ist die Koordinate des Liganden j im Laborsystem.

Wenn der Komplex nur der Translationsdiffusion unterworfen ist, hängt die Größe $x_j^0 \frac{\partial}{\partial x_j^0} \mathscr{H}_j$ nicht von der Zeit ab, weil sich der Vektor $\boldsymbol{R}_j^0$ parallel zu sich verschiebt. Nichtsdestoweniger kann wegen der statistischen Zeitabhängigkeit von x_j^0 oder $\cos kx_j^0$ der Operator (21.18) keine Linienbreite der akustischen Resonanz ergeben, die kleiner als $1/\tau_c^\lambda$ ist. Die Korrelationszeit τ_c^λ wurde schon in (21.15) berechnet: $\tau_c^\lambda = \lambda^2/4\pi^2 D$. Hierin sind λ die akustische Wellenlänge und D der Diffusionskoeffizient des Komplexes.

Wenn der Komplex eine Rotationsdiffusion ausführt, so erweist sich wegen der statistischen Abhängigkeit der Größe $x_j^0 \frac{\partial}{\partial x_j^0} \mathscr{H}_j$ von der Zeit die Linienbreite der akustischen Resonanz um $1/\tau_c^{\mathrm{rot}}$ größer als die Breite der magnetischen Resonanz. τ_c^{rot} ist die Korrelationszeit der Rotationsdiffusion (21.4).

Haben schließlich die Ligandenmoleküle endliche Verweilzeiten τ_r im Komplex, so ändert sich der Operator (21.10) bei jedem Austreten eines Liganden aus dem Komplex, das im Mittel in Abständen von τ_r erfolgt, statistisch. Dies führt ebenfalls zu einer Verbreiterung der Linien der akustischen Resonanz um einen Betrag der Größenordnung $1/\tau_r$.

Somit stellt die akustische Resonanzabsorption von Atomen in Komplexen keine Ausnahme von der Theorie der akustischen Resonanz in Flüssigkeiten dar: Eine Resonanzabsorption ist nur im Falle großer Korrelationszeiten möglich.

Wie die durchgeführten Abschätzungen der Korrelationszeit für Wassermoleküle zeigten, braucht die Translationsdiffusion nicht wesentlich die Linie der akustischen Resonanz der Komplexe zu verbreitern; das hängt davon ab, um wieviel der Diffusionskoeffizient der Komplexe kleiner als beim Wasser ist.

Die endliche Verweilzeit eines Liganden im Komplex muß berücksichtigt werden, weil übliche Werte von τ_r im Bereich von $10^{-4} \ldots 10^{-9}$ s liegen. Jedoch existieren Komplexe, bei denen die Liganden fest an das Zentralatom gebunden sind und für die praktisch $1/\tau_r \to 0$ geht. Darum stellt für die Beobachtung der akustischen Resonanz in Lösungen, die Komplexe enthalten, die Rotationsdiffusion das Haupthindernis dar. Die typischen Korrelationszeiten dafür liegen für Komplexe in nicht zu viskosen Flüssigkeiten im Gebiet von $10^{-9} \ldots 10^{-10}$ s.

§ 22. Einfluß der molekularen Bewegung auf die Linienbreite der NAR in Festkörpern

Bisher haben wir stillschweigend angenommen, daß in Festkörpern die thermische Bewegung nicht die Wechselwirkung der Spins mit dem Schall stört. Wir wollen nun diskutieren, welchen Einfluß die thermische Bewegung des Gitters hat. Der Gleichgewichtsabstand $\boldsymbol{R}_{ji}^0$ zwischen den Atomen j und i wird durch die thermische Bewegung des Gitters verändert, so daß der momentane Abstand $\boldsymbol{r}_{ji}$ zwischen ihnen gleich

$$\boldsymbol{r}_{ji} = \boldsymbol{R}_{ji}^0 + \boldsymbol{U}_{ji}^T, \quad U_{\alpha ji}^T = \sum_{\beta = x,y,z} E_{\alpha\beta}^T R_{\beta ji}^0, \tag{22.1}$$

wird. $E_{\alpha\beta}^T$ stellt die durch die Phononen erzeugte Deformation des Kristalls dar (7.5).

Die Wechselwirkung der Spins mit dem Schall hängt über die Größe $\boldsymbol{r}_{ji}$, die in den Operator der Spin-Phonon-Kopplung (4.7) eingeht, von der thermischen Bewegung ab. Infolge der kleinen durch die Phononen verursachten Deformationen ($E_{\alpha\beta} \ll 1$) kann diese Abhängigkeit in der Form

$$\hat{\mathscr{H}}_t{}^i = \sum_j \operatorname{grad}_{R_j^0} \hat{\mathscr{H}}(\boldsymbol{R}_{ji}^0, \hat{\boldsymbol{I}}_i)\, U_{ji}^A)$$
$$+ \sum_{j,\alpha,\beta} \frac{\partial^2 \hat{\mathscr{H}}^i(\boldsymbol{R}_{ji}^0, \hat{\boldsymbol{I}}_i)}{\partial x_\alpha\, \partial x_\beta}\, U_{\alpha ji}^T U_{\alpha ji}^A + \cdots$$

geschrieben werden. Praktisch wird für feste Körper immer der erste Term dieses Ausdrucks verwendet, d. h., es wird angenommen, daß $U^T \approx 0$ ist (Näherung des starren Gitters).

Die linearen und höheren Terme der Entwicklung nach U^T geben die Übergangswahrscheinlichkeiten zwischen den Spinniveaus unter dem gleichzeitigen Einfluß eines akustischen Schwingungsquants und eines oder mehrerer thermischer Phononen. Jedoch sollen diese Fragen hier nicht behandelt werden.

Außer den Schwingungen um die Gleichgewichtslage können die Atome eines Festkörpers unter bestimmten Bedingungen von einem Gitterpunkt zu einem anderen springen, d. h. eine Translationsdiffusion ausführen. Dabei ändern sich die Koordinaten der Atome im Mittel einmal während einer für den Stoff charakteristischen Zeit τ_r sprunghaft.

Eine strenge Berechnung der Korrelationsfunktionen der Koordinatenoperatoren führt zu ziemlich umfangreichen Ausdrücken [21]. Jedoch werden qualitativ gute Resultate bei Voraussetzung eines einfachen exponentiellen Abklingens der Korrelationsfunktionen der Koordinatenfunktionen für wachsendes τ erhalten:

$$f_a(\tau) = \exp(-\tau/\tau_a).$$

Die Verwendung einer solchen Korrelationsfunktion für die Koordinatenanteile des Operators der Spin-Phonon-Kopplung führt zu einem zusätzlichen Beitrag der Größenordnung $1/\tau_r$ zur Linienbreite.

Der Einfluß der Translationsdiffusion auf die magnetische Resonanz wurde am ausführlichsten in Alkalimetallen untersucht [22], wo diese Bewegung bei Zimmertemperatur die lokalen elektrischen und magnetischen Felder ausmittelt. Dadurch wird die NAR-Linie stark verschmälert, und die Spin-Gitter-Relaxationsprozesse $(1/T_1)$ liefern den größten Beitrag zur Linienbreite.

Unter diesen Bedingungen ist die Linienbreite der NAR gleich

$$\Delta \omega_a = \frac{1}{\tau_r} + \frac{3}{T_1};$$

dabei stellt T_1 die Relaxationszeit durch Leitungselektronen dar. Die Korrelationszeit τ_r kann so kurz sein, daß sie den Grundbeitrag zur Linienbreite der NAR liefert. Beispielsweise beträgt in metallischem Natrium bei $T = 217\,\mathrm{K}$ $\tau_r \approx 10^{-6}$ s. Jedoch wächst τ_r schnell mit sinkender Temperatur, so daß dieser Beitrag durch Abkühlung der Probe zum Wegfallen gebracht werden kann.

Wir betrachten nun einen Beitrag zur Linienbreite der NAR, der von einer anderen Form der thermischen Bewegung herrührt, nämlich von der Umorientierung der magnetischen Momente der paramagnetischen Teilchen infolge Relaxation. Wenn die Wahrscheinlichkeit eines Relaxationsübergangs zwischen den Spinniveaus eines paramagnetischen Teilchens gleich W^T ist, so erfolgt im Mittel in jedem Zeitintervall der Größenordnung $T_1 = 1/W^T$ eine Änderung der Orientierung seines magnetischen Momentes.

In jenen Fällen, wo die Schallabsorption am Kern durch elektrische Quadrupolwechselwirkung erfolgt, führt eine Umorientierung der benachbarten magnetischen Momente genauso zur Ausmittelung ihrer Beiträge zur Linienbreite der NAR wie bei der magnetischen Resonanz. Erfolgt die Einwirkung des Schalls auf den zu untersuchenden Spin über den Weg der periodischen Modulation seiner Wechselwirkung mit den benachbarten paramagnetischen Teilchen, so entsteht durch die Relaxationsumorientierung ein für die akustische Resonanz spezifischer Beitrag zur Linienbreite.

Wir betrachten als Beispiel die NAR-Absorption in festen Elektronenparamagnetika durch Kerne mit einem Spin 1/2, die also kein Quadrupolmoment besitzen.

Der Operator der Spin-Phonon-Wechselwirkung für reine Kernübergänge wird in diesem Fall durch den Ausdruck (4.14) gegeben:

$$\begin{aligned}\hat{\mathcal{H}}_t^{ji} &= -A E_{xx}(t) = -[\hat{a}(\boldsymbol{r}_{ji})\, \hat{S}_z^j \hat{I}_+^i \\ &\quad + \hat{a}^*(\boldsymbol{r}_{ji})\, \hat{S}_z^j \hat{I}_-^i]\, E_{xx}(t), \\ \hat{a}(\boldsymbol{r}_{ji}) &= -\gamma_e \gamma_n \hbar^2\, 3 \sin\theta_{ji} \cos\theta_{ji} \cos\varphi_{ji} \\ &\quad \times (5 \sin\theta_{ji} e^{-i\varphi_{ji}} - 1)/2 r_{ji}^3,\end{aligned} \tag{22.2}$$

und der HAMILTON-Operator des Gitters besteht aus zwei Teilen

$$\hat{\mathcal{H}}_2 = \hat{\mathcal{H}}_e + \hat{\mathcal{H}}_T,$$

$$\hat{\mathcal{H}}_e = \hat{\mathcal{H}}_z + \hat{\mathcal{H}}', \qquad [\hat{\mathcal{H}}_z, \hat{\mathcal{H}}_T] = 0.$$

Dabei ist $\hat{\mathcal{H}}_T$ der Energieoperator für die thermische Bewegung der Atome des Paramagnetikums, $\hat{\mathcal{H}}_e$ der HAMILTON-Operator des paramagnetischen Ions, der das Spektrum des Elektronenspins ($\hat{\mathcal{H}}_z$) und seine Spin-Spin- sowie Spin-Gitter-Wechselwirkung ($\hat{\mathcal{H}}'$) beschreibt. Der Einfachheit halber werden wir annehmen, daß das Spektrum des Elektronenspins (wie auch des Kernspins) nur durch Wechselwirkung mit dem konstanten äußeren Magnetfeld bestimmt wird: $\hat{\mathcal{H}}_z = -\hbar\omega_e \hat{S}_z$.

Nach den Ergebnissen von § 20 hat die Autokorrelationsfunktion des Operators $\hat{A}_+ = \hat{a}(r_{ji})\, \hat{S}_z^i \hat{I}_+^j$ die Form

$$\psi_{\hat{A}_+\hat{A}}(t) = f_a(t)\, f_{S_z}(t)\, \psi_{\hat{A}_+, \hat{A}_-}(t),$$

wobei

$$f_a(t) = \langle \hat{a}\big(\boldsymbol{r}_{ji}(t)\big)\, \hat{a}^*(\boldsymbol{r}_{ji})\rangle / \langle |\hat{a}(\boldsymbol{r}_{ji})|^2\rangle,$$

$$f_{S_z}(t) = \langle \hat{S}_z(t)\, \hat{S}_z\rangle / \langle |\hat{S}_z|^2\rangle$$

ist und die Korrelationsfunktion $\overline{\psi}_{\hat{A}_+\hat{A}_-}(t)$ ohne Berück sichtigung der zeitlichen Entwicklung der Operatoren $\hat{a}(\boldsymbol{r}_{ji})$ und $\hat{S}_z$ berechnet wird.

Wir betrachten nicht Prozesse, bei denen gleichzeitig die Absorption von akustischen Schwingungsquanten und thermischen Phononen erfolgt, und setzen $f_a(t)$ gleich Eins. Die Korrelationsfunktion

$$\psi_{\hat{S}_z,\hat{S}_z}(t) = \langle|\hat{S}_z{}^2|\rangle f_{\hat{S}_z}(t) = \langle\hat{S}_z(t)\,\hat{S}_z\rangle = \langle e^{i\hat{\mathscr{H}}_z t/\hbar}\,\hat{S}_z e^{-i\hat{\mathscr{H}}_z t/\hbar}\,\hat{S}_z\rangle$$

wird nach der in § 16 dargelegten Methode berechnet. Gleichung (16.29), die sowohl für Elektronen- als auch für Kernspins gültig ist, ergibt

$$\psi_{\hat{S}_z,\hat{S}_z}(t) = \langle\hat{S}_z{}^2\rangle \exp\left\{it\,(\omega\alpha - \delta_\alpha{}^{(1)} + \delta_\beta{}^{(2)}) - |t|\sum_j \sigma^2_{\alpha\gamma}\,\tau_\gamma{}' - \frac{\sigma^2_{\alpha 0}\,t^2}{2}\right\}.$$

Weil der Operator $\hat{S}_z$ mit der Zeeman-Energie $\hat{\mathscr{H}}_z$ kommutiert, hat er in $\hat{\mathscr{H}}_z$-Darstellung keine Nichtdiagonalelemente. Das entspricht in den Bezeichnungen von § 16 $\alpha = 0$ und $\omega_\alpha = \alpha\,\omega_0 = 0$. Aus dem gleichen Grund ergibt der in $\hat{\mathscr{H}}_z$-Darstellung diagonale Anteil $\hat{\mathscr{H}}'$ keinen Beitrag zur Korrelationsfunktion des Operators $\hat{S}_z$. Daher ist die Verschiebung erster Ordnung $\delta_\alpha{}^{(1)}$ und der Beitrag zur Linienbreite von der statistischen Streuung des lokalen Feldes $\sigma^2_{\alpha 0}$ (bei $\alpha = 0$) gleich Null. Man kann auch zeigen, daß $\delta_\alpha{}^{(2)}$ bei $\alpha = 0$ Null ist.

Daher hat die Korrelationsfunktion des Operators $\hat{A}_+$ die Form

$$\psi_{\hat{A}_+ A_-}(t) = e^{-\Delta_s t}\,\langle|\hat{S}_z{}^2|\rangle. \tag{22.3}$$

Hier fällt der Parameter $\Delta_s = \sum_{\gamma \neq 0} \sigma^2_{0\gamma}\,\tau_\gamma$ angenähert mit der reziproken Spin-Gitter-Relaxationszeit $1/T_{1e}$ (s. § 16) des Elektronenspins zusammen.

In § 8 wurde gezeigt, daß bei den Auswahlregeln für magnetische Dipolübergänge die Linienbreiten der NAR und der NMR gleich sind, wenn es möglich ist, die Zeitabhängigkeit des Gitteranteils des Operators der Spin-Phonon-Kopplung zu vernachlässigen. Darum ist die

Linienbreite der NAR, die durch die Korrelationsfunktion $\overline{\psi}_{A_+A_-}(t)$ hervorgerufen wird, gleich der NMR-Linienbreite $\Delta\omega_M$. Infolge der zeitlichen Änderung des Operators $\hat{S}_z$ erhält die gesamte NAR-Linienbreite einen zusätzlichen Beitrag $\Delta\omega_a \approx \Delta_s$ und ist gleich

$$\Delta\omega_a \approx 1/T_{1e} + \Delta\omega_M. \tag{22.4}$$

Bei Zimmertemperatur kann $1/T_{1e}$ $\Delta\omega_M$ um einige Größenordnungen übersteigen. Die Relaxationszeit T_{1e} hängt stark von der Temperatur ab. Darum wird bei hinreichend tiefen Temperaturen der Beitrag der Elektronenrelaxationsprozesse unwesentlich, und die Linienbreiten von NAR und NMR werden gleich.

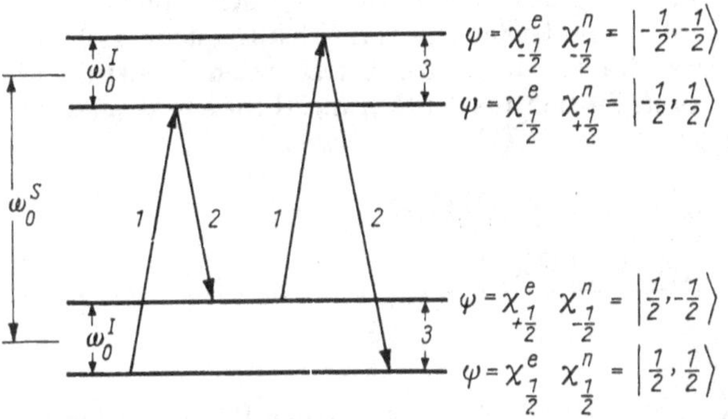

Abb. 10. Schema des indirekten Prozesses der Schallabsorption durch Kerne in Elektronenparamagnetika [23]

Ein anderer Mechanismus für die Absorption des Schalls durch die Kerne in einem Elektronenparamagnetikum wurde von MURTASIN betrachtet [23]. In Abb. 10 sind die ZEEMAN-Energieniveaus von einem Elektronenspin ($S = 1/2$) und einem Kernspin ($I = 1/2$) zusammen mit den Wellenfunktionen $\psi_{m_S m_I}$ dargestellt. Diese Wellenfunktionen sind Produkte der Eigenfunktionen des Elektronenspins $\chi_m{}^S$ und des Kernspins $\chi_m{}^I$.

Der Prozeß der Schallabsorption, der in Arbeit [23] angenommen wird, besteht aus zwei Teilen. Anfangs erfolgt unter dem Einfluß der Elektronenspin-Phonon-Wechselwirkung $\hat{\mathscr{H}}_{tS}$ der Übergang $\langle\chi^S_{1/2}\chi^I_{\pm 1/2}| \to |\chi^S_{-1/2}\chi^I_{\pm 1/2}\rangle$, danach überführt die Elektronen-Kern-Dipol-Dipol-Wechselwirkung das System aus dem Zustand $\langle\chi^S_{-1/2}\chi^I_{\pm 1/2}|$ in den Zustand $|\chi^S_{1/2}\chi^I_{\mp 1/2}\rangle$ (in Abb. 10 sind diese Übergänge durch die Pfeile 1 und 2 bezeichnet). Insgesamt befindet sich das System Kern + Elektron nunmehr auf einem Energieniveau, das sich von der Anfangsenergie um $\pm\hbar\omega_0{}^I$ unterscheidet. Diese Energie wird aus dem Energiereservoir der erzwungenen akustischen Schwingungen absorbiert oder an es abgegeben. Die erwähnten Prozesse erfolgen virtuell; daher ist in der ersten Stufe die Erfüllung des Energieerhaltungssatzes nicht erforderlich (d. h. die Gleichheit von Schallfrequenz und $\omega_0{}^S$).

Das Matrixelement des betrachteten Zweistufenübergangs ergibt sich aus der Störungstheorie in zweiter Näherung:

$$\langle\chi^S_{1/2}\chi^I_{\pm 1/2}| \to |\chi^S_{1/2}\chi^I_{\pm 1/2}\rangle$$
$$= \frac{\langle\chi^S_{1/2}\chi^I_{\pm 1/2}|\hat{\mathscr{H}}_{tS}|\chi^S_{-1/2}\chi^I_{\pm 1/2}\rangle\,\langle\chi^S_{-1/2}\chi^I_{\pm 1/2}|\hat{\mathscr{H}}^{IS}_{g-g}|\chi^S_{1/2}\chi^I_{\mp 1/2}\rangle}{E'_{\text{zw}} - E_{\text{anf}}}; \tag{22.5}$$

dabei ist $E_{\text{zw}} - E_{\text{anf}} = \hbar\omega_0{}^S$ der Energieabstand von Zwischen- und Anfangszustand.

Für die Berechnung der Absorption und der Linienform dieses Zweiquantenprozesses führt man bequemerweise den effektiven Operator

$$\hat{\mathscr{H}}^t_{\text{eff}} = \sum_{\alpha\beta\gamma\delta} D_{\alpha\beta\gamma\delta}\hat{I}_\alpha\hat{S}_\beta E_{\alpha\gamma}(t)$$

ein. Hierbei ist $E_{\alpha\gamma}(t)$ die durch den Schall erzeugte Deformationsamplitude, und $D_{\alpha\beta\gamma\delta}$ sind Konstanten, die so definiert sind, daß die Matrixelemente von $\hat{\mathscr{H}}^t_{\text{eff}}$ mit den Matrixelementen von (22.5) übereinstimmen [24]. Die

Einführung des effektiven Operators erlaubt es, den Zweistufenprozeß in linearer Theorie zu behandeln, in dem $\hat{\mathscr{H}}^t_{\text{eff}}$ als Wechselwirkungsoperator mit dem äußeren Wechselfeld betrachtet wird [24].

Wir verweisen den Leser bezüglich Details auf die Originalarbeit [23] und bemerken nur, daß $\hat{\mathscr{H}}^t_{\text{eff}}$ die Operatoren des Elektronenspins enthält, deren zeitliche Änderung unbedingt berücksichtigt werden muß. Dadurch wird ein zusätzlicher Beitrag zur NAR-Linienbreite gegeben, der in der Größenordnung $1/T_{2e}$ bei Operatoren $\hat{S}_\pm$ und in der Größenordnung $1/T_{1e}$ beim Operator $\hat{S}_z$ liegt. T_{1e} und T_{2e} sind die longitudinale bzw. die transversale Elektronenrelaxationszeit.

Wir bilden das Verhältnis der Wahrscheinlichkeit (P_i^A) für die NAR-Übergänge, die über den oben betrachteten indirekten Prozeß der Übertragung der akustischen Energie auf das Spinsystem erfolgen, zur Wahrscheinlichkeit des direkten Übergangs (P_d^A) (durch Pfeil 3 in Abb. 10 bezeichnet), der durch den Kern-Hamilton-Operator $\hat{\mathscr{H}}_{\text{nt}}$ (und nicht durch den Elektronen-Hamilton-Operator $\hat{\mathscr{H}}_{\text{et}}$) der Spin-Phonon-Wechselwirkung induziert wird:

$$\frac{P_i^A}{P_d^A} \sim \left(\frac{\hat{\mathscr{H}}^t_{\text{eff}}}{\hat{\mathscr{H}}_{\text{nt}}}\right)^2 \frac{g_i(\nu)}{g_d(\nu)} \sim \left(\frac{\hat{\mathscr{H}}_{\text{et}}}{\hat{\mathscr{H}}_{\text{nt}}}\right)^2 \left(\frac{\hat{\mathscr{H}}^{IS}}{\hbar\omega_S^0}\right)^2 \frac{1/T_{1e} + \Delta\nu_n}{1/T_{2e} + \Delta\nu_n}. \tag{22.6}$$

Dabei sind $g_i(\nu) \approx (1/T_{2e} + \Delta\nu_n)^{-1}$ und $g_d(\nu) \approx (1/T_{1e} + \Delta\nu_n)^{-1}$ die Linienformfunktionen für den indirekten bzw. den direkten Prozeß der Schall-Resonanzabsorption; $\Delta\nu_n$ ist die NMR-Linienbreite in dieser Substanz. Weil die in die rechte Seite von (22.6) eingehenden Verhältnisse im allgemeinen den Ungleichungen

$$(\hat{\mathscr{H}}_{\text{et}}/\hat{\mathscr{H}}_{\text{nt}})^2 \gg 1, \quad (\hat{\mathscr{H}}^{IS}/\hbar\omega_0^S)^2 \ll 1 \quad \text{und}$$

$$T_{2e} \ll T_{1e} \lessapprox 1/\Delta\nu_n$$

genügen, so kann die Größe P_i^A/P_d^A sowohl kleiner als auch größer Eins werden. Es ist nötig, die Abschätzung für jeden Stoff getrennt durchzuführen.

Nach einer von MURTASIN [23] für F^{19}-Kerne in CaF_2-Einkristallen mit paramagnetischen Verunreinigungen durchgeführten Abschätzung beträgt der NAR-Absorptionskoeffizient σ_i bei indirekten Prozessen im Temperaturgebiet des flüssigen Heliums etwa 10^{-24} $(\omega_0^I)^2$ cm^{-1}. Dieser Wert ist größer als der NAR-Absorptionskoeffizient σ_d für direkte Prozesse ($P_i^A > P_d^A$) und sogar vergleichbar mit den Werten von σ für den elektrischen Quadrupolmechanismus der Spin-Phonon-Kopplung bei Zimmertemperatur.

Literatur

[1] R. KUBO, K. TOMITA, J. Phys. Soc. Japan **9**, 888, 1954.
[2] R. KUBO, J. Phys. Japan **12**, 570, 1957.
[3] N. G. KOLOSKOWA, U. C. KOPWILLEM, Shurn. eksper. teor. Fis. **38**, 1351, 1960.
[4] A. R. KESSEL, Isw. Kasanskogo filiala AN SSSR, serija fis.-matem. nauk, wyp. **1**, 43, 1961.
Dissertation, Staatliche Universität Kasan, 1962.
[5] A. ABRAGAM, The Principles of Nuclear Magnetism, Oxford 1961.
[6] A. R. KESSEL, Fis. Metallow i Metallowedenie **14**, 17, 1962.
[7] L. L. MJASNIKOW, Akust. Shurn. **6**, 347, 1960.
[8] D. I. KNIGHT, Solid State Physics, Vol. 2, New York 1956, S. 193.
[9] A. R. KESSEL, Fis. Metallow i Metallowedenie **23**, 837, 1967.
[10] A. R. KESSEL, Phys. Probleme der Spektroskopie (russ.), Bd. II, Verlag AN SSSR, S. 89.
[11] A. R. KESSEL, Fis. Metallow i Metallowedenie **13**, 801, 1962.
[12] S. A. ALTSCHULER, Shurn. eksper. teor. Fis. **28**, 49, 1955.
[13] L. O. BOWEN, Brit. J. Appl. Phys. **15**, 1451, 1964.
[14] N. BLOEMBERGEN, E. M. PURCELL, R. V. Pound, Phys. Rev. **73**, 679, 1948.

[15] W. I. Awwakumow, N. S. Garifjanow, E. I. Semenowa, Shurn. eksper. teor. Fis. **39**, 1215, 1960.
[16] L. O. Bowen, Proc. Phys. Soc. **87**, 717, 1966.
[17] P. Debye, J. Chem. Phys. **1**, 13, 1933.
[18] I. I. Hermans, Phil. Mag. **25**, 426, 1938; **26**, 674, 1938.
[19] J. J. Assadulin, U. C. Kopwillem, Zusammenfassung der Vorträge, die auf einer Konferenz anläßlich des 20. Jahrestages des KFTI AN SSSR gehalten wurden, Kasan, 1966, S. 44.
[20] M. M. Saripow, Einige Fragen der Physik der Flüssigkeiten (russ.), Kasan 1965, Bd. 1, S. 22.
[21] H. C. Torrey, Phys. Rev. **92**, 962, 1953; **96**, 690, 1954.
[22] H. S. Gutowsky, Phys. Rev. **83**, 1073, 1951; H. S. Gutowsky, B. R. Garvey, J. Chem. Phys. **1**, 2114, 1951.
[23] S. F. Murtasin, Fis. twerd. Tela **8**, 1848, 1966; Dissertation, Staatliche Universität Kasan, 1966.
[24] A. R. Kessel, U. C. Kopwillem, Fis. twerd. Tela **5**, 667, 1963.
[25] G. L. Antokolzki, W. A. Schutilow, Kernmagnetische Resonanz (russ.), Verlag der Staatlichen Universität Leningrad, Bd. 2, 1968, S. 130.
[26] N. G. Koloskowa, U. C. Kopwillem, Fis. twerd. Tela **4**, 697, 1962, Phys. Probleme der Spektroskopie (russ.), Bd. III, Verlag AN SSSR, 1963, S. 133.

5. Die experimentellen Methoden der NAR

Die Absorption der akustischen Energie durch das Spinsystem erweist sich als kleiner Beitrag im Vergleich zur spinunabhängigen („Gitter"-)Dissipation der akustischen Energie. Die NAR-Absorptionskoeffizienten σ liegen gewöhnlich zwischen 10^{-9} und 10^{-9} cm^{-1} und werden nicht größer als 10^{-5} der „Gitter"-Absorption.[1])

[1]) Eine Ausnahme bilden die Ferro- und Antiferromagnetika, wo der Wert von σ die erwähnten Größen übertrifft. Jedoch entstehen dort Schwierigkeiten anderer Art, die mit der großen Resonanzlinienbreite in Zusammenhang stehen.

Mit den klassischen Methoden der Ultraschallakustik kann man Schalldämpfungen messen, die den Wert von 10^{-3} nicht übertreffen. Ein analoges Problem wurde bei der magnetischen Resonanz erfolgreich gelöst. Die entwickelten Methoden erlauben es, Dämpfungsänderungen von Hochfrequenzschwingungen der Größenordnung von 10^{-6} zuverlässig zu messen. Deshalb ist es ganz natürlich, daß gegenwärtig in allen experimentellen NAR-Untersuchungen die Methoden der magnetischen Resonanz angewandt werden.

In diesem Abschnitt werden nicht die in der Literatur ausführlich beschriebenen Teile der NMR-Technik, die von der NAR übernommen werden, betrachtet. Es werden nur kurz einige spezifische, mit der Akustik in Zusammenhang stehende Fragen der experimentellen Methoden der NAR beleuchtet. Die Details der einzelnen Experimente werden im folgenden Abschnitt bei der Analyse der experimentellen Resultate angeführt.

§ 23. Die Proben für die NAR-Untersuchungen

Die experimentellen Untersuchungen der NAR in Festkörpern werden an Einkristallen durchgeführt. Zur Verringerung der spinunabhängigen Schallabsorption wählt man Proben mit hoher Homogenität und einer geringen Zahl von Gitterdefekten aus. Die linearen Probenabmessungen liegen gewöhnlich zwischen einem und einigen Zentimetern. Die Stirnflächen der Proben, die senkrecht zur Schallausbreitungsrichtung stehen, müssen optisch eben und parallel sein.[1]) Für die Zwecke der akustischen Resonanz kann man mit Erfolg Laserkristalle

[1]) Für die Seitenflächen ist ein Grobschliff ausreichend. In einer Reihe von Fällen weichen die Begrenzungsflächen des Kristalls absichtlich von der Parallelität um einige Grad ab, um eine große akustische Energiedichte in der Probe zu ergeben [2, 3].

oder ihre Kristallmatrizen, die auf optische Genauigkeit bearbeitet sind, benutzen.

Der auf diese Weise bearbeitete Kristall ist ein Resonator für die akustischen Schwingungen. In ihm kann nur ein diskretes Spektrum stehender akustischer Wellen angeregt werden. Diese müssen die Bedingung der mecha-

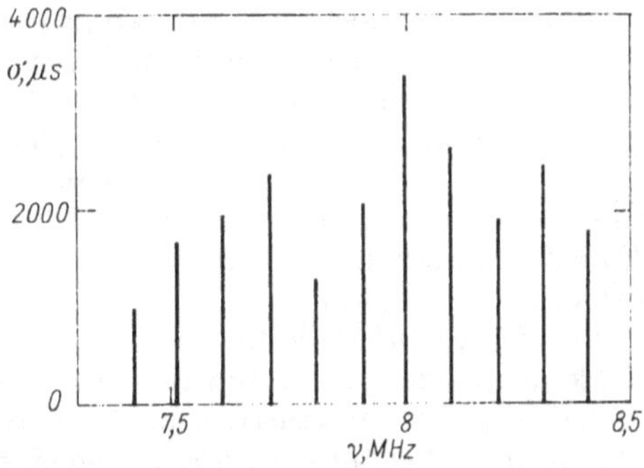

Abb. 11. Frequenzabhängigkeit der Leitfähigkeit eines piezoelektrischen Transducers, der mit der Probe verbunden ist

nischen Resonanz erfüllen: auf die Probenlänge in Schallausbreitungsrichtung paßt nur eine ganze Zahl von Halbwellen. In der Abb. 11, die der Arbeit [4] entnommen wurde, ist die Leitfähigkeit σ eines piezoelektrischen Transducers, der mit einem KJ-Einkristall verbunden ist, als Funktion der Frequenz dargestellt. Die Leitfähigkeit ist bis auf die Punkte der mechanischen Resonanz, wo sie als gerade Linien der entsprechenden Höhe dargestellt ist, überall sehr klein. Die Linienbreite der mechanischen Resonanz liegt in der Größenordnung von 100 Hz und kann wegen ihrer geringen Größe nicht maßstabsgetreu dargestellt werden.

Die typischen Werte der akustischen Güte Q der benutzten Proben liegen zwischen 10^3 und 10^5 (nach Definition ist $Q = \nu/\Delta\nu$, wobei ν die Resonanzfrequenz und $\Delta\nu$ die Breite der mechanischen Resonanz sind).

Als Schallgeneratoren werden piezoelektrische Quarztransducer benutzt, die auf eine der mechanischen Resonanz der Probe entsprechende Frequenz abgestimmt werden. Quarzplättchen im X-Schnitt dienen der Erzeugung longitudinaler Kompressionswellen, während transversale Scherwellen durch Quarzplättchen im Y-Schnitt erzeugt werden.

Der Kontakt des piezoelektrischen Transducers mit dem zu untersuchenden Kristall wird durch verschiedene Verbindungsmedien realisiert. Dazu benutzt man gewöhnlich Metalle (insbesondere Indium), die verschiedensten Kitte, Leime usw. In der Mehrheit der Fälle muß man die Verbindungsmedien durch Probieren passend zusammenstellen. Eine gute Zusammenstellung darüber findet man in der Übersicht von Tucker [5].

Es gibt Mitteilungen über die Benutzung von Lamellen mit der Dicke eines Viertels der akustischen Wellenlänge als Koppelglied zwischen akustischem Generator und Probe. Bekanntlich ist es für die Übertragung einer maximalen Leistung vom Generator zur Last unumgänglich, daß der Eingangswiderstand der Last (Z_L) gleich dem Innenwiderstand des Generators (Z_G) sein muß. Infolge der Forderungen, denen die Herstellung der Proben und Transducer durch die Bedingungen des Experimentes und der Technologie unterworfen sind, kann man die Widerstände Z_L und Z_G nicht auf beliebige Weise variieren. Kann man Schichten mit einer Dicke eines Viertels der akustischen Wellenlänge zwischen Generator und Last (Probe) herstellen, so ist der Generator belastet mit einem Eingangswiderstand von [6]

$$Z_{\text{Eing}} = Z_{\text{Sch}}^2 / Z_L ,$$

wobei Z_{Sch} der Widerstand des Verbindungsmediums Transducer—Probe ist. Wenn das Verbindungsmedium so ausgewählt wird, daß $Z_{\text{Sch}} = \sqrt{Z_G Z_L}$ ist, dann wird Z_{Eing} gleich Z_G, und somit ist die Übereinstimmung gewährleistet.

Die Abschirmung der Probe von störenden, hochfrequenten elektromagnetischen Feldern, die den piezoelektrischen Vibrator anregen, ist ein anderes kompliziertes technisches Problem. Trifft dieses Feld auf die Probe, kann es Spinübergänge anregen und somit die Beobachtung der akustischen Effekte erschweren.

Zur Vermeidung der Einstreuung des Störfeldes bringt man die Transducer in einem metallischen Gehäuse unter, und auf die Oberfläche der Probe, an der der Transducer befestigt wird, wird eine dünne metallische Schicht aufgetragen. In einigen Fällen werden auf den Seitenflächen dünne Metallschichten aufgetragen. Außerdem wurde im Versuch von Proctor und Tanttila [7] beispielsweise der Transducer von der Probe durch einen stangenförmigen NaCl-Einkristall mit einer Länge von 7 cm, der den Schall gut leitet, getrennt.

Zur Prüfung, ob die beobachteten Effekte zum NAR-Gebiet gehören oder ob sie durch ein störendes Hochfrequenzfeld erzeugt werden, kann man eine der folgenden Methoden benutzen. Man ersetzt den piezoelektrischen Quarz durch einen Kristall mit gleichen Ausmaßen, der aber keine piezoelektrischen Eigenschaften besitzt, und führt ihm eine hochfrequente Spannung der gleichen Frequenz und Amplitude zu. Dadurch verschwinden die akustischen Effekte, und es bleiben nur die parasitären übrig.

Eine andere Methode besteht in der Anregung des Transducers mit einer Frequenz, die relativ zur ursprünglichen, einer mechanischen Resonanz entsprechenden verschoben ist. Die akustischen Effekte müssen kleiner werden, weil der Transducer in diesem Fall praktisch keinen Schall abstrahlt.

Es ist ebenfalls nützlich, falls die Möglichkeit dazu besteht, die Signalintensitäten bei Frequenzen, die $(\Delta m = \pm 1)$- und $(\Delta m = \pm 2)$-Übergängen im Spinsystem entsprechen, zu vergleichen. Der Einfluß des Störfeldes ist für den Fall der $(\Delta m = \pm 1)$-Übergänge bedeutend größer, weil für ein elektromagnetisches Feld die ($\Delta m = \pm 2$)-Übergänge „verboten" sind und ihre Intensität gegenüber den erlaubten ($\Delta m = \pm 1$)-Übergängen um den Faktor $\sim(\Delta \omega/\omega_0)^2$ kleiner ist, wobei $\Delta \omega$ die Linienbreite und ω_0 die Resonanzfrequenz sind.

§ 24. Methoden zur Messung der durch Schall in Festkörpern erzeugten Deformationsamplituden

Um quantitative Informationen über die Eigenschaften des Spinsystems zu erhalten, müssen die NAR-Ergebnisse in vielen Fällen durch rein akustische Messungen an den gleichen Proben ergänzt werden. Insbesondere ist es notwendig, die Ultraschallenergiedichte oder die Amplitude der Ultraschallschwingungen in der Probe zu messen. Das hängt damit zusammen, daß die Übergangswahrscheinlichkeit P^A der Spins unter dem Einfluß akustischer Schwingungen dem Quadrat der Deformation E_0^2 (siehe (6.4)) proportional ist. Zur Bestimmung der Tensorkomponenten S_{jk} aus den gemessenen Werten P^A braucht man E_0^2 (die restlichen Parameter, die in P^A eingehen, sind bekannt).

Die Mehrzahl der Methoden zur Messung der Deformationsamplituden, die gute Ergebnisse in Flüssigkeiten und Gasen liefern, erwiesen sich für die NAR als völlig unbrauchbar, weil hier E_0 für vergleichsweise hohe akustische Frequenzen ($\nu \geqq 1$ MHz) in festen Proben kleiner Ausmaße gemessen werden muß. Diese Messungen werden noch dadurch erschwert, daß sich die Proben im engen Raum zwischen Magnetpolschuhen, aber auch in Kryostaten mit flüssigem Helium oder Stickstoff befinden.

Alers und Fleury [8] verglichen einige experimentelle Methoden zur Messung der durch Ultraschall erzeugten Deformationen E_0 und fanden, daß sie ähnliche Resultate mit einer Genauigkeit bis zu 20% geben. In Arbeit [8] wurden folgende vier Methoden betrachtet.

a) Berechnung von E_0 aus dem äquivalenten elektrischen Widerstand. Im Standardwerk über Akustik [9] wird gezeigt, daß die Deformationsamplitude E_0 in einem Festkörper, der mit einem von Luft umgebenen $\lambda/2$-Quarztransducer verbunden ist, durch den Effektivwert V_{eff} der Wechselspannung, die an den Transducer angelegt ist, auf folgende Weise ausgedrückt werden kann:

$$E_0 = \sqrt{8}\beta V_{eff}/vZ,$$

wobei $\beta = \varepsilon_{jk} \cdot B/t$, ε_{jk} die piezoelektrische Konstante des Quarzes, B und t die Fläche bzw. Dicke des Quarzes, Z und v die akustische Impedanz und Schallgeschwindigkeit in der Probe sind. Weil die akustische Impedanz dem elektrischen Widerstand proportional ist ($R = Z/4\beta^2$) [9], kann man aus der Messung des letzteren E_0 erhalten:

$$E_0 = \frac{V_{eff}}{\sqrt{2}\,\beta R v}. \tag{24.1}$$

Diese Beziehung gilt für alle Spannungswerte V.

b) Messung von E_0 mit Hilfe der optischen Diffraktion. Eine andere in [8] dargelegte Methode der E_0-Messung beruht auf der Erscheinung der Lichtbeugung an Schallwellen, die dabei die Rolle des Beugungsgitters spielen. Die Richtung des gestreuten Lichtes in bezug zum auffallenden Licht wird durch den Beugungswinkel θ_k bestimmt:

$$\sin \theta_k = k\Lambda/\lambda,$$

wobei k eine ganze Zahl, Λ und λ die Wellenlänge des Lichtes bzw. des Schalls sind. Die Intensität des gestreuten Lichtbündels I_k der k-ten Ordnung ist in Übereinstimmung mit der Theorie von Raman und Nath [10] gleich

$$I_k = \text{const}\, J_k^2(x),$$

wobei $J_k(x)$ die Bessel-Funktion k-ter Ordnung, $x = 2\pi \Delta n L/\Lambda$ und $L \Delta n$ die durch den Schall hervorgerufene Änderung der optischen Dichte des Mediums mit dem Brechungsindex n_0 sind. In Festkörpern ist x gewöhnlich klein, und wir haben somit näherungsweise

$$I_1/I_0 \approx \frac{x^2}{4} = \left(\frac{\pi L n_0{}^3 \varepsilon_{jk}}{2\Lambda}\right)^2 \mathrm{E}_0{}^2. \qquad (24.2)$$

Die letzte Gleichung wurde mit Hilfe der Beziehung $\Delta n = (n_0{}^3 \varepsilon_{jk}/2)\,\mathrm{E}_0$ gefunden; ε_{jk} ist dabei die piezoelektrische Konstante [10]. Indem man das Verhältnis der Intensitäten von gestreuten Lichtbündeln verschiedener Ordnungen mißt, kann man die mittlere Deformationsamplitude bestimmen. In Festkörpern gelingt es im Bereich der in der NAR benutzten Ultraschallfrequenzen, einige gestreute Lichtbündel niedrigster Ordnung zu registrieren.

c) Die kalorimetrische Methode der E_0-Messung. Die Methode besteht in der Messung des durch den Ultraschall hervorgerufenen Temperaturanstiegs in der Probe. Außerdem müssen die schwer zu bestimmenden Energieverluste durch Abfluß in die Umgebung bestimmt werden. Aus diesem Grund fand diese Methode in der akustischen Resonanz keine Anwendung und wird hier nicht weiter betrachtet.

d) Bestimmung von E_0 aus NAR-Messungen. Hier werden die Sättigungseffekte der NMR-Linien unter dem Einfluß von Ultraschall der Resonanzfrequenz ausgenutzt (siehe Abschn. 2). Faktisch erlaubt diese Methode, nur das Produkt $S_{jk}\mathrm{E}_0$ zu messen, wobei jedoch der Spin-Phonon-Wechselwirkungstensor unbekannt und viel schwieriger zu bestimmen ist. Im folgenden Paragraphen wird gezeigt, daß die Sättigung der NMR-Linien durch Ultraschall gleichzeitig mit den davon unabhängigen Messungen von E_0 für die Bestimmung von S_{jk} benutzt wird. Die von Alers und Fleury erhaltene gute Übereinstimmung der Resultate dieser Meßmethode mit den Ergebnissen der anderen Verfahren bestätigt die Verwendung der akustischen Sättigungsmethode zur Bestimmung des S-Tensors.

Einige Autoren [11] sind der Ansicht, daß die Berechnung der Deformationen E_0 aus den Meßdaten des äquivalenten elektrischen Widerstandes mit großen Fehlern verbunden ist und daß man, um zuverlässigere Daten zu gewinnen, unmittelbare Messungen der Parameter des akustischen Feldes in der Probe durchführen muß.

Eine originelle Methode zur Behandlung dieses Problems beschrieben Taylor und Bloembergen [12], die die Schwingungsamplitude der freien Stirnseite der Probe durch die Messung des Wechselstromes der Ultraschallfrequenz ω bestimmten. Dieser Wechselstrom entsteht bei Schwingungen des Kondensators, der durch diese freie Stirnseite, die mit einer dünnen Metallschicht belegt ist, und eine feste, ebene Metallelektrode gebildet wird. Die Stirnfläche der Probe und die Elektrode, die beide mit einer hohen Genauigkeit bearbeitet wurden, sind parallel zueinander mit einem Abstand von d_0 (0,02 cm) angebracht. An die Elektroden wurde die Spannung V_0 (185 V) angelegt, wodurch auf dem Belag folgende Ladung entstand:

$$q = V_0 C = V_0 S / 4\pi d .$$

C und S sind die Kapazität des Kondensators bzw. die Fläche seiner Platten. Bei periodischer Änderung der Entfernung zwischen den Kondensatorplatten $d = d_0 + A_0 \cos \omega t$ $(A_0 \ll d_0)$ fließt folgender Strom:

$$i = (V_0 S \omega A_0 / 4\pi d_0^2) \sin \omega t = (V_0 C_0 \omega A_0 / d_0) \sin \omega t \tag{24.3}$$

$(C_0 = S/4\pi\delta_0 = 3{,}6\ \mathrm{pF})$, dessen Messung es erlaubt, E_0 zu bestimmen.

Eine weitere Methode zur Messung der Schwingungsamplitude E_0 der freien Stirnfläche von festen Proben arbeiteten Michailow und Schutilow [13] aus. Auf der freien Fläche der Probe brachten sie einen dünnen Metallstreifen der Länge l an. Bei Schwingungen im konstanten Magnetfeld entsteht an seinen Enden eine EMK $\mathcal{E}$, die der Bewegungsgeschwindigkeit der Stirnfläche $U = \omega A_0 \cos \omega t$ proportional ist:

$$\mathcal{E} = \mathcal{E}_0 \cos \omega t = \omega A_0 B l \cos \omega t \tag{24.4}$$

mit der Verschiebungsamplitude A_0, der Ultraschallfrequenz ω und der magnetischen Induktion B. Die Messung von $\mathcal{E}_0$ erlaubt es, die Amplitude A_0 und durch sie die anderen Parameter des Schallfeldes zu bestimmen. Obwohl diese Methode vergleichsweise einfach ist, kann man sie leider für die akustischen Resonanzuntersuchungen an Quadrupolresonanzniveaus wegen des Fehlens des konstanten Magnetfeldes nicht anwenden.

Bei der Herleitung der Beziehung (24.4) wurde vorausgesetzt, daß alle Teile der leitenden metallischen Schicht sich gleich bewegen. Es ist offensichtlich, daß das nur für $l \ll L$ erfüllt ist, wobei L die Breite des Schallstromes ist. Bei $l \geqq L$ entstehen Abweichungen von der linearen Proportionalität zwischen $\mathcal{E}_0$ und l. Die Berechnungen der entsprechenden Funktion $\mathcal{E}_0(l)$ für diesen Fall werden durch die Messungen gut bestätigt [13]. Das zeigt eine Möglichkeit dieser Methode zur experimentellen Untersuchung der Verteilung der Deformationsamplituden über den Querschnitt des Festkörpers.

§ 25. Akustische Sättigung der magnetischen Resonanz

In den ersten experimentellen Arbeiten zum Nachweis der Existenz der unmittelbaren Wechselwirkung des Schalls mit dem Spinsystem wurde von Proctor und Mitarbeitern [7, 14] eine indirekte Methode benutzt, die in der Beobachtung der Änderung (Sättigung) der NMR-Linie bei

Anregung akustischer Schwingungen der Resonanzfrequenz in der Probe besteht. Die Sättigungsmethode fand in der Folge breite Anwendung, sowohl in der NAR als auch in der akustischen Elektronenresonanz, wobei zwei Methoden, die stationäre und nichtstationäre (Impuls-) akustische Sättigung, benutzt wurden.

A. Impulsweise akustische Sättigung

Das Wesen dieser Methode der akustischen Sättigung besteht im Vergleich der Kerninduktionssignale, die durch zwei gleiche elektromagnetische Impulse angeregt werden, zwischen denen ein akustischer Impuls liegt [7, 14].

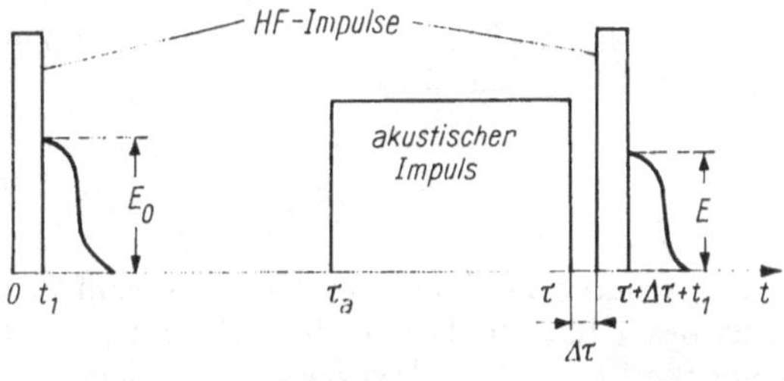

Abb. 12. Typische Impulsfolge für Experimente mit impulsweiser akustischer Sättigung

Die Länge des elektromagnetischen Impulses t_i ist bedeutend kürzer als die Spin-Spin- und Spin-Gitter-Relaxationszeit, so daß die Bedingungen für die Impulsanregung nichtstationärer Prozesse erfüllt sind (siehe § 12). Dagegen ist die Länge des akustischen Impulses τ_a größer als die Spin-Gitter-Relaxationszeit T_1, damit sich im Spinsystem eine stationäre akustische Sättigung einstellt (siehe Abschn. 2).

Auf Abb. 12 ist die für die Experimente mit akustischer Sättigung durch Impulse charakteristische Reihenfolge der benutzten Impulse dargestellt. Der erste elektromagnetische Impuls wirkt auf das Spinsystem, das sich mit dem Gitter im Gleichgewicht befindet. Unter diesen Bedingungen regt er ein Signal der freien Präzession an, dessen Amplitude $\mathcal{E}_0$ der Präzession der Magnetisierung proportional ist:

$$M_+{}^I(t) = i M_0 \sin \alpha_M e^{i\omega t - \frac{\sigma^2 t^2}{2}}, \tag{25.1}$$

wobei die Bezeichnungen mit denen der Beziehung (14.7) zusammenfallen ($\psi_M = 0$). Zur Zeit $t = \tau_a$ ist das Signal der freien Präzession abgeklungen, und $M_z(t)$ hat sich seinem Gleichgewichtswert M_0 angenähert.

Zum Zeitpunkt $t = \tau_a$ wird der akustische Generator eingeschaltet. Bis zum Moment seines Abschaltens bei $t = \tau$ wird sich in der Probe eine stationäre Sättigung einstellen ($\tau - \tau_a > T_1$), in deren Resultat die Magnetisierung der Probe gleich (9.14) ist:

$$M_z = \frac{M_0}{1 + T_1 P^A}. \tag{25.2}$$

Ist der Abstand $\Delta\tau$ zwischen dem Moment des Abschaltens des Ultraschalls und dem Beginn des zweiten elektromagnetischen Impulses bedeutend kleiner als T_1, dann ist die Beziehung (25.2) die Anfangsbedingung für diesen Impuls. Die Signalamplitude der freien Präzession $\mathcal{E}$ wird mit dieser Anfangsbedingung proportional der Größe

$$M_+{}^{II}(t) = i M_0 [1 + T_1 P^A]^{-1} \sin \alpha_M e^{i\omega(t-\tau) - \frac{\sigma^2 (t-\tau)^2}{2}}. \tag{25.3}$$

Indem man das Verhältnis von $\mathcal{E}$ zu $\mathcal{E}_0$ bestimmt, d. h. $M_+{}^I(t = \tau)/M_+{}^{II}(0)$, hat man die Möglichkeit, die durch den Schall induzierte Übergangswahrscheinlichkeit P^A zu bestimmen, wenn die Spin-Gitter-Relaxationszeit T_1 bekannt ist:

$$\mathcal{E}_0/\mathcal{E} = 1 + T_1 P^A. \tag{25.4}$$

Die Bestimmung von T_1 wird gewöhnlich mit zwei elektromagnetischen 90°-Impulsen durchgeführt. In Abb. 13 ist die Größe der z-Komponente der Magnetisierung des Kernspinsystems bei Einwirkung zweier 90°-Impulse dargestellt. Am Ende des ersten Impulses ist nach (14.7) $M_z = 0$ ($\alpha_M = 90°$).

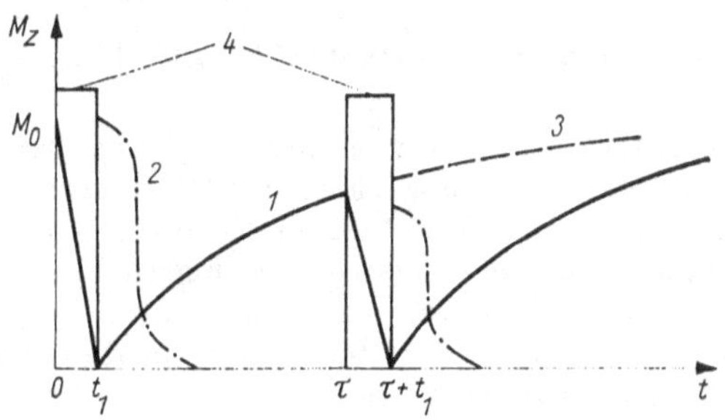

Abb. 13. Zeitabhängigkeit der Magnetisierungskomponente M_z des Kernspinsystems, auf das zur Messung der Spin-Gitter-Relaxationszeit zwei elektromagnetische Impulse einwirken. 1 – $M_z(t)$; 2 – Signale der freien Präzession; 3 – Aufbau von M_z bis zum Gleichgewichtswert M_0 bei fehlendem zweiten Impuls; 4 – elektromagnetische Impulse

Danach nähert sich M_z infolge der Relaxationsprozesse seinem Gleichgewichtswert M_0. Mit der Anfangsbedingung $M_z(t_1) = 0$ wird der Wiederaufbau der Magnetisierung durch folgendes Gesetz beschrieben (siehe (9.17)):

$$M_z(t) = M_0[1 - e^{-(t-t_1)/T_1}]. \tag{25.5}$$

Für den zweiten bei $t = \tau$ eingeschalteten Impuls ergibt sich die Anfangsbedingung aus der Beziehung (25.5) mit $t = \tau$, und das Signal der freien Präzession wird proportional zu

$$M_+(t) = i M_0 \left[1 - e^{-\frac{(\tau - t_1)}{T_1}}\right] \sin \alpha_M e^{i\omega(t-\tau) - \frac{\sigma^2 (t-\tau)^2}{2}}. \tag{25.6}$$

Indem man das Verhältnis der Amplituden der Signale der freien Präzession nach dem zweiten (25.6) und dem ersten (25.1) Impuls mißt, erhält man die Relaxationszeit aus der Beziehung

$$\mathscr{E}(\tau)/\mathscr{E}_0 = 1 - e^{-(\tau - t_1)/T_1}. \tag{25.7}$$

B. Stationäre akustische Sättigung [1, 2, 15, 16]

Bei der stationären akustischen Sättigung vergleicht man die Größe der magnetischen Resonanzabsorption ohne und mit stationärer Ultraschalleinwirkung.

Die akustischen Schwingungen verringern die Differenz der Besetzungszahlen auf den Spinniveaus, oder, was dasselbe ist, sie verringern die z-Komponente der Kernmagnetisierung auf den Wert

$$M_z = M_0[1 + T_1 P^A + T_1 P^M]^{-1}$$

(M_0 ist die Gleichgewichtsmagnetisierung, T_1 die Spin-Gitter-Relaxationszeit, P^A und P^M die durch Ultraschall bzw. ein elektromagnetisches Feld induzierten Übergangswahrscheinlichkeiten).

Im § 9 wurde gezeigt, daß die vom Spinsystem aus dem äußeren Wechselfeld absorbierte Energie proportional M_z ist. Ein Vergleich der Intensitäten der magnetischen Resonanzabsorption ohne akustische Sättigung I_0 und mit Sättigung durch Schall I gibt

$$\frac{I_0}{I} = \left(\frac{M_0}{M_z}\right) = 1 + T_1 P^A + T_1 P^M. \tag{25.8}$$

Daraus kann P^A bestimmt werden, wenn vorher die Spin-Gitter-Relaxationszeit T_1 und der Sättigungsfaktor durch das elektromagnetische Feld $T_1 P^M$, der bei nachfolgender Ultraschalleinwirkung unverändert bleibt, gemessen wurden. In Verbindung mit einer davon unabhängigen Bestimmung der akustischen Energiedichte oder der Amplitude der akustischen Deformation in der Probe kann daraus der Spin-Phonon-Kopplungstensor bestimmt werden.

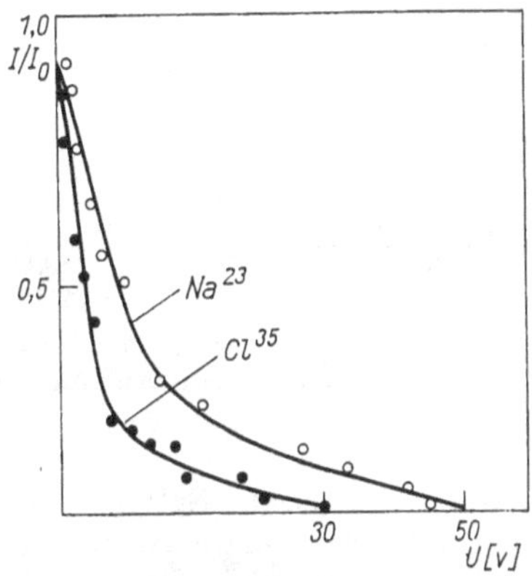

Abb. 14. Verlauf der Kernmagnetisierung von Na^{23} und Cl^{35} in NaCl-Einkristallen in Abhängigkeit von der Spannung U an den Quarztransducern, die in den Einkristallen Schwingungen bei der doppelten LARMOR-Frequenz anregten [17]

In den akustischen Sättigungsexperimenten ist die Messung von M_0/M nicht auf irgendeine bestimmte Größe des Deformationstensors E_0 beschränkt. Gewöhnlich studiert man die Abhängigkeit des Verhältnisses M_0/M von der Amplitude der am akustischen Schwinger liegenden Hochfrequenzspannung, d. h. im Grunde genommen von der akustischen Energiedichte in der Probe. Eine andere Form der Messung besteht in der Registrierung des Verhältnisses M_0/M in Abhängigkeit von der Ultraschallfrequenz, wobei die anderen Parameter konstant gehalten werden, was die NAR-Linienform ergibt. Typische Beispiele der Abhängigkeit M_0/M von der akustischen Energiedichte und der akustischen Frequenz zeigen die Abbildungen 14 und 15.

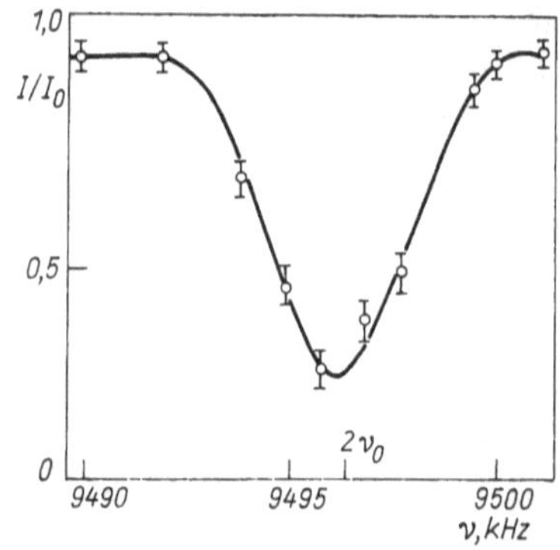

Abb. 15. Linienform der akustischen Resonanz der Na^{23}-Kerne in NaCl bei doppelter LARMOR-Frequenz und konstanter akustischer Leistung [14]

Die stationäre akustische Sättigungsmethode hat gegenüber der Impulssättigung einen wesentlichen Mangel. Dieser besteht darin, daß unter dem Einfluß der akustischen Sättigung sich nicht nur die Intensität, sondern auch die Form der magnetischen Resonanzlinie ändert. Diesen Sachverhalt zu berechnen ist ziemlich schwierig. Außerdem erfordert die Auswertung der Meßergebnisse die Messung der Relaxationszeit T_1, die sich ebenfalls mit Impulsmethoden einfacher bestimmen läßt. Daher ist es zweckmäßig, die stationäre akustische Sättigung in den Fällen zu benutzen, wo die Eigenschaften des Spinsystems die Anwendung der Impulsmethoden erschweren: im Fall breiter oder aufgespaltener Linien, langer Relaxationszeiten usw.

§ 26. Die direkte Methode der NAR-Absorption

BOLEF und MENES [4, 18] entwickelten die direkte Methode der Beobachtung der Energieabsorption aus akustischen Schwingungen durch Kernspinsysteme, die es erlaubt, Dämpfungen der Größenordnung von 10^{-8} bis 10^{-9} cm^{-1} bei Frequenzen bis zu 10^9 Hz nachzuweisen. Es war möglich, die Spinabsorption von der wesentlich größeren Gitterabsorption zu trennen, weil sie Resonanzcharakter besitzt: die Intensität der Spinabsorption hat ein scharf ausgeprägtes Maximum, wenn bei langsamer Änderung des konstanten Magnetfeldes die Abstände zwischen den Spinniveaus die Werte erreichen, die der Frequenz der akustischen Schwingungen entsprechen. Die Grundabsorption ist praktisch vom Magnetfeld unabhängig.

Die Anordnung von Bolef und Menes [4] besteht aus der Kombination des von ihnen entwickelten „zusammengesetzten akustischen Schwingers" und dem Spektrometer vom Pound-Watkins-Typ.

Beim Pound-Watkins-Spektrometer befindet sich die Probe in der Spule, die zusammen mit einer Parallelkapazität den Gitterkreis des Hochfrequenzgenerators bildet. Dieser Kreis wird zu Eigenschwingungen angeregt. Die Amplitude des durch den Schwingkreis fließenden Hochfrequenzstromes hängt von der Größe des Wirkwiderstandes bzw. der Kreisgüte ab.

Zur Beobachtung der magnetischen Resonanz befindet sich die Spule mit der Probe in einem starken, konstanten Magnetfeld (ungefähr 10^4 G), das mittels zusätzlicher Spulen mit einem niederfrequenten Feld (ungefähr 50 Hz) der Amplitude von einigen Gauß moduliert wird. Bei Resonanzdurchgang des Magnetfeldes wächst die Absorption durch das Spinsystem stark an, und die Kreisgüte nimmt dadurch ab. Entsprechend verkleinert sich auch die Amplitude der Hochfrequenzspannung am Schwingkreis. Diese durch die Spinabsorption modulierte Spannung wird im weiteren verstärkt und demoduliert.

Die Rolle der Spule mit Probe spielt im akustischen Spektrometer von Bolef und Menes das System akustischer Schwinger—Probe. Die Probe hat planparallele Grenzflächen und ist mit dem piezoelektrischen Transducer verbunden.

Dieser zusammengesetzte akustische Resonator ist über ein RCL-Anpassungsnetzwerk mit dem Gitterkreis des POUND-WATKINS-Generators verbunden (Abb. 16). Einzelheiten des Übergangs von den mechanischen Grö-

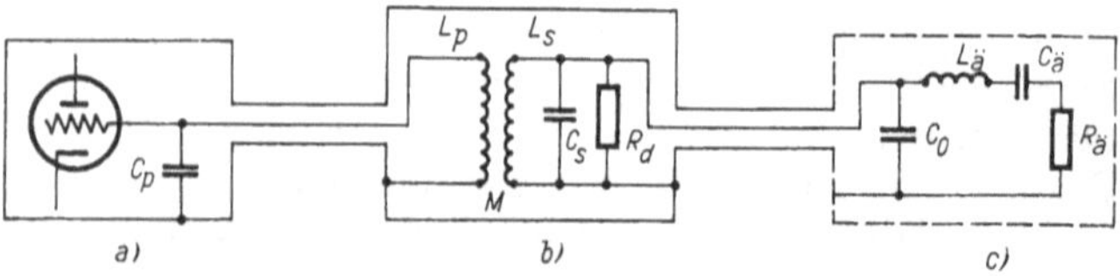

Abb. 16. Schaltschema des Gitterkreises des POUND-WATKINS-Oszillators (a) und des durch das Anpassungsnetzwerk (b) mit ihm verbundenen akustischen Resonators (c)

ßen, die den akustischen Resonator charakterisieren (Masse, Elastizitätskoeffizient, Wellenwiderstand), zu den elektrischen, die im Ersatzschaltbild der Abb. 16c dargestellt sind, wurden in Arbeit [9] gegeben. Bei der Modulation des Magnetfeldes nahe dem Wert, der der Frequenz ω der NAR entspricht, ändert sich der Kernspinabsorptionskoeffizient σ und mit ihm auch die Belastung des Generators proportional der Absorptionslinienform. Das ruft eine Änderung des ursprünglichen Eingangsleitwertes G_p des Generators um die Größe [17]

$$\Delta G_p = \frac{k^2}{\omega^2 L_p L_s} \left(\frac{R}{R_ä + R}\right)^2 \frac{d v B l \sigma}{4 \beta^2} \qquad (26.1)$$

hervor, wobei k der Kopplungsfaktor der Spulen L_p und L_s ist, $R = R_d \cdot R_ä$ bestimmt sich in Übereinstimmung mit Arbeit [6] unter der Annahme $\sigma l \ll 1$ bei Resonanz zu

$$R_ä = d v B \sigma l / 4 \beta^2 . \qquad (26.2)$$

d ist die Probendichte, v die Schallgeschwindigkeit in der Probe, B die Fläche des Probenquerschnitts (senkrecht zur Schallausbreitungsrichtung), $\beta = \varepsilon B/t$, ε die piezoelektrische Konstante des Quarzes und t seine Dicke.

Hieraus ist ersichtlich, daß man aus der Messung von ΔG_p die absoluten Werte von σ erhält, weil alle restlichen Parameter in (26.1) und (26.2) bestimmt werden können. Dabei entfällt die Notwendigkeit einer Absolutmessung der akustischen Deformationsamplitude in der Probe, was ein großer Vorteil der dargelegten Methode ist. Ein weiterer Vorteil ist die Möglichkeit der direkten Aufnahme der NAR-Linienform, der Winkelabhängigkeit der Intensität der NAR-Absorption und der Linienbreite, aber auch ihrer Abhängigkeit von anderen Faktoren: Gitterdefekte, Quadrupolaufspaltung usw. Im Gegensatz zu den indirekten Methoden, bei denen das Ergebnis der akustischen Anregung über den Einfluß auf die NMR-Signale nachgewiesen wird, erlaubt die direkte Methode, Metalle und niederohmige Halbleiter, bei denen der Skineffekt die Anwendung der NMR-Technik erschwert, zu untersuchen.

Literatur

[1] J. W. Wladimirzew, W. A. Golenistschew-Kutusow, Prib. i Technika Eksper. **4**, 125, 1967.

[2] D. A. Jennings, W. H. Tanttila, O. Kraus, Phys. Rev. **109**, 1059, 1958.

[3] W. A. Schutilow, G. L. Antokolski, Fis. twerd. Tela **9**, 1231, 1967.

[4] D. I. Bolef, M. Menes, Phys. Rev. **144**, 1441, 1959.

[5] E. B. Tucker, Proc. IEEE **53**, 1547, 1965.

[6] I. I. Teumin, „Ultraschallgeneratoren", Moskau 1959.

[7] W. G. Proctor, W. H. Tanttila, Phys. Rev. **98**, 1855, 1955.

[8] G. A. Alers, P. A. Fleury, J. Acoust. Soc. Amer. **36**, 1297, 1964.

[9] T. E. Hueter, P. A. Bolt, „Sonics", Ed. Wiley, New York 1955.

[10] C. V. Raman, N. S. N. Nath, Proc. Indian Acad. Sci. **3**, 5, 1963.

[11] W. A. Schutilow, G. L. Antokolski, Magnetische Kernresonanz II, Univ. Leningrad.
[12] E. F. Taylor, N. Bloembergen, Phys. Rev. **113**, 431, 1959.
[13] I. G. Michailow, W. A. Schutilow, Akust. Shurn. **10**, 98, 1964.
[14] W. G. Proctor, W. A. Robinson, Phys. Rev. **104**, 1344, 1956.
[15] A. H. Silver, J. Phys. Chem. Solids **23**, 273, 1962.
[16] S. B. Grigorew, A. M. Sasonow, Fis. twerd. Tela **7**, 287, 1965.
[17] A. Abragam, W. G. Proctor, Phys. Rev. **109**, 1441, 1958.
[18] D. I. Bolef, J. de Klerk, R. B. Grosser, Rev. Scient. Instr. **33**, 631, 1962.

6. Übersicht über die experimentellen Ergebnisse

§ 27. Experimentelle Untersuchung der akustischen Sättigung der NMR-Linien

Proctor und Tanttila [1] gelang es zum ersten Male, die Sättigung der Quadrupolresonanzniveaus der Cl^{35}-Kerne in einem $NaClO_3$-Einkristall zu beobachten. Der Einkristall war ein Zylinder mit einem Durchmesser von 1,26 cm und einer Länge von 1 cm. Zur Vermeidung eines elektromagnetischen Hochfrequenzeinflusses auf die Probe wurde diese mit dem Quarz durch zwei NaCl-Einkristalle gleichen Durchmessers und einer Gesamtlänge von 7 cm verbunden. Die Berührungsflächen der beiden NaCl-Einkristalle und die an diese anstoßende Probenfläche bilden einen gewissen Winkel mit der strahlenden Oberfläche des akustischen Schwingers. Außerdem war die gegenüberliegende Oberfläche der Probe rauh, so daß der Kontakt mit der Befestigung nur an einigen Punkten zustande kam. Folglich wurden die akustischen Wellen in die verschiedensten Richtungen reflektiert, womit sich in der Probe eine isotrope Verteilung stehender Wellen einstellte.

Die Anregung von derartigen Schwingungsmoden erlaubte es, die akustische Energiedichte in der Probe zu vergrößern. Jedoch ist die qualitative Auswertung des Experimentes in diesem Fall infolge großer Fehler bei der Bestimmung der Deformationsamplitude schwierig.

Die Cl^{35}-Kerne ($I = 3/2$) im $NaClO_3$-Einkristall befinden sich im axialsymmetrischen elektrischen Feld und besitzen zwei zweifach entartete Energieniveaus (siehe Abb. 4). Das Experiment wurde bei der Temperatur des flüssigen Stickstoffs durchgeführt. Der Abstand zwischen diesen Energieniveaus beträgt 30,57 MHz, die Spin-Gitter-Relaxationszeit $T_1 = (0{,}94 \pm 0{,}1)$ s. Zur Untersuchung wurde die akustische Sättigungsmethode nach § 25 benutzt. Das erlaubte den Autoren, gemäß der Beziehung (24.5) die durch den Schall induzierte akustische Übergangswahrscheinlichkeit P^A zu bestimmen. Außerdem konnte die Proportionalität zwischen P^A und der in die Probe eingeführten akustischen Energiedichte, die nach der Theorie erwartet wird, festgestellt werden.

Diese Arbeit war die erste experimentelle Bestätigung der akustischen Resonanz. Sie ist die bisher einzige dieser Art, da alle folgenden Experimente an Kernspinenergieniveaus durchgeführt wurden, die durch ein konstantes äußeres Magnetfeld erzeugt wurden.

Bald nach diesem Experiment veröffentlichten Proctor und Robinson [2] ein akustisches Sättigungsexperiment mit der Impulsmethode an Na^{23}-Kernen im NaCl-Einkristall. Es wurden zwei Proben untersucht; die eine von ihnen war ein Zylinder mit einem Durchmesser von 1,5 cm und einer Länge von 3 cm, die andere ein optisch polierter Quader von $1 \times 1{,}5 \times 1{,}5$ cm³.

Die Experimente wurden bei Zimmertemperatur im konstanten Magnetfeld $H_0 = 4220$ G durchgeführt. Die Na^{23}-Kerne ($I = 3/2$) besitzen vier äquidistante Niveaus (siehe Abb. 3) mit einer Aufspaltung von 4,75 MHz und einer Spin-Gitter-Relaxationszeit $T_1 = (7{,}5 \pm 0{,}5)$ s.

Wie in der vorangehenden Arbeit [1] erzeugten Proctor und Robinson in den Proben eine homogene Verteilung stehender akustischer Wellen, wobei ihre Frequenz der doppelten LARMOR-Frequenz (9,5 MHz) entsprach. Auf diese Weise wurden ($\Delta m = \pm 2$)-Spinübergänge angeregt.

Die experimentelle Methode entspricht genau der im § 25 beschriebenen, insbesondere ist die Folge der an die Probe angelegten Impulse in Abb. 12 dargestellt, wobei die Zeitintervalle $\tau = 17{,}03$ s, $\tau - \tau_a = 8$ s und $\Delta\tau = 0{,}03$ s sind. Die in der Arbeit erhaltenen Abhängigkeiten des Parameters $\mathcal{E}_0/\mathcal{E}$ vom Quadrat der Spannungsamplitude am Quarztransducer (die der in die Probe eingeführten akustischen Energie proportional ist) fallen qualitativ mit den Kurven zusammen, die in Abb. 14 dargestellt sind. Die gleiche Größe als Funktion der Ultraschallfrequenz bei konstanter akustischer Leistung zeigt Abb. 15.

Für die theoretische Interpretation der Resultate wurde die Beziehung (6.4) für die durch Schall induzierte Spinübergangswahrscheinlichkeit benutzt:

$$P_2{}^A = \frac{9}{256}\left(\frac{\mathcal{A}}{\hbar}\right)^2 S_{11}^2\,\mathrm{E}_0{}^2 g_2(\nu)\sin^4\theta \sum_{m=-3/2}^{3/2} \xi_{m,m-2}\,. \qquad (27.1)$$

Der Parameter S_{11} wurde auf der Grundlage des Punktmodells (5.7) berechnet: $S_{11} = 12\gamma_Q e Q a^{-3}$. Wenn man die empirischen Werte P^A für einen ganz bestimmten Spannungswert V am Quarz benutzt und als Formfunktion $g_2(\nu)$ für das gleiche V aus der Abb. 15 $1/\Delta\nu$ nimmt, dann bleiben in der Beziehung (27.1) noch der Antishieldingfaktor γ_Q und die Deformationsamplitude E_0 unbekannt.

Bei homogener Verteilung der stehenden Wellen in der Probe kann man nur den mittleren Effektivwert $\tilde{E}_0$ durch die akustische Energiedichte abschätzen:

$$\tilde{E}_0{}^2 = 2\,U_0/d\omega^2$$

(d — Dichte der Probe, ω — die Schallfrequenz). Die

Dichte U_0 wird auf indirektem Weg bestimmt: durch unabhängige Messungen der Lebenszeit der Resonanzphononen und des akustischen Energiestromes, der bei einer vorgegebenen Spannung am Quarz in die Probe übertragen wird [1, 2]. Der auf diese Weise erhaltene Wert $\tilde{E}_0^2$ hat einen Fehler von über 50%.

Die Werte wurden für die Bestimmung der Antishieldingfaktoren γ_Q benutzt. γ_Q war für die Na^{23}-Kerne in der zylindrischen Probe gleich 2,15—2,67 und in der kubischen ≈ 1. Die schlechte Übereinstimmung der γ_Q-Werte in den verschiedenen Proben erklärt sich durch den Fehler bei der E_0-Bestimmung. Diese γ_Q-Werte erwiesen sich um eine Größenordnung zu klein, um die geforderte Übereinstimmung des theoretischen Wertes der Kernquadrupolrelaxationszeit mit den experimentellen Angaben für die Na^{23}-Kerne zu erhalten. Die Ursachen der fehlenden Übereinstimmung der γ_Q-Werte nach diesen beiden unabhängigen Methoden werden im § 30 erörtert. Aus Abb. 15 folgt für die NAR-Linien ($\Delta m = \pm 2$) eine Breite gleich 4 kHz, während die NMR-Linienbreite in den gleichen Proben gleich $\Delta \nu = 2{,}3$ kHz sind [2]. Gemäß theoretischen Abschätzungen (nach Formel (8.5)) erzeugen die Dipol-Dipol-Wechselwirkungen im NaCl-Einkristall eine Na^{23}-NMR-Linienbreite von $\Delta \nu \approx 850$ Hz. Differenzen dieser Art findet man auch in anderen kubischen Kristallen; deshalb wurde angenommen, daß für die Linienbreite in ihnen die elektrische Quadrupolwechselwirkung mit den Gitterdefekten verantwortlich ist. In diesem Fall ist gemäß der Beziehung (8.11) das Verhältnis der Linienbreiten der akustischen zur magnetischen Resonanz für einen Spin 3/2 gleich

$$(\Delta \nu)_A/(\Delta \nu)_M = [(16/7)\,(I^2 + I - 2)]^{1/2} \times [(4I^2 + 4I - 3)/5]^{-1/2} \approx 1{,}3\,,$$

was mit dem experimentellen Wert von 1,7 gut übereinstimmt. Eine noch bessere Übereinstimmung kann man erhalten, wenn in beiden Fällen der Beitrag der magnetischen Dipolwechselwirkungen zur Linienbreite berücksichtigt wird.

Mit Hilfe der gleichen Impulssättigungsmethode untersuchten JENNINGS, TANTTILA und KRAUS [3, 4] die NAR an den Na^{23}- und J^{127}-Kernen in NaJ-Einkristallen bei Zimmertemperatur. Der Quarztransducer (X-Schnitt) wurde an einem Ende eines zylinderförmigen Stabes aus NaCl mit einer Länge von etwa 2,5 cm und einem Durchmesser von etwa 1,3 cm befestigt. Am anderen Stabende wurde die Probe gleicher Form befestigt, deren gegenüberliegendes Ende um 3° zur Schallausbreitungsrichtung [100] geneigt war, so daß sich in der Probe eine Verteilung stehender akustischer Wellen einstellen konnte.

Das konstante Magnetfeld war längs der [001]-Achse des NaJ-Einkristalls angelegt, seine Größe konnte so verändert werden, daß man nacheinander freie Präzessionssignale der Na^{23}- und J^{127}-Kerne bei der Frequenz von 5 MHz anregen konnte. Um dabei durch den Schall ($\Delta m = \pm 2$)-Übergänge anregen zu können, wurde an den Quarztransducer eine Wechselspannung der Frequenz von 10 MHz angelegt.

Mit den im Abschnitt 5 beschriebenen Methoden wurden die longitudinalen Relaxationszeiten und die NAR-Linienbreiten gemessen und sind gleich

$$T_1(\mathrm{Na}) = 5\ \mathrm{s}, \qquad \Delta\nu(\mathrm{Na}) = 4{,}65\ \mathrm{kHz},$$

$$T_1(\mathrm{J}) = 0{,}0065\ \mathrm{s}, \quad \Delta\nu(\mathrm{J}) = 4{,}49\ \mathrm{kHz}.$$

Die Untersuchung der Sättigung als Funktion der akustischen Energiedichte U_0 in der Probe zeigte unerwartet eine lineare Abhängigkeit zwischen U_0 und M_0^2/M_z^2 und nicht von M_0/M_z, wie das bei den bisher beschriebenen Experimenten der Fall war. Diese Tatsache kann man erklären, wenn man entgegen den experimentellen Bedingungen (Abschrägung von etwa 3°) annimmt, daß sich in der Probe longitudinale stehende Wellen (in der [100]-Richtung) ausbilden. Dann wird das Verhalten von M_z bei Sättigung durch den Ausdruck (9.14a) und nicht durch (9.14) beschrieben, und die geforderte Beziehung zwischen U_0 und M_0/M_z ist gegeben. Man muß jedoch bemerken, daß der Meßfehler 50–100% betrug und daraus bedeutende Abweichungen von der linearen Abhängigkeit zwischen U_0 und M_0/M_z möglich sind.

Im Unterschied zur Arbeit [4] umgingen die Autoren die zeitraubenden Messungen der Beschaffenheit des akustischen Feldes in der Probe, indem sie sich auf eine relative Messung der Sättigung der Na- und J-Kerne unter gleichen experimentellen Bedingungen beschränkten. Natürlich konnte dadurch nur das Verhältnis der Antishieldingfaktoren $\gamma_Q{}^3\,\gamma_Q{}^{Na} = 10{,}9$ bestimmt werden.

Die stationäre Sättigung der NAR wurde zuerst von Taylor und Bloembergen [5] für die Untersuchung der akustischen Absorption der Na^{23}- und Cl^{35}-Kerne in NaCl-Einkristallen benutzt. Die Probe war ein regelmäßiger Zylinder mit einem Durchmesser von 1 cm und einer Länge von 12,6 cm, dessen Stirnflächen eben und parallel zueinander waren. An einer der Stirnflächen wurde der Quarztransducer (X-Schnitt) angebracht, der bei einer Frequenz von 7,2 MHz bzw. 12,5 MHz arbeitete und in der Probe longitudinale Kompressionswellen anregte. Das andere Probenende war mit einer dünnen Metallschicht bedeckt und bildete zusammen mit einer ebenen, runden Elektrode, die in einer Entfernung von 0,02 cm angebracht war, einen Plattenkondensator, der zur Bestimmung der Schwingungsamplitude des freien Probenendes diente (siehe § 24).

Die Meßmethode von Taylor und Bloembergen wurde im § 25 beschrieben. Mit einem üblichen NMR-Spektrometer vom Pound-Typ beobachteten sie die NMR-Absorptionslinien vom Cl^{35} und Na^{23} bei 3,6 MHz. Außerdem wurden der Sättigungsfaktor Z, die Linienbreite $\Delta\nu$ und die Relaxationszeiten bei Zimmertemperatur gemessen:

$$\Delta\nu(\mathrm{Cl}) = (870 \pm 50)\,\mathrm{Hz}, \qquad T_1(\mathrm{Cl}) = (10{,}0 \pm 2)\,\mathrm{s},$$

$$\Delta\nu(\mathrm{Na}) = (2\,800 \pm 200)\,\mathrm{Hz}, \qquad T_1(\mathrm{Na}) = (12{,}4 \pm 1)\,\mathrm{s}.$$

Nachdem der akustische Generator eingeschaltet und dadurch ($\Delta m = \pm 2$)-Übergänge angeregt wurden, konnte durch den Vergleich mit den Intensitäten der NMR-Signale ohne akustische Sättigung die durch den Schall induzierte Übergangswahrscheinlichkeit $P_2{}^A$ bestimmt werden.

Bei der in der Arbeit gewählten Konfiguration der Schallausbreitungsrichtungen, des Magnetfeldes und der Kristallachsen hat die Spin-Phonon-Kopplung die Form (5.15), und die durch den Schall induzierte Übergangswahrscheinlichkeit bei ($\Delta m = \pm 2$)-Übergängen ist gleich (6.6).

Der Versuch zeigt, daß sich bei Rotation der Probe im Magnetfeld die Übergangswahrscheinlichkeit $P_2{}^A$ nicht ändert. Aus der Beziehung (6.6) ist ersichtlich, daß das nur unter der Bedingung

$$S_{44}/S_{11} = 3/4 \tag{27.2}$$

möglich ist, die auch als Isotropiebedingung des S-Tensors bezeichnet werden kann.

Die in Arbeit [5] gemessenen Werte der S-Tensorkomponenten sind in Tab. 1 aufgeführt. In der vorletzten Spalte werden die Werte der Antishieldingfaktoren $\gamma_{Q,\mathrm{exp}}$, die aus der Auswertung der experimentell ermittelten S-Tensorkomponenten auf der Grundlage des Punktladungsmodells (5.7) ($S_{11} = 12 Z \gamma_Q e a^{-3}$) erhalten wurden, aufgeführt. In der letzten Spalte sind die theoretischen Werte $\gamma_{Q,\mathrm{theor}}$, die in Arbeit [6] berechnet wurden, aufgeführt.

Der Vergleich von $\gamma_{Q,\text{exp}}$ mit $\gamma_{Q,\text{theor}}$ gibt eine befriedigende Übereinstimmung für Na und eine Differenz um den Faktor 5–6 für Cl. Das Verhältnis $S_{11}(\text{Cl})/S_{11}(\text{Na})$ müßte theoretisch von der Größenordnung 10 sein, während das Experiment 1,8 gibt. Ein noch größeres Miß-

Tabelle 1

Kern	NAR-Frequenz (MHz)	$S_{11} \cdot 10^{-15}$ (Ccm^{-3})	$\gamma_{Q,\text{exp}}$	$\gamma_{Q,\text{theor}}$
Cl^{35}	7,2	2,3	9	50–57
Na^{23}	7,2	1,3	5	5,5
Na^{23}	12,5	1,1	4	5,5

verhältnis zum Punktladungsmodell, das für einfach kubische Gitter $S_{11}/S_{44} = -1$ fordert, folgt aus der empirisch festgestellten Isotropiebedingung (27.2). Die Autoren nehmen an, daß die reale Situation im NaCl-Einkristall vom Ionenmodelll abweicht. Nach ihrer Meinung können die Resultate besser auf der Grundlage des Modells der Molekülorbitel [7] erklärt werden.

Stationäre akustische Sättigung beobachtete SILVER [8] an J^{127}-Kernen in KJ-Einkristallen. In die Probe, die kubische Form (Kantenlänge 1,3 cm) hatte, wurde in [100]-Richtung Schall der Frequenz von 10 MHz, erzeugt über einen Quarztransducer, eingeführt. Dabei wurden sowohl longitudinale als auch transversale Schwingungen angeregt.

Der J^{127}-Kernspin beträgt 5/2. Im konstanten Magnetfeld, das senkrecht zur Schallausbreitungsrichtung angelegt wurde, hat der Kernspin sechs äquidistante Energieniveaus. Infolge des großen Kernquadrupolmomentes sind die elektrischen Wechselwirkungen der Kerne mit den Gitterdefekten groß und verbreitern die magnetischen Resonanzlinien der J^{127}-Kerne. Die NMR-Linie dieses Kristalls besteht aus zwei Linien. Die schmale Linie entspricht den Übergängen zwischen den Niveaus $m = \pm 1/2$, deren Abstand in erster Näherung nicht durch die elektrische Quadrupolwechselwirkung beeinflußt wird; sie wird die Zentrallinie genannt. Die breite Linie, die den restlichen Übergängen entspricht, wird Satellitenlinie genannt. Die Breite der schmalen Linie (ungefähr 650 Hz) wird durch die magnetischen Dipolwechselwirkungen bestimmt.

Liegt eine derartige Situation vor, ist die quantitative Auswertung der experimentellen Ergebnisse immer schwierig. Ein Vergleich der Resultate einer zeitraubenden theoretischen Analyse[1]) mit den experimentellen Daten erlaubte jedoch SILVER, eine Reihe interessanter Schlußfolgerungen zu ziehen. Insbesondere kam er zu dem Ergebnis, daß das Verhältnis $\alpha = W_1/W_2$ ungefähr gleich Eins ist und die transversalen akustischen Schwingungen ebenfalls eine Sättigung hervorrufen, wobei der Sättigungsgrad nicht von der Polarisationsrichtung des Schalls in bezug auf das Magnetfeld abhängt. Letzteres befindet sich im Widerspruch zur phänomenologischen Theorie der dynamischen Quadrupolkopplung und zum Punktladungsmodell.

Bei einer genügend großen Anzahl von Gitterdefekten ändern sich nicht nur Breite und Form der Resonanzlinien, sondern auch ihr Sättigungsverhalten. Das Abweichen der Spinniveaus von der Äquidistanz setzt die Wirksamkeit des Aufbaus einer Spintemperatur durch die magnetischen Dipol-Dipol-Wechselwirkungen herab. Aus diesem Grund war es nicht möglich, in den von SILVER untersuchten Proben die „Spintemperatur"-Vorstellung anzuwenden.

---

[1]) Für jedes Niveaupaar einzeln berechnet man zahlenmäßig die Abhängigkeit der akustischen Sättigung von der Intensität der akustischen Schwingungen, die $(\Delta m = \pm 2)$-Übergänge bei verschiedenen Werten des Parameters $\alpha = W_1/W_2$ anregen, wobei W_1 und W_2 die Quadrupolrelaxationsübergangswahrscheinlichkeiten mit Änderung der magnetischen Quantenzahl um 1 oder 2 sind. Es wurde die stationäre und impulsweise Wirkung des akustischen Feldes auf die Probe betrachtet.

Unter dem Einfluß der inhomogenen Quadrupolverbreiterung ist es nicht möglich, daß der Besetzungsausgleich (Sättigung) zwischen einem Niveaupaar auf andere Niveaus übertragen wird. In diesem Fall wird in die Resonanzlinie an der Stelle des gesättigten Überganges ein „Loch gebrannt".

Das wurde deutlich in der Arbeit [9] gezeigt, die die Versetzungen im NaCl-Einkristall und ihren Einfluß auf die Resonanzlinienform untersucht. In die Proben, die Zylinderform hatten (Durchmesser 9 mm, Länge 40 mm), wurden stationäre akustische Schwingungen der Frequenz $\nu_a = 7{,}984$ MHz eingestrahlt, die ($\Delta m = \pm 2$)-Übergänge im ZEEMAN-Spektrum der Na^{23}-Kerne ($I = 3/2$) erzeugten. Es zeigte sich, daß bei Verkleinerung des NMR-Signals unter dem Einfluß der akustischen Sättigung die Linienform verändert und mit wachsender Differenz $\Delta\nu$ zwischen $\nu_a/2$ und der Frequenz ν_M, bei der die NMR beobachtet wurde, unsymmetrisch wird. Bei Kernspins $I = 3/2$ wird die NMR-Linienform durch eine zentrale Linie und zwei Satellitenlinien gebildet (siehe § 10, Gl. (10.2)), so daß bei akustischer Sättigung eine der Satellitenlinien ($\Delta\nu \neq 0$) stärker als die andere gesättigt wird (siehe (10.6) bis (10.8)).

In der Arbeit von HOVI und PUNKKINEN [10] wurde die akustische Sättigung der Na^{23}-Kerne im $NaClO_3$-Einkristall bei einem konstanten Magnetfeld $H_0 \approx 5500$ G, einer Frequenz von $\nu \approx 6$ MHz und Stickstofftemperatur untersucht. Das Energieniveausystem der Spins war in diesem Fall bedeutend komplizierter als in den bisher betrachteten Systemen. Die Natriumkerne befanden sich im schwachen axialsymmetrischen elektrischen Feld, so daß zwei zweifach entartete Spinniveaus mit einem Abstand von etwa 400 kHz entstehen [11]. Die Quadrupolwechselwirkungen stören die Äquidistanz der ZEEMAN-Niveaus, wodurch das NMR-Spektrum des Natriums im $NaClO_3$ aus einer zentralen und zwei Satellitenlinien besteht. Der Abstand zwischen ihnen hängt in komplizierter Weise von der Orientierung des Magnetfeldes bezüglich der Kristallachsen ab. Deshalb wurde den akustischen Messungen eine genaue Untersuchung der Winkelabhängigkeit des NMR-Spektrums vorangestellt [11].

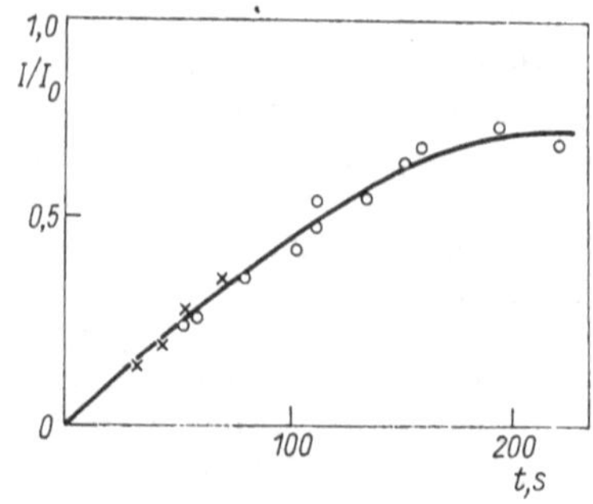

Abb. 17. Zeitabhängigkeit der Einstellung des thermodynamischen Gleichgewichts der gesättigten Na^{23}-Satellitenlinien in $NaClO_3$-Einkristallen [10].
Die Kreise stellen die Meßpunkte, die durchgezogene Kurve die Funktion $[1 - \exp(-0{,}007\,t)]$ dar

In der Arbeit wurden zwei Einkristalle kubischer Form mit den linearen Abmessungen von etwa 1 cm untersucht. Ein Quarzkristall (X-Schnitt) wurde zur Anregung stehender Longitudinalwellen an einer der Oberflächen der Probe befestigt. Das konstante Magnetfeld konnte während des Experimentes in der Ebene senkrecht zur Schallausbreitungsrichtung gedreht werden.

Zuerst wurde der Kristall so im Magnetfeld orientiert, daß die Linien zusammenfielen, und nach ihrer vollständigen Sättigung beobachtete man die Gleichgewichtseinstellung nach Abschalten der Sättigungsleistung. Dieser Prozeß ist auf Abb. 17 durch die experimentellen Punkte dargestellt. Sie lassen sich über die Methode der kleinsten quadratischen Abweichung durch die Kurve $[1 - \exp(-0{,}007\,t)]$ approximieren. Der Vergleich dieser Kurve mit dem Ausdruck (10.9), der für die betrachtete experimentelle Situation zutrifft, erlaubt, die Wahrscheinlichkeit der Spin-Gitter-Relaxation $W_1 = (0{,}0035 \pm 0{,}0006)\ s^{-1}$ zu bestimmen.

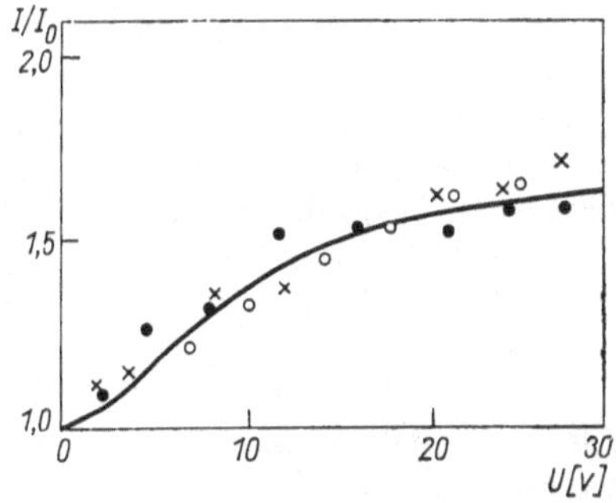

Abb. 18. Relative Intensität I/I_0 der zentralen Na^{23}-Resonanzlinie als Funktion der Spannung, die an den akustischen Transducer zur Sättigung der aufeinanderliegenden Satellitenlinien gelegt wurde [10].
Die Kurve entspricht der Funktion $\{1 + 0{,}8\,[1 - (1 + 0{,}028\,U^2)^{-1/2}]\}$

Unmittelbar danach wurde die Abhängigkeit der Intensität der zentralen Linie von der akustischen Energie oder Spannung U, die zur Sättigung der aufeinanderliegenden Satellitenlinien an den Quarz gelegt wurde, studiert. Diese Abhängigkeit wird nach der Theorie durch die Beziehung (10.7) gegeben. Die experimentellen Ergebnisse sind durch die Punkte auf der Abb. 18 dargestellt, die durchzogene Kurve entspricht der Funktion

$$n(t)/n^0 = 1 + 0{,}80\,[1 - (1 + 0{,}028\,U^2)^{-1/2}].$$

Ein Vergleich dieses Ausdruckes mit (10.7) gibt

$$B = 0{,}80\,, \qquad P_1^A/W_1 = 0{,}028\,U^2.$$

Danach wurde die Richtung des Magnetfeldes geändert, so daß das NMR-Spektrum aus drei Linien bestand — der zentralen und den Satelliten zu beiden Seiten der Zentrallinie. Nun wurde die dem höheren Magnetfeld zugeordnete Satellitenlinie gesättigt und die Abhängigkeit der Intensität der anderen Satellitenlinie bzw. der Zentrallinie von der anderen Satellitenlinie bzw. der Zentrallinie von der eingestrahlten akustischen Energie beobachtet. Theoretisch wird diese Abhängigkeit durch die Ausdrücke (10.6) und (10.7) bestimmt. Nach den früher ausgeführten Messungen der Größen B, W_1 und $P_1{}^A/W_1$ blieb nur das Verhältnis $\alpha = W_1/W_2$ unbestimmt, das somit gemessen werden konnte. Das Experiment gibt: $\alpha = 0{,}60 \pm 0{,}15$ und $W_2 = (0{,}0021 \pm 0{,}0010)\ \mathrm{s}^{-1}$. Diese Resultate befinden sich in guter Übereinstimmung mit den Resultaten anderer Autoren.

In der Arbeit von Sasonow und Grigorew [12] wurde eine Variante der stationären akustischen Sättigung dargelegt, mit der gleichzeitig sowohl die Spin-Gitter-Relaxationszeit als auch die akustische Übergangswahrscheinlichkeit gemessen werden konnte. Das Wesen dieser Meßmethode besteht in folgendem.

Es wird das NMR-Absorptionssignal bei langsamem Durchgang des äußeren konstanten Magnetfeldes durch die magnetische Resonanz bei einer festen Arbeitsfrequenz des Spektrometers registriert. Die Aufnahme wird bei so kleinen Hochfrequenzfeldern durchgeführt, daß elektromagnetische Sättigungseffekte vollständig ausgeschlossen sind (Abb. 19a). Wir bezeichnen den Maximalwert der Signalamplitude in diesem Fall mit A_0. Manchmal ist es für die nachfolgenden Messungen günstiger, die Signale bei höheren Hochfrequenzleistungen aufzunehmen (Abb. 19b). Dadurch wird wegen der Sättigungseffekte die Signalamplitude A_1 der NMR-Linie kleiner: $A_1 < A_0$.

Wiederholt man die Aufzeichnung des NMR-Signals bei der gleichen Hochfrequenzleistung aber zum Zeitpunkt des Erreichens des Maximums bei $t = t_1$ (Abb. 19c),

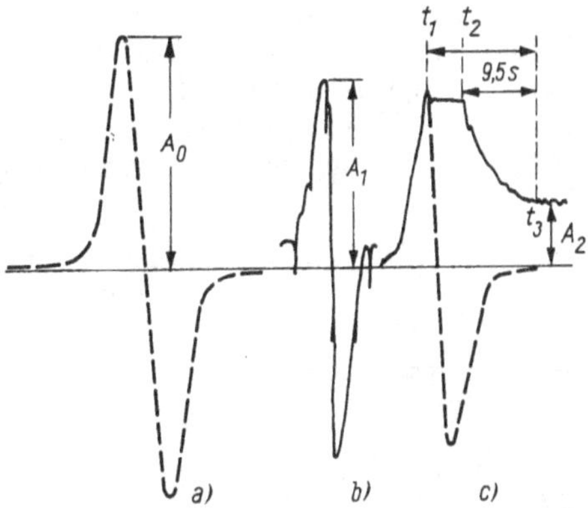

Abb. 19. Schema der Meßmethode zur Bestimmung der akustischen Übergangswahrscheinlichkeiten, wie es in Arbeit [12] dargelegt wurde.

a) Differenziertes NMR-Signal bei schwachem HF-Feld;
b) die gleiche Kurve bei höherer HF-Leistung;
c) Abfall der NMR-Signalintensität nach Einschalten der akustischen Quelle

wird der Sweep des konstanten Magnetfeldes angehalten. Von diesem Zeitpunkt an zeichnet der Schreiber eine horizontale Linie auf, die der Größe der NMR-Absorption am Wendepunkt der Resonanzkurve entspricht. Nach einiger Zeit, bei $t = t_2$, wird mit der akustischen Sättigung begonnen, und es beginnt ein Übergangsprozeß, der die NMR-Absorption auf den Wert A_2 führt, dessen Größe durch die gleichzeitige akustische und elektromagnetische Sättigung bestimmt wird.

Da die Größe der NMR-Absorption proportional zu M_z ist, wird der Übergangsprozeß (Abb. 19c) mathematisch durch die Gleichung (9.13) beschrieben. Zum Zeitpunkt des Beginns der Schalleinwirkung hat M_z folgenden Anfangswert:

$$M_z(t_2) = M_0[1 + Z_M]^{-1}, \quad Z_M = T_1 P^M / I, \qquad (27.3)$$

was der stationären NMR-Absorption bei konstanter Amplitude des magnetischen Wechselfeldes entspricht (Z_M ist der Sättigungsfaktor dieses Feldes).

Die Lösung der Gleichung (9.13) mit der Anfangsbedingung (27.3) hat folgendes Aussehen ($t > t_2$):

$$M_z(t) = \frac{M_0}{1 + Z_M + Z_a}\left[1 + \frac{Z_a}{1 + Z_M}\, e^{-\varkappa(t-t_2)}\right],$$

$$\varkappa = \frac{1 + Z_M + Z_a}{T_1}, \tag{27.4}$$

$Z_a = \left[\frac{2I+3}{I(2I-1)} P_1{}^A + (2/5)\,(2 + 3/I)\, P_2{}^A\right] \cdot T_1$ ist der durch die akustischen Schwingungen bewirkte Sättigungsfaktor.

Die empirischen Verhältnisse der Signale im Maximum

$$\frac{A_0}{A_1} = 1 + Z_M, \quad \frac{A_1}{A_2} = \frac{1 + Z_M + Z_a}{1 + Z_M} \tag{27.5}$$

gestatten es, die Sättigungsfaktoren Z_M und Z_a zu bestimmen. In Verbindung mit dem Parameter $\varkappa$, der die Abfallgeschwindigkeit des Signals im Bereich $t_2 \leqq t \leqq t_3$ beschreibt, geben diese Messungen die Möglichkeit, T_1 und P^A unabhängig voneinander zu ermitteln. Man muß jedoch dazu bemerken, daß diese Methode nur für Kerne brauchbar ist, die eine lange Spin-Gitter-Relaxationszeit (in der Größenordnung einiger Sekunden) besitzen.

Die beschriebene Methode wurde in Arbeit [12] für die Messung der Spin-Gitter-Relaxationszeit und des Antishieldingfaktors der Na^{23}-Kerne im NaCl-Einkristall benutzt. Die Messungen erfolgten bei Zimmertemperatur und der Frequenz $\nu_M = 5{,}2$ MHz; durch den Ultraschall wurden ($\Delta m = \pm 2$)-Übergänge angeregt ($\nu_a = 10{,}4$ MHz). Die erhaltenen Meßwerte $T_1 = 11$ s und $\gamma_Q = 4{,}4$ stimmen gut mit den Werten überein, die von anderen Autoren mit anderen Methoden erhalten wurden.

Die stationäre NAR-Sättigung wurde von der Gruppe Golenistschew-Kutusow [13, 14] für die Untersuchung der dynamischen Quadrupolwechselwirkung der In^{115}- und Sb^{121}-Kerne in InSb-Einkristallen benutzt. In die Probe wurden longitudinale akustische Schwingungen über einen Quarztransducer (X-Schnitt) mit der Grundfrequenz von $\nu_a = 20$ MHz längs der [100]-Achse eingeführt. Die Probenflächen waren eben und parallel mit einer Genauigkeit von 1 μm, so daß die Probe ein Spektrum mechanischer Resonanzen, deren Breite etwa 4 kHz und deren Abstand 72 kHz betrug, zeigte. Das Vorhandensein annähernd gleicher Abstände zwischen benachbarten Resonanzen weist auf die vorherrschende Anregung einer Schwingungsmode in der Probe hin.

Die durch die akustische Welle erzeugte Deformation E_0 wurde durch die Messung der elektrischen Impedanz R von Transducer und Probe (siehe (24.1)) bestimmt und war gleich $E_0 = 0{,}4 \cdot 10^{-5}\, U$, wobei U die an den Quarz angelegte Spannung ist.

Die Größe des konstanten Magnetfeldes wurde so gewählt, daß die akustischen Schwingungen ($\Delta m = \pm 2$)-Übergänge anregten. Die akustische Sättigung wurde über die Änderung des NMR-Absorptionssignals bei der Frequenz von 10 MHz nachgewiesen. Die Abhängigkeit der NMR-Signalgröße von der Spannung U läßt sich durch die Beziehung (9.14) beschreiben:

$$\frac{I}{I_0} = \left[1 + \frac{16}{15} T_1 P_2^A\right], \quad P_2^A = \text{const}\, U^2$$

(der Spin vom In^{115} ist $I = 9/2$). Daraus gelang nach Messungen aller notwendigen Parameter ($T_1 = 0{,}8$ s, $\theta = \pi/2$, $\Delta\nu_a = 26$ kHz) die Bestimmung der Größe der dynamischen Kernquadrupolwechselwirkung $eQS_{11}/\hbar = 70$ MHz, die gut mit dem Wert aus der Untersuchung der In^{115}-NMR-Linienverbreiterung durch axiale Deformation an der gleichen Probe übereinstimmt [15].

Der angeführte Wert der NAR-Linienbreite $\Delta\nu_a = 26$ kHz wurde experimentell über die Abhängigkeit der NMR-Signalamplitude von der Differenz $\nu_a - 2\gamma_n H_0$ bei konstantem äußerem Magnetfeld H_0 und konstanter Deformationsamplitude E_0 bestimmt (eine typische Abhängigkeit dieser Art ist in Abb. 15 zu sehen).

Die In^{115}-NAR-Linienbreite ist ungefähr dreimal größer als die NMR-Linienbreite. Die Autoren der Arbeit [13] nahmen an, daß die Ursache der Linienbreite in beiden Fällen Versetzungen sind. Darüber besteht jedoch keine vollständige Gewißheit, weil nach den theoretischen Berechnungen (8.11) das Verhältnis bei Linienverbreiterungen durch Versetzungen für Spins 9/2 zweimal kleiner (genau 1,73) sein müßte. Die theoretische Größe dieses Verhältnisses bei magnetischer Dipol-Dipol-Linienverbreiterung (ungefähr 1,43) weicht noch mehr von dem experimentellen Ergebnis ab. Deshalb ist es sehr wahrscheinlich, daß bei der NAR-Linienverbreiterung andere Wechselwirkungen, z. B. die Austauschwechselwirkung, eine merkliche Rolle spielen.

Das gleiche Autorenkollektiv führte analoge Untersuchungen an Br^{79}- und Br^{81}-Kernen in KBr-Einkristallen durch [16], aber auch an Na^{23}- und Cl^{35}-Kernen in NaCl- und KCl-Einkristallen [14]. Die von ihnen erhaltenen Ergebnisse sind im § 28 dargelegt.

§ 28. Ergebnisse der stationären NAR-Untersuchungen

Im vorangehenden Paragraphen wurden die NAR-Untersuchungen durch indirekte Methoden erörtert. Die erste Mitteilung über direkte Beobachtung der NAR-Absorption wurde 1958 durch Menes und Bolef [17] veröffentlicht, denen es gelang, die NAR-Absorptionskurven der In^{115}-Kerne im InSb-Einkristall aufzunehmen. Dieser Versuch wurde an dem von ihnen konstruierten akustischen Spektrometer hoher Empfindlichkeit, das den Nachweis einer Schallabsorption der Größenordnung von 10^{-9} cm^{-1} im Frequenzbereich von 5—10 MHz erlaubt, durchgeführt [18 bis 22]; einige Teile des Spektrometers wurden im § 26 beschrieben. Weiter führten diese Autoren NAR-Untersuchungen an einer großen Zahl von Alkalihalogenidkristallen durch.

Menes und Bolef erzeugten mit Hilfe eines Quarztransducers (X-Schnitt) mit einer Grundfrequenz von ungefähr 8 MHz stehende akustische Longitudinalwellen. Die Proben waren Einkristalle von kubischer Form mit einer linearen Ausdehnung von etwa 1—1,5 cm. Die Seitenflächen waren Spaltflächen, während die Flächen, die senkrecht zur Schallausbreitungsrichtung lagen, auf optische Genauigkeit bearbeitet wurden. Durch Rotation der Probe konnte man den Winkel zwischen Schallausbreitungsrichtung und Magnetfeld ändern. Alle Messungen wurden bei Zimmertemperatur durchgeführt.

Die Anordnung von Menes und Bolef registriert die zusätzliche (Spin-) Absorption der akustischen Energie in der Probe, die auftritt, wenn die Frequenz der Spinübergänge mit der Frequenz der akustischen Schwingungen ν_a übereinstimmt. Die Änderung der Abstände zwischen den Spinniveaus wird durch langsame Änderung des konstanten Magnetfeldes nahe dem Wert H_0, der der Resonanz $\omega_a = \gamma_n H_0$ entspricht, erreicht. Auf Abb. 20 sind die aufgenommenen NAR-Signale der J^{127}-Kerne in KJ-Einkristallen bei verschiedenen Orientierungen des konstanten Magnetfeldes in bezug zur Schallausbreitungsrichtung [100] dargestellt [18].

Um den Effekt besser beobachten zu können, benutzt man Kerne mit großen Quadrupolmomenten. Infolge ihrer Wechselwirkungen mit den Kristallgitterdefekten werden die Resonanzlinien inhomogen verbreitert. Die quantitative Auswertung der experimentellen Ergebnisse wird dadurch viel schwieriger.

Das NMR-Spektrum derartiger Kerne kann man gewöhnlich in eine schmale Linie durch die Übergänge zwischen den Spinniveaus $m \pm 1/2$, die in erster Näherung nicht durch die elektrischen Quadrupolwechselwirkungen beeinflußt werden, und eine breite Linie geringerer Inten-

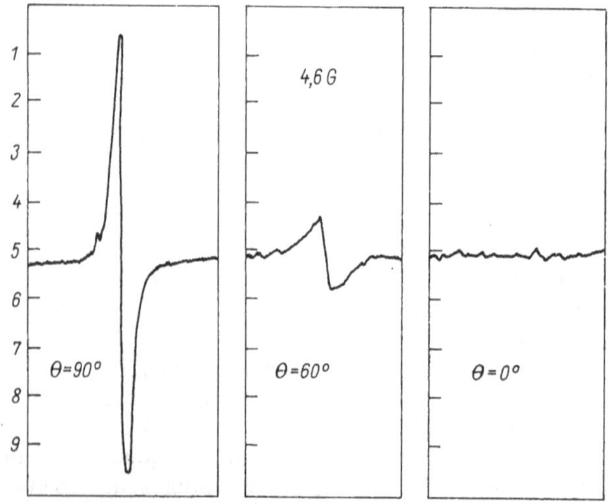

Abb. 20. Differenzierte J^{127}-NAR-Signale im KJ-Einkristall bei einer Frequenz von $\nu_a = 7{,}9$ MHZ ($\Delta m = \pm 2$).
Θ-Winkel zwischen der Schallausbreitungsrichtung [100] und dem konstanten Magnetfeld H_0 [18]

sität durch Übergänge von oder zu einem der Niveaus $m = \pm 1/2$, die aber durch die lokalen elektrischen Felder verschoben sind, zerlegen. Diese Linien liegen aufeinander, ihre Maxima fallen zusammen. Als Illustration dieser Tatsache kann die in Arbeit [18] erhaltene J^{127}-NMR-Linienform vom KJ dienen (Abb. 21).

Nur die Satellitenlinie der NMR kann zum NAR-Spektrum beitragen, weil infolge der Quadrupolauswahlregeln der Ultraschall keine Übergänge zwischen den Spinniveaus $m = \pm 1/2$ induziert. Außerdem muß man bei der Auswertung der Ergebnisse berücksichtigen, daß die Kerne, die sich in der Nähe der Gitterdefekte befinden, aus den Betrachtungen auszuschließen sind. Wegen der

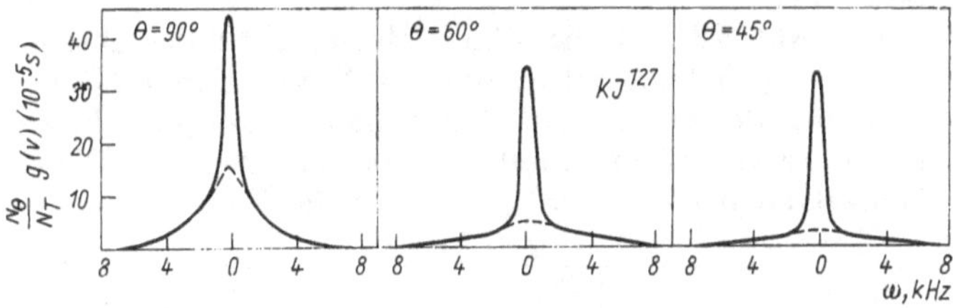

Abb. 21. J^{127}-NMR-Linienform in KJ-Einkristallen bei verschiedenen Winkeln Θ zwischen dem konstanten Magnetfeld und der kristallographischen Richtung [100].
Die gestrichelte Linie stellt die Satellitenlinie dar [18]

starken Quadrupolwechselwirkung sind ihre Spinenergieniveaus so weit verschoben, daß diese Kerne keinen Beitrag zur Absorptionslinie bei $\gamma_n H_0$ geben. Wohlgemerkt bezieht sich das Gesagte nur auf Übergänge, die zur Satellitenlinie beitragen.

Zur Bestimmung der Anzahl der Kerne, die einen Beitrag zur Satellitenlinie und folglich zur NAR-Linie liefern, führten Bolef und Menes eine Absolutmessung der Intensität der Satellitenlinie durch und verglichen sie mit dem theoretischen Wert dieser Intensität für alle Kerne. Dabei stellte sich heraus, daß die zur Satellitenlinie beitragende Zahl der Kerne N_θ von der Orientierung des konstanten Magnetfeldes in bezug zur Schallausbreitungsrichtung abhängt. Zum Beispiel beträgt bei $\theta = 90°$ die Größe N_θ für KJ- und KBr-Einkristalle 74 bzw. 77% der gesamten Anzahl der Kerne.

Die Abhängigkeit des Schallabsorptionskoeffizienten von der Schallausbreitungsrichtung im Magnetfeld bei Anregung von Übergängen mit Änderung der magnetischen Quantenzahl Δm um $\pm q = 1{,}2$ wird durch den

Ausdruck (siehe (6.5))

$$\sigma_q = \text{const}\, g_q(\nu) \sin^{2q}\left(\frac{2\theta}{q}\right)$$

bestimmt.

Auf Abb. 22a ist die Winkelabhängigkeit der Intensität der Schallabsorption durch J^{127}-Kerne in KJ-Einkristallen dargestellt [18]. Der Schall breitet sich dabei längs der kristallographischen [100]-Richtung aus. Diese Winkelabhängigkeit wird gut durch die Funktion $\sin^4\theta$

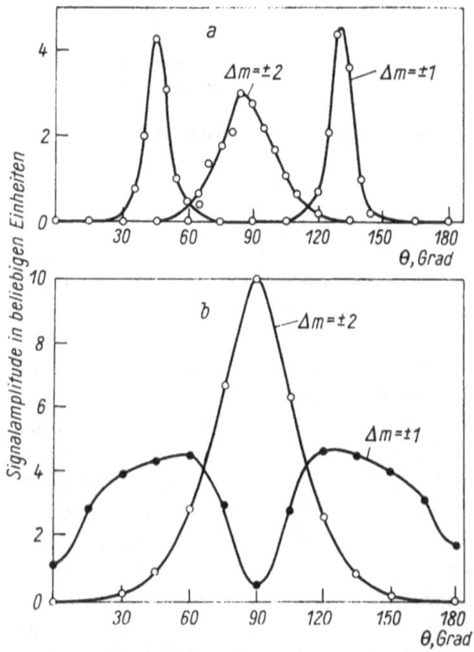

Abb. 22. **Abhängigkeit der NAR-Amplitude der J^{127}-Kerne in KJ-Einkristallen von der Richtung des Magnetfeldes in bezug zur Schallausbreitungsrichtung.**

a) Schallausbreitungsrichtung längs der [110]-Achse [22];
b) Schallausbreitungsrichtung längs der [100]-Achse [18]

für ($\Delta m = \pm 2$)-Übergänge und die Funktion $\sin^2 2\theta$ für die ($\Delta m = \pm 1$)-Übergänge beschrieben. In einer Reihe von Fällen [17, 18] wird jedoch eine merkliche Abweichung zwischen den Meßwerten und den Kurven $\sin^{2q}(2\theta/q)$ beobachtet (Abb. 22b). Diese Abweichungen lassen sich durch die Winkelabhängigkeit der Linienform $g_q(\nu)$ erklären.

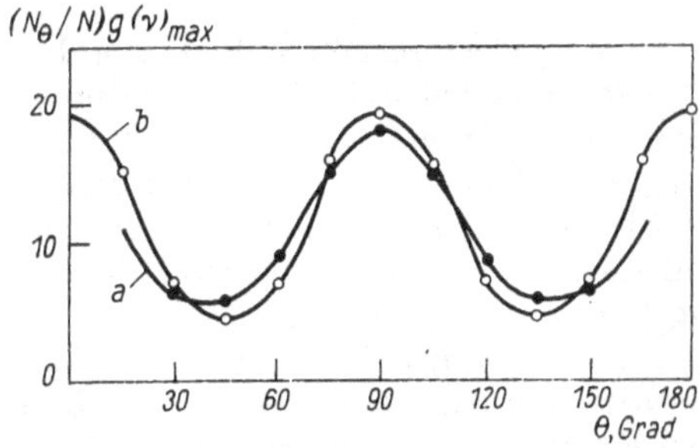

Abb. 23. Abhängigkeit der reduzierten Linienform $N_\theta/Ng_\theta(\nu)$ von der Richtung (θ) des Magnetfeldes in bezug zur Kristallachse [100] im KJ-Einkristall [18]
a) für die NAR-Absorptionslinie ($\Delta m = \pm 2$);
b) für die Satellitenlinie im NMR-Spektrum

Um diese Annahme zu prüfen, wurden die experimentell ermittelten Werte der Absorption für die ($\Delta m = \pm 2$)-Übergänge aus Abb. 22b durch $\sin^4\theta$ dividiert, wodurch sich die Winkelabhängigkeit von $(N_\theta N)g_2(\nu)$ ergab. Sie ist auf Abb. 23 zusammen mit der Winkelabhängigkeit der Größe $(N_\theta N)g_2(\nu)$ für die Satellitenlinie des NMR-Spektrums dargestellt. Die gute Übereinstimmung ist offensichtlich; auf analoge Weise gelang es, die beträchtliche Abweichung der Funktion $\sigma_2(\theta)$ von $\sin^4\theta$ für die NAR-Absorption der J^{127}-Kerne in CsJ zu erklären [22].

Die Anisotropie der Linienform deutet darauf hin, daß die Defekte in den Kristallen nicht in statistischer Weise verteilt sind. In erster Näherung ist die Abweichung der Energie des Spinniveaus E_m von der ZEEMAN-Energie $m\gamma_n H_0$ infolge der Quadrupolwechselwirkungen gleich

$$E_m - m\gamma_n H_0 = \frac{3e^2qQ}{8I(2I-1)}[3m^2 - I(I+1)] \times (3\cos^2\alpha - 1), \quad (28.1)$$

wobei α der Winkel zwischen der Richtung des Gradienten eq des statistischen elektrischen Feldes und H_0 ist. Der Ausdruck (28.1) hat ein Maximum bei $\alpha = 0, \pi$. Durch Vergleich dieser Beziehung mit der Winkelabhängigkeit der Linienbreite (Abb. 23) unter Berücksichtigung der Schallausbreitung im gegebenen Fall in der [100]-Richtung kann man schließen, daß die Gradienten der statistischen elektrischen Felder, die durch Versetzungen hervorgerufen werden, vorzugsweise in Richtung der kubischen Kristallachse gerichtet sind.

Die Winkelabhängigkeit der NAR-Absorption bestätigt daher die Annahme eines Quadrupolmechanismus als Kopplung zwischen den Kernen und dem Schall. Als weitere Bestätigung dieser Tatsache kann das Größenverhältnis der NAR-Absorption durch die verschiedenen Isotope eines Elementes in einem Einkristall dienen. Von BOLEF und MENES wurden derartige Vergleiche für die Br^{79}- und Br^{81}-Kerne in KBr, aber auch für Sb^{121} und Sb^{123} in InSb durchgeführt. Es zeigte sich, daß bei senkrechter Orientierung des Magnetfeldes zur [100]-Achse, längs der sich der Schall ausbreitet,

$$\frac{\sigma_2(Sb^{123})}{\sigma_2(Sb^{121})} = 1{,}45 \quad \text{und} \quad \frac{\sigma_2(Br^{79})}{\sigma_2(Br^{81})} = 1{,}2$$

ist, während aus theoretischen Betrachtungen (6.5)

$$\frac{\sigma_2(Sb^{123})}{\sigma_2(Sb^{121})} = \frac{Q^2(Sb^{121})}{Q^2(Sb^{123})} \times \frac{43}{57}\frac{\Delta\nu_{121}}{\Delta\nu_{123}} = 1{,}35$$

und

$$\frac{\sigma_2\,(\mathrm{Br}^{79})}{\sigma_2\,(\mathrm{Br}^{81})} = \frac{Q^2(\mathrm{Br}^{79})}{Q^2(\mathrm{Br}^{81})}\,\frac{50{,}6}{49{,}4}\,\frac{\Delta\nu_{81}}{\Delta\nu_{79}} = 1{,}3$$

folgt, wobei 43/57 und 50,6/49,4 der relative Anteil der Isotope in den Proben, $\Delta\nu_{121}$ und $\Delta\nu_{123}$ die NAR-Linienbreiten der Isotope Sb^{121} und Sb^{123} usw. sind. Für die magnetische Dipol-Dipol-Wechselwirkung der Kerne mit dem Schall ergibt die Rechnung unter den gleichen Bedingungen

$$\frac{\sigma_2(\mathrm{Sb}^{123})}{\sigma_2(\mathrm{Sb}^{121})} = 0{,}57 \quad \text{und} \quad \frac{\sigma_2\,(\mathrm{Br}^{79})}{\sigma_2\,(\mathrm{Br}^{81})} = 0{,}86,$$

was schlechter mit den experimentellen Werten übereinstimmt.

In Tabelle 2, die von SCHUTILOW [23] und BOLEF [22] zusammengestellt und durch experimentelle Ergebnisse

Tabelle 2. Resultate von NAR-Experimenten

Kristall	Kern	Spin	$Q \cdot 10^{24}$ cm²	ν_2 MHz	$\Delta\nu$ kHz	$\alpha_{2x} \cdot 10^8$ cm^{-1}	$e^2 q_1 Q/\hbar$ MHz	T K	Literatur
NaCl	Na^{23}	3/2	0,11	4,75	4,0	0,013	5	298	[2]
	Na^{23}	3/2	0,11	–	–	0,34	130	298	[52]
	Na^{23}	3/2	0,11	12,5	2,8	0,03	12	298	[5]
	Na^{23}	3/2	0,11	7,5	2,4	0,52	200	298	[22]
	Na^{23}	3/2	0,11	–	4	–	20	298	[14]
NaJ	Na^{23}	3/2	0,11	10,0	4,65	1,0	–	298	[4, 37]
NaCl	Cl^{35}	3/2	−0,08	–	–	1	400	298	[52]
	Cl^{35}	3/2	−0,08	7,2	0,9	0,05	20	298	[5]
	Cl^{35}	3/2	−0,08	–	1	–	40	298	[14]
$NaClO_3$	Cl^{35}	3/2	−0,08	30,57	1,2	0,3	55	298	[1]
KBr	Br^{79}	3/2	0,36	9,65	5,8	0,72	97	298	[18]
	Br^{81}	3/2	0,28	9,75	5,5	0,6	82	298	[18]
	Br^{79}	3/2	0,36	–	4	–	100	298	[16]
	Br^{81}	3/2	0,28	–	3,5	–	80	298	[16]
NaJ	J^{127}	5/2	−0,78	8,41	21,7	2,1	660	298	[37, 21]
KJ	J^{127}	5/2	−0,78	7,90	6,5	1,4	300	298	[16, 37]
RbJ	J^{127}	5/2	−0,78	7,88	76	0,28	615	298	[37, 21]
CsJ	J^{127}	5/2	−0,78	8,37	22	2,7	1600	298	[37, 21]
InSb	In^{115}	9/2	1,16	20	28	–	70	77	[13, 14]
	Sb^{121}	5/2	−0,50	20	35	–	100	77	[13, 14]

der Gruppe GOLENISTSCHEW-KUTUSOW [13, 14, 16] ergänzt wurde, sind die durch NAR-Untersuchungen an Ionenkristallen mit der direkten und der Sättigungsmethode erhaltenen experimentellen Ergebnisse zusammengefaßt.

Die Methode der direkten Beobachtung der NAR-Absorption nach BOLEF und MENES diente auch zur Untersuchung von Metallen [24, 25].

BARNES [24] berichtet kurz über das von ihm beobachtete NAR-Signal der Cu^{63}- und Cu^{65}-Kerne in Kupfereinkristallen. In der kubischen Probe mit einer Kantenlänge von etwa 0,5 cm, die längs der Kubenachsen des Kristalls herausgeschnitten ist, wurden ($\Delta m = \pm 2$)-Spinübergänge mittels longitudinaler akustischer Schwingungen der Frequenz $\nu_a = 5{,}223$ MHz angeregt. Die NAR-Linienbreiten konnten nicht genau bestimmt werden, weil während des gesamten Experimentes die Linien teilweise gesättigt wurden. Die ungefähre Breite der nichtgesättigten NAR-Linie schätzt BARNES auf 25 G für Cu^{63} und 50 G für Cu^{65}. Beide Linien waren in Richtung höherer Felder im Vergleich zur Resonanz mit Cu in nichtmetallischen Proben um 85 G für Cu^{65} und 170 G für Cu^{63} verschoben.

Da nicht genügend experimentelle Angaben vorliegen, ist es schwierig, einen Vergleich zwischen Theorie und Experiment durchzuführen. Man kann nur feststellen, daß die gefundene Verschiebung der Resonanzfrequenz die KNIGHT-Shift um das 20fache übertrifft. Das widerspricht dem Resultat (18.8), gemäß dem die Frequenzverschiebung der NAR für ($\Delta m = \pm 2$)-Übergänge gleich der doppelten KNIGHT-Shift sein müßte.

Eine Mitteilung von GREGORI und BÖMMEL [25] enthält eine kurze Darlegung der Resultate von NAR-Untersuchungen an Ta^{181}-Kernen ($I = 7/2$) in Tantaleinkristallen. Es wurden zwei zylinderförmige Proben mit einem Durchmesser von 0,5 cm und einer Länge von 1 cm benutzt, deren Zylinderachsen die [100]- bzw. [111]-Richtung waren. Längs der Zylinderachse wurden longitudinale und transversale akustische Schwingungen mit einer Frequenz von $\nu_a = 10{,}378$ MHz angeregt. Die Messungen wurden bei der Temperatur des flüssigen Stickstoffs durchgeführt. Das Signal-Rausch-Verhältnis war besser als 70.

In den beiden Proben wurden einige Linien, die $(\Delta m = \pm 1)$- und $(\Delta m = \pm 2)$-Übergängen bei verschiedenen Winkeln θ entsprachen, untersucht. Wie die Autoren mitteilen, ist es nicht möglich, die Abweichung der Winkelabhängigkeit der Signalintensität von $\sin^{2q}(2\theta/q)$ der Abhängigkeit der Linienform von θ zuzuschreiben, wie dies in den Ionenkristallen der Fall ist. Die Erklärung dafür sehen GREGORI und BÖMMEL darin, daß in ihren Proben eine Umwandlung der Schwingungsmoden erfolgt, die durch das kleine Verhältnis Probendurchmesser zu akustischer Wellenlänge verursacht wurde. Dadurch waren in der Probe gleichzeitig longitudinale und transversale akustische Schwingungen vorhanden, und die Winkelabhängigkeit der Intensität erwies sich als kompliziert.

Die KNIGHT-Shift (etwa 1,8%) liegt in der gleichen Größenordnung wie die Verschiebung (1,14%) der NMR-Linie.

§ 29. NMR in elastisch-deformierten Kristallen

Ein statischer Druck (Deformation) kann auch als Druck interpretiert werden, der durch Schall mit der Frequenz Null erzeugt wird. Folglich sollte seine Kopplung mit dem Spinsystem durch den gleichen $S_{\beta\gamma\delta\alpha}$-Tensor bestimmt sein, der auch im Operator der Spin-Phonon-Kopplung (5.2) auftritt. Bei der Ableitung dieses Operators wurde in keiner Weise vorausgesetzt, daß der Deformationstensor E periodisch (oder in irgendeiner anderen Form) von der Zeit abhängt. Deshalb ist Gl. (5.2) auch zur Beschreibung statischer Deformationen geeignet.

Wir wollen ausführlicher den Einfluß elastischer Deformationen auf die NMR in kubischen Kristallen erörtern. Beim Anlegen eines einachsigen Druckes wird die Symmetrie des lokalen elektrischen Feldes des kubischen Kristalles erniedrigt. Liegt der Druck beispielsweise in [010]-Richtung des Kristalles an, so besitzt das elektrische Feld an den Kernen im Kristallgitter tetragonale Symmetrie mit der ausgezeichneten Achse [010]. Ein Druck in [110]-Richtung führt zu einem Kristallfeld orthorhombischer Symmetrie usw.

Auf Grund der Abweichung des elektrischen Kristallfeldes von der kubischen Symmetrie wird die Energie der Kernquadrupol-Wechselwirkung von Null verschieden. Wie bereits erläutert, kann sie in allgemeiner Form durch Gl. (5.2) dargestellt werden. Dabei ist $\mathrm{E}_{\gamma\delta}$ der Deformationstensor, der durch den statischen Druck erzeugt wird. Nun kann man erwarten, daß beim Anlegen eines genügend großen Druckes die Größe (5.2) in Frequenzeinheiten größer wird als die Linienbreite der NMR und damit eine Aufspaltung der NMR-Linie durch Einfluß der Quadrupol-Wechselwirkung eintritt. Der zur Erzeugung einer Linienaufspaltung benötigte Druck ist jedoch sehr groß, so daß unter üblichen Bedingungen nur eine Verbreiterung der NMR-Linie beobachtet wird.

Die Kopplung von Kernresonanzlinienbreite und Deformationstensor kann man über folgende Darstellung ableiten. In erster Näherung der Störungstheorie liefern nur die Teile des Deformations-Quadrupoloperators einen Beitrag zum Kernresonanzspektrum, die mit dem Zeeman-Term kommutieren:

$$\hat{\mathscr{H}}_E^{\mathrm{def}} = \frac{1}{2}\,\mathscr{A}[3\hat{I}_z^2 - \hat{I}(\hat{I}+1)]\,V_{zz}^{\mathrm{def}},$$

$$V_{zz}^{\mathrm{def}} = \sum_{\gamma\delta} S_{zz\gamma\delta}\mathrm{E}_{\gamma\delta}, \tag{29.1}$$

mit $\mathscr{A} = \dfrac{eQ}{2I(2I-1)}$.

Diese Energie bewirkt eine Energieniveauverschiebung. Die Abweichung $\Delta\nu_m = \nu_m - \nu_0$ der Frequenzdifferenz $\nu_m = (E_m - E_{m-1})h^{-1}$ zwischen den Kern-ZEEMAN-Niveaus E_m und E_{m-1} von der LARMOR-Frequenz ν_0 ergibt sich zu

$$\Delta\nu_m = \frac{3}{2}\frac{\mathcal{A}\, V_{zz}^{\mathrm{def}}}{h}(2m-1).$$

Die unterschiedliche Verschiebung $\Delta\nu_m$ der einzelnen Spinübergänge ν_m führt im Ergebnis zu einer Verbreiterung der NMR-Linie, für deren zweites Moment wir folgenden Ausdruck erhalten:

$$M_2 = M_2(0) + \sum_m W_m \Delta\nu_m = M_2(0) + \frac{9}{20}[4I(I+1) - 3]\left(\frac{\mathcal{A}\, V_{zz}^{\mathrm{def}}}{h}\right)^2. \tag{29.2}$$

$W_m = \dfrac{|\langle m|\hat{I}_+|m-1\rangle|^2}{\sum\limits_m |\langle m|\hat{I}_+|m-1\rangle|^2}$ ist die normierte relative Übergangswahrscheinlichkeit zwischen den Niveaus m und $m-1$, induziert durch ein magnetisches Resonanzfeld. $M_2(0)$ ist das zweite Moment der NMR-Linie im undeformierten Kristall.

Ein Vergleich der zweiten Momente der NMR-Linie im deformierten und im unverformten Kristall gestattet es auf diese Weise, V_{zz}^{def} zu ermitteln. Falls der Deformationstensor $E_{\gamma\delta}$ bekannt ist, kann man daraus die Komponenten des S-Tensors (oder bestimmte Linearkombinationen davon) bestimmen. Solche Untersuchungen in kubischen Kristallen wurden erstmals von SHULMAN, WYLUDA, ANDERSON [15] veröffentlicht. Sie haben die Komponenten des S-Tensors für In^{115} im Einkristall von InSb bestimmt. Im Experiment wurden die abgeleiteten Absorptionskurven von In^{115} in deformierten und nichtdeformierten Kristallen registriert und verglichen. Bei der Gegenüberstellung der Versuchsergebnisse mit den theoretischen Ansätzen wurde die Voraussetzung gemacht, daß die reine Kernresonanzlinie eine GAUSS-Form besitzt und diese auch beim Anlegen des Druckes erhalten bleibt. In diesem Falle ist das 2. Moment M_2 durch die einfache Beziehung $M_2 = (\delta\nu/2)^2$ mit der Linienbreite $\delta\nu$ zwischen den Punkten maximaler und minimaler Intensität der abgeleiteten Resonanzkurve verbunden. Für GAUSS-Kurven ist das Produkt $2J(\delta\nu/2)^2$ (J ist die Größe des abgeleiteten Signales im Maximum) proportional zur Intensität der gesamten Absorptionslinie. Wenn man voraussetzt, daß sich die Intensität der Linie bei der Deformation nicht verändert, dann erhalten wir $J(\delta\nu)^2 = J_0(\delta\nu_0)^2$, wobei J, $\delta\nu$ und J_0, $\delta\nu_0$ die entsprechenden Größen mit und ohne äußeren Druck bezeichnen. Daraus kann man nun leicht die Veränderung des 2. Momentes bei Einwirken der Deformation ableiten:

$$\delta M_2 = M_2 - M_2(0) = \left(\frac{\delta\nu_0}{2}\right)^2 \left(\frac{J_0}{J} - 1\right). \quad (29.3)$$

Diese Beziehung gestattet es auf einfache Weise, aus den empirischen Werten $\delta\nu_0$ und J_0/J den Feldgradienten V_{zz}^{def} und die damit zusammenhängenden mikroskopischen Parameter zu bestimmen.

Ausführliche Messungen der Tensorkomponenten S_{jk} wurden von LEMANOW und BOGDANOW [26, 27] für eine Reihe von Alkali-Halogenid-Kristallen und auch für InSb veröffentlicht. Dabei wurde besonders die Abhängigkeit des Feldgradienten von der Orientierung des Magnetfeldes bezgl. der Kristallachsen untersucht. Der Druck wurde in drei verschiedenen kristallografischen Richtungen [001], [110] und [112] angelegt. Das Magnetfeld lag in einer Ebene senkrecht zur Richtung des äußeren Druckes (Abb. 24).

Zur Deutung der Ergebnisse ist es günstig, V_{zz}^{def} mit dem am Kristall angelegten Druck p in Beziehung zu setzen. Dazu wurden in der Arbeit [26] folgende Zusammenhänge abgeleitet:

$$V_{zz}^{\text{def}} = -\frac{1}{3} S_{44} s_{44} p \tag{29.4}$$

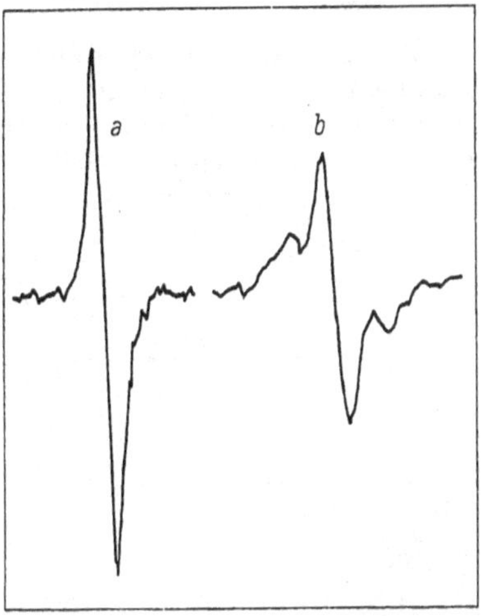

Abb. 24. Druckabhängigkeit des NMR-Signales von Cl^{35} in einem NaCl-Einkristall [27].
a) $p = 0$,
b) $p = 3 \cdot 10^7$ dyn/cm^2 in [111]-Richtung

beim Anlegen der Kompression in [111]-Richtung,

$$V_{zz}^{\text{def}} = \frac{1}{2} S_{11} (s_{11} - s_{12}) p \tag{29.5}$$

bei Kompression in [001]-Richtung,

$$V_{zz}^{\text{def}} = -\frac{1}{4} \left\{ \frac{1}{2} S_{11} (s_{11} - s_{12}) + S_{44} s_{44} + \left[\frac{3}{2} S_{11} (s_{11} - s_{12}) - S_{44} s_{44} \right] \cos 2\theta \right\} p \tag{29.6}$$

bei Kompression in [110]-Richtung. Dabei ist θ der Winkel zwischen der [001]-Richtung und dem Magnetfeld. Die $s_{\alpha\beta}$ sind die elastischen Konstanten, die den Deformationstensor E_α mit dem Spannungstensor p_β verbinden: $E_\alpha = \sum_{\beta=1}^{6} s_{\alpha\beta} p_\beta$.

Aus den Gleichungen (29.4) bis (29.6) ist zu erkennen, daß der Feldgradient V_{zz}^{def} nur beim Anlegen des Druckes in [110]-Richtung vom Winkel θ abhängt. Diese Schlußfolgerung wurde durch experimentelle Versuche bestätigt. Sie sind in Abb. 25 zur Illustration wiedergegeben.

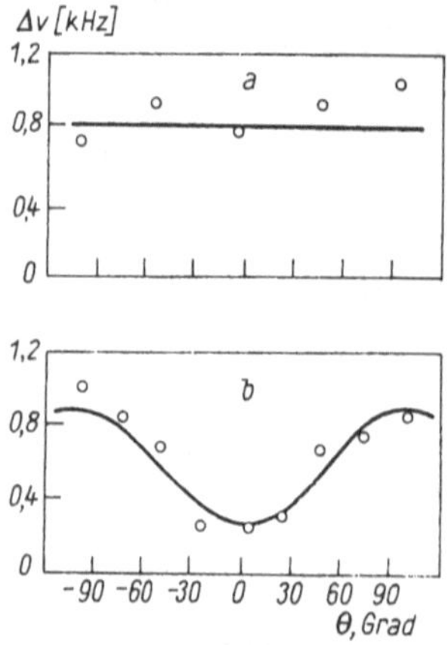

Abb. 25. Abhängigkeit der Frequenzverschiebung der Satellitenlinien von Cl^{35} von der Orientierung des Magnetfeldes im NaCl-Einkristall.

a) $p = 3 \cdot 10^7$ dyn/cm², Druck in [111]-Richtung, θ ist der Winkel zwischen [110]-Richtung und Magnetfeld,

b) $p = 1{,}5 \cdot 10^7$ dyn/cm², Druck in [110]-Richtung, θ ist der Winkel zwischen der [001]-Richtung und dem Magnetfeld

In Tab. 3 sind als Ergebnis die Tensorkomponenten der dynamischen Quadrupol-Kopplung, wie sie in den Arbeiten [26] und [27] erhalten wurden, zusammengefaßt. (Die Genauigkeit wird von den Autoren mit 40%

abgeschätzt.) Diese Resultate befinden sich in qualitativer Übereinstimmung mit den Ergebnissen der akustischen Kernresonanz. In den letzten beiden Spalten sind die Antishieldingfaktoren angegeben. Für die Kationen

Tabelle 3. Tensorkomponenten der dynamischen Quadrupolkopplung in kubischen Kristallen, bestimmt aus dem Einfluß eines einachsigen Druckes auf die NMR-Linie

Kristall	Kern	$S_{11} \cdot 10^{-15}$ in cgs-Einh.	$S_{44} \cdot 10^{-15}$ in cgs-Einh.	S_{44}/S_{11}	γ_{exp}	γ_{theor} [6]
NaF	Na^{23}	4,5	2,8	−0,61	10	5,5
NaCl	Na^{23}	2,0	1,1	−0,54	8	5,5
NaCl	Cl^{35}	2,5	7,0	2,8	10	57,6
KCl	Cl^{35}	1,0	0,8	0,8	5	57,6
InSb	In^{115}	8	10	−1,2	–	–
InSb	Sb^{121}	12	53	4,4	–	–

(Na^+) liefert das Experiment etwas zu große Werte und für die Anionen (Cl^-) wesentlich zu kleine Werte im Vergleich zu den theoretischen Größen. Das Verhältnis S_{44}/S_{11} unterscheidet sich auch ganz beachtlich von dem für ein Ionenmodell vorausgesagten Wert von -1, wobei diese Unterschiede besonders groß für die Anionen sind, da hier sogar umgekehrte Vorzeichen auftreten. Aus diesen Ergebnissen kann man schließen, daß ein qualitativer Unterschied im Charakter der elektrischen Felder am Ort der Kationen und der Anionen beim Anlegen einer elastischen Deformation besteht. Wahrscheinlich ist das Ionenmodell eine zu grobe Näherung zur Beschreibung dieses gesamten experimentellen Sachverhaltes.

Wir haben nicht die Möglichkeit, hier auf analoge Experimente in anderen Stoffklassen einzugehen, und möchten die Leser auf die Arbeiten [28] und [29] aufmerksam machen, in denen der Einfluß eines allseitigen Druckes auf die Kernquadrupolresonanzfrequenz in nichtkubischen Kristallen untersucht wurde. Die Probleme der magnetischen Resonanz in Stoffen (Ionenkristallen, Metallen, magnetisch geordneten Systemen), die einem starken allseitigem Druck unterworfen sind, werden in der Monografie von Benedeck [30] behandelt.

§ 30. Deutung der experimentellen Werte des Tensors der dynamischen Quadrupolkopplung

Bei der Deutung der im Experiment gemessenen Werte der Tensorkomponenten S_{jk} über den Ansatz eines Ionenmodelles wird vorausgesetzt, daß der elektrische Feldgradient an den Kernen durch Punktladungen $\gamma_Q Ze$ (Ze-Ladung der Ionen) erzeugt wird, die sich in den benachbarten Gitterpunkten befinden. Zur Erzielung quantitativer Übereinstimmung ist es dabei nötig, daß der Faktor γ_Q eingeführt wurde, der für die verschiedenen Ionen Zahlenwerte im Bereich von der Größenanordnung Eins bis zu einigen Hundert annimmt. Die Notwendigkeit der Einführung eines solchen Faktors zeigte sich schon früher bei der Deutung der Spektren der Kernquadrupolresonanz von zweiatomigen Molekülen und der Spin-Gitter-Relaxationszeit über Quadrupolwechselwirkung.

Das Ionenmodell des Kristalles mit den tatsächlichen Ladungen (Ze) der Ionen kann den physikalischen Sachverhalt nicht richtig wiedergeben, da die Kernquadrupolmomente die Elektronenhüllen ihrer Ionen polarisieren und damit ein Quadrupolmoment des gleichen Vorzeichens in der Hülle induzieren. Die äußeren Ladungen beeinflussen auch die Elektronenhülle des Ions, so daß sie das Kernquadrupolmoment abschirmt. Aus theoretischen Überlegungen ist es möglich, den Einfluß der Polarisation des Ions auf die Kernquadrupol-Wechselwirkung durch einen Parameter $-\gamma_\infty$ zu charakterisieren, der der Elektronenhülle des Ions eigen ist. Die Energie der Quadrupolwechselwirkung wird damit um den Faktor $\gamma_Q = 1 - \gamma_\infty$ vergrößert [31]:

$$\hat{\mathscr{H}}_E = \gamma_Q \sum_{q=-2}^{2} (-1)^q \hat{Q}_{2,q} \nabla E_{-q}. \qquad (30.1)$$

Der Parameter γ_∞ ist normalerweise negativ. Das führt zu einer Vergrößerung der Quadrupol-Wechselwirkung; deshalb wird er oft auch als „Antishielding-Faktor" bezeichnet.

Gegenwärtig gibt es mindestens drei Arten von experimentellen Daten, aus denen man über das Ionenmodell γ_Q bestimmen kann.

Wir entwickeln den Tensor des elektrischen Feldgradienten ∇E_q in eine Reihe nach den Deformationen E (E < 1):

$$\nabla E_q = \nabla E_q^0 + \nabla E_q^1 \mathrm{E} + \frac{1}{2} \nabla E_q^2 \mathrm{EE} + \cdots \qquad (30.2)$$

Das erste Glied der Entwicklung (30.2), eingesetzt in (30.1), beschreibt die statische Quadrupol-Wechselwirkung und bestimmt insbesondere die Frequenz der Quadrupolresonanz zweiatomiger Moleküle. Die Interpretation dieses Spektrums mit dem Ionenmodell gestattet es, daraus einen Wert γ_Q zu bestimmen, den man mit dem Symbol $\gamma_Q^{(0)}$ bezeichnet. In den Versuchen der Absorption der NAR wird die erste Ableitung des Gradienten $\nabla E_q^{(1)}$ gemessen und daraus eine Größe γ_Q gefunden, die man mit $\gamma_Q^{(1)}$ bezeichnet. Aus der Messung der Spin-Gitter-Relaxationszeit kann man schließlich die 2. Ableitung des Feldgradienten $\nabla E_q^{(2)}$ und daraus $\gamma_Q^{(2)}$ bestimmen. In Tabelle 4, die von BOLEF [22] zu-

Tabelle 4. Experimentelle und theoretische Werte von γ_Q bei $T = 298$ K

Stoff	Kern	$\gamma_Q^{(0)}$ [53]	$\gamma_Q^{(1)}$ [18, 37]	$\gamma_Q^{(2)}$ [36]	$\gamma_Q^{\mathrm{theor}}$ [32
NaCl	Na^{23}	10	17	60	5,5
KBr	Br^{79}	10	26	260	100
KJ	J^{127}	33	38	850	180

sammengestellt wurde, sind die experimentellen Werte zusammen mit den Ergebnissen der theoretischen Berechnungen von WIKNER und DAS [32] verglichen. In der Tabelle sind die Differenzen zwischen den mit verschiedenen Methoden ermittelten Werten von γ_Q deutlich erkennbar. Es ist unmöglich, die Ergebnisse eines der Experimente aus den Ergebnissen eines beliebigen anderen Experimentes vorauszubestimmen.[1]) Das zeugt deutlich von der Grobheit der benutzten Ionennäherung.

Noch ernsthaftere Argumente gegen das einfache Ionenmodell in Ionenkristallen wurden in den Versuchen von TAYLOR und BLOEMBERGEN [5] gefunden. Sie stellten die Isotropiebedingungen (27.2) des Tensors der Spin-Phonon-Kopplung mit $S_{11}/S_{44} = 3/4$ auf, während das Ionenmodell für einen Kristall vom NaCl-Typ $S_{11}/S_{44} = -1$ entsprechend (5.8) liefert. Es ist charakteristisch, daß dieses Modell schon für solche klassischen Ionenverbindungen wie NaCl keine richtigen Aussagen liefert.

Eine andere Behandlung zur Erklärung der experimentellen Daten kann man über das Modell der kovalenten Bindungen versuchen. Es wurde zur Erklärung der chemischen Verschiebung, der Spin-Gitter-Relaxationszeit und der indirekten Spin-Spin-Wechselwirkung in Alkalihalogeniden benutzt [34, 35]. Doch ein Vergleich der Spin-Gitter-Relaxationszeiten, die mit dem Ionen- und dem kovalenten Modell berechnet wurden, zeigt, daß man beide Modelle berücksichtigen muß [36].

MENES und BOLEF [37] führten systematische Messungen des Tensors S_{jk} der Spin-Phonon-Kopplung für den Kern J^{121} in den Einkristallen NaJ, KJ, RbJ und CsJ durch, um die Natur der dynamischen Quadrupol-Wechselwirkung zu deuten. Sie interpretierten ihre Ergebnisse über das Modell der kovalenten Bindungen.

---

[1]) In dem Artikel [33] wurde bei der zahlenmäßigen Berechnung des Absorptionskoeffizienten σ der NAR ein Wert für γ_Q benutzt, der aus den Ergebnissen der Spin-Gitter-Relaxationszeit [32] entnommen wurde. Das führte zu einer großen Differenz der experimentellen Werte von σ [18].

Sie folgten den Vorstellungen von JOSIDA [34] und setzten voraus, daß die Deformation der Elektronenhülle vom J^--Ion durch einen teilweisen Übergang des äußeren p-Elektrons in den angeregten Zustand verursacht wird. Das dabei in der p-Schale zurückbleibende Loch erzeugt den elektrischen Feldgradienten am Kern. Der Anteil des angeregten Zustandes wird durch den dimensionslosen Parameter λ gekennzeichnet. Er bleibt eine theoretische Hilfsgröße und muß aus dem Versuch ermittelt werden. Zur Bestimmung des durch Deformation erzeugten Feldgradienten muß man die Abhängigkeit des Parameters λ vom Abstand R zwischen den Ionen kennen. Man nimmt einen experimentellen Abfall mit

$$\lambda = \lambda_0 \exp\left\{\frac{R_0 - R}{\varrho}\right\}$$

an. R_0 ist der Wert von R im undeformierten Gitter, ϱ ist ein Parameter, in unserem Falle gleich 0,345 Å.

MENES und BOLEF erhielten unter Benutzung dieser Näherungen folgenden Ausdruck für die Tensorkomponente S_{11} für dynamische Quadrupol-Kopplung:

$$S_{11} = \frac{8}{5}\,\frac{e\lambda_0 R_0}{\varrho}\left\langle\frac{1}{r^3}\right\rangle_p . \tag{30.3}$$

Hier ist $\langle 1/r^3\rangle/$ der über die Elektronen der äußeren p-Schale gemittelte Wert von $1/r^3$. Er beträgt für $J^- \approx 122 \times 10^{24}\ \text{cm}^{-3}$. In Tabelle 5 sind die Werte des Parameters λ

Tabelle 5. Kovalenter Bindungsanteil bei J^--Ionen in kubischen Kristallen aus Daten der NAR und aus der chemischen Verschiebung χ [37]

Kristall	R_0 [Å]	$e^2 q_1 Q$ [MHz]	γ_1	$Z\lambda_0$ (%) aus $e^2 q_1 Q$	χ (10^{-4})	$Z\lambda_0$ (%) aus χ
NaJ	3,23	660	69	8,5	1,2	4,0
KJ	3,52	300	38	3,5	1,0	3,3
RbJ	3,66	615	80	7,0	1,7	5,5
CsJ	3,95	1600	200	16,5	5,0	16,5

angegeben, die bei der Ableitung der experimentellen Größen S_{11} benutzt wurden (Z ist die Zahl der nächsten Nachbarn).

In der letzten Spalte der Tabelle 5 sind die Werte des Parameters λ_0 aufgeführt, die bei der theoretischen Interpretation der experimentellen Werte der chemischen Verschiebung von J^{127} in den gleichen Stoffen ermittelt wurden. Bekanntlich wird die Verschiebung durch die abschirmende Wirkung der den Kern umgebenden Elektronen verursacht. Dadurch liegt die magnetische Resonanz des Kernes bei gleicher Frequenz in verschiedenen Stoffen bei verschiedenen Werten des äußeren konstanten Magnetfeldes. Es ist leicht zu übersehen, daß die Größe der chemischen Verschiebung vom Zustand der Elektronen in den Atomen und damit von der Natur der chemischen Bindung abhängt. In Übereinstimmung mit den Rechnungen von Josida [34] erhalten wir für das betrachtete Modell der kovalenten Bindungen folgenden Ausdruck für die chemische Verschiebung:

$$\chi = -\frac{8}{3} Z \lambda_0 \frac{\beta_e^2}{\Delta E} \left\langle \frac{1}{r^3} \right\rangle_p . \tag{30.4}$$

β_e ist das Bohrsche Magneton, ΔE die Energiedifferenz zwischen dem Grundzustand und dem ersten optischen Anregungsniveau. Die Messung der chemischen Verschiebung erweist sich daher als eine unabhängige Methode zur Bestimmung von λ_0 entsprechend (30.4). Aus Tabelle 5 ist zu erkennen, daß die aus der chemischen Verschiebung und aus dem Tensor der Spin-Phonon-Kopplung bestimmten Werte von $Z\lambda_0$ recht gut miteinander übereinstimmen.

Aus diesem Beispiel wird ersichtlich, daß die Interpretation der experimentellen Werte des Tensors der dynamischen Quadrupol-Kopplung in Ionen-Kristallen mit Hilfe des einfachen Ionenmodells zu ernsthaften Schwierigkeiten führt. Einen Ausweg aus diesen Schwierigkeiten bietet die Berücksichtigung des Modelles der kovalenten Bindungen. Um jedoch diese Ansätze zu sichern, muß man die Ergebnisse der NAR mit Hilfe des kovalenten Modelles mit anderen empirischen Werten (χ, T_1 usw.) für eine große Anzahl von Kristallen und Kernen vergleichen. Die Isotropiebedingung (27.2) des S-Tensors wurde bisher nur für NaCl-Einkristalle erforscht. Zur Klärung des Sachverhaltes wäre es erstrebenswert, eine experimentelle Überprüfung der Gültigkeit dieser Bedingung auch in anderen Kristallen vorzunehmen.

Falls diese Beziehung auch für andere Kristalle festgestellt wird, entsteht für eine beliebige Theorie der dynamischen Spin-Phonon-Wechselwirkung die unbedingte Aufgabe der Ableitung der Isotropiebedingung neben der richtigen Darstellung der Natur der chemischen Bindung in den Kristallen.

§ 31. Akustische Sättigung bei Dipolübergängen

Bei Kernen mit Spin 1/2 fehlt das elektrische Quadrupolmoment. Deshalb kann eine Wechselwirkung mit den Phononen nur über das magnetische Dipolmoment existieren. Im Unterschied zur Spin-Phonon-Kopplung über die elektrische Quadrupol-Wechselwirkung, deren genaue theoretische Abschätzung durch die ungenügende Kenntnis des Antishielding-Faktors erschwert wird, kann bei der magnetischen Dipol-Kopplung die induzierte Übergangswahrscheinlichkeit durch Einwirkung von Ultraschall im voraus berechnet werden.

Diese Übergangswahrscheinlichkeit ist jedoch bei der magnetischen Dipol-Wechselwirkung zwischen Kern und Phononensystem, wie ein Vergleich der Betrachtungen der Übergangswahrscheinlichkeiten der akustischen Übergänge im § 6 zeigte, wesentlich kleiner als bei der elektrischen Quadrupol-Kopplung.

Wenn die akustischen Schwingungen die magnetischen Dipol-Wechselwirkungen (4.11) zwischen zwei Kernen der Sorten i und j modulieren, so erlaubt die Auswahlregel Übergänge der NAR mit den LARMOR-Frequenzen der beiden verschiedenen Kerne $\omega_0{}^i$ und $\omega_0{}^j$, aber auch mit der Summe $\omega_0{}^i + \omega_0{}^j$ und der Differenz $\omega_0{}^i - \omega^j$ dieser Frequenzen. Beim Nachweis der akustischen Signale mit der LARMOR-Frequenz entsteht eine große Schwierigkeit, da gleichzeitig auch ein magnetisches Wechselfeld an der Probe anliegt, für das die gleiche Auswahlregel bei der Wechselwirkung mit dem Kernspin gültig ist. In den beiden letzten Fällen (akustische Resonanz bei den Frequenzen $\omega_0{}^i \pm \omega_0{}^j$) ist der Einfluß der Sättigung durch hochfrequente magnetische Komponenten wesentlich vermindert, da die parasitäre Übergangswahrscheinlichkeit entsprechend um $(H_1/H_0)^2$ bzw. $(\Delta\nu/\nu_0)^2$ geringer ist als im ersten Fall der direkten LARMOR-Frequenz (H_0 und H_1 sind die Amplituden des konstanten bzw. veränderlichen Feldes, $\Delta\nu$ ist die Linienbreite der NMR-Linie und ν_0 die Resonanzfrequenz.)

Wegen der geringen Wahrscheinlichkeit für Spin-Übergänge ist es lange Zeit nicht gelungen, die NAR über die magnetische Dipol-Wechselwirkung der Kerne nachzuweisen. In der Arbeit von BRUN und MAHON [38] sind die Mitteilungen einer Reihe von Autoren über die negativen Ergebnisse solcher Experimente angeführt.

Kürzlich wurden zwei Arbeiten veröffentlicht [39, 40], die über positive Ergebnisse berichten, die bei stationärer Sättigung der akustischen Resonanz der NMR-Linie über magnetische Dipol-Auswahlregeln für akustische Übergänge erzielt wurden. WLADIMIRTSCHEW, GOLENISTSCHEW-KUTUSOW und KOPWILLEM [39] sättigten mit Ultraschall bei 4,2 K eine Komponente der Feinstrukturlinie der magnetischen Resonanz von Al^{27} ($I = 5/2$) in Rubin, das mit 0,07% Cr^{3+} dotiert war. Die Probe befand sich in einem Resonator, der speziell für die Sättigung der akustischen Resonanz bei tiefen Temperaturen konstruiert war [42]. Der akustische Übertrager erzeugte in der Probe longitudinale Wellen mit einer relativen Deformation von $E \approx 7 \cdot 10^{-7}$ bei einer Frequenz von 5 MHz. Das konstante Magnetfeld H_0 war entlang der C-Achse von Rubin und senkrecht zur Ausbreitungsrichtung des Ultraschalles orientiert. Das Magnetfeld wurde von den Autoren im Bereich $4 \cdot 10^3 \leqq H_0 \leqq 6 \cdot 10^3$ G variiert, um die Resonanzbedingung für die verschiedenen Feinstrukturkomponenten des NMR-Spektrums von Al^{27} im Rubin zu realisieren.

Die Untersuchung der NMR-Spektren von Al^{27} in Rubin hatte gezeigt [41], daß am Kern von Al^{27} ein schwacher elektrischer Feldgradient niedriger Symmetrie vorhanden ist. Dadurch werden die Energieniveaus um mehr als die Linienbreiten der magnetischen Resonanz verschoben. Wir haben keine äquidistanten Spinniveau-Abstände mehr, und anstelle der einen ungestörten NMR-Linie werden fünf Linien beobachtet, die Übergängen zwischen den Niveaus $E_{5/2} \leftrightarrow E_{3/2}$, $E_{3/2} \leftrightarrow E_{1/2}$, $E_{1/2} \leftrightarrow E_{-1/2}$ usw. entsprechen.

In dem Artikel [39] wurde mit der Methode der stationären akustischen Sättigung die Abhängigkeit der Intensität der einzelnen Feinstrukturlinien von Aluminium von der akustischen Schwingungsenergie in der Probe untersucht. Wenn Ultraschall und magnetisches Wechselfeld gleiche Frequenz hatten, wurde eine Intensitätsabnahme jeder Feinstrukturkomponente, im Mittel um 15%, beobachtet.

Die Analyse der experimentellen Daten lieferte folgende Ergebnisse:

1. Die Matrixelemente $\langle 1/2|\hat{\mathscr{H}}_t|-1/2\rangle$ des Operators der Spin-Phonon-Wechselwirkung $\hat{\mathscr{H}}_t$ haben die gleiche Größenordnung wie die Matrixelemente $\langle 1/2\,|\hat{\mathscr{H}}_t|\,3/2\rangle$ und $\langle 3/2\,|\hat{\mathscr{H}}_t|\,5/2\rangle$, was auf die magnetische Natur der Wechselwirkung $\hat{\mathscr{H}}_t$ hinweist.

2. Wenn man die Wechselwirkung $\hat{\mathscr{H}}_t$ in der Form $hG\hat{Q}E$ darstellt, wobei $\hat{Q}$ den Spinoperator, E die relative Deformation und G die effektive Konstante der Spin-Phonon-Wechselwirkung bezeichnet, so folgt aus den experimentellen Ergebnissen $G_{\text{exp}} \approx 10^6$ Hz.

Die Dipol-Dipol-Wechselwirkung der Kerne untereinander, aber auch der Kerne mit paramagnetischen Verunreinigungen kann keine *G*-Werte von dieser Größenordnung liefern. Deshalb werden zur Erklärung der von WLADIMIRTSCHEW u. a. [39] beobachteten Ergebnisse einige Varianten der Wechselwirkung zwischen dem Al^{27}-Kern

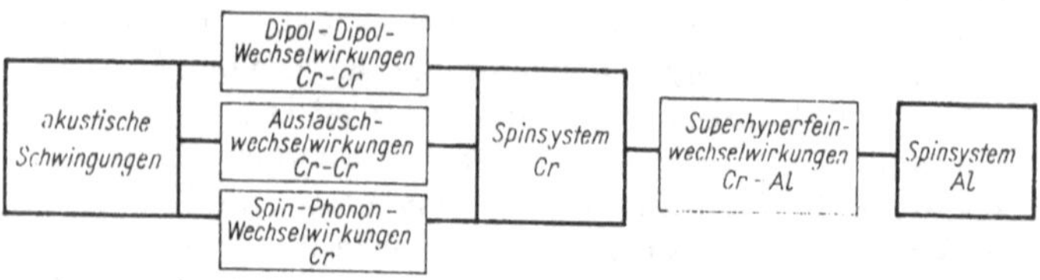

Abb. 26. Wirkungsweise der Übertragung der akustischen Energie zum Kernspinsystem im Einkristall von Al_2O_3 mit Cr^{3+} [39]

und dem Ultraschall mit indirekter Beteiligung der Cr^{3+}-Ionen vorgeschlagen. Die Wirkungsweise dieses virtuellen Prozesses ist in Abb. 26 dargestellt. Sie hat viel Ähnlichkeit mit dem Mechanismus der Schallabsorption, die im § 22 von MURTASIN betrachtet wurde. Die akustischen Schwingungen modulieren unmittelbar die Dipol-Dipol- und die Austausch-Wechselwirkung der Cr^{3+}-Ionen. Aber auch über die Spin-Phonon-Kopplung mit Cr^{3+} wird Energie in das Cr^{3+}-Spinsystem übertragen. Von diesem System wird die Energie über die Superhyperfeinstruktur-Wechselwirkung zwischen dem Cr^{3+} und dem Al^{27}-Kern zum Kernspin-System übertragen. Die Arbeit [41] zeigt, daß diese Wechselwirkung bis zu recht großen Abständen des Al auftritt. Das paramagnetische Spinsystem dient hierbei also nur als Brücke zur Energieübertragung und ist nur als Hilfsgröße vorhanden. Das Gesetz von der Energieerhaltung wird in diesem Absorptionsprozeß bei Eintreten der Resonanz der akustischen Schwingungen mit den Eigenfrequenzen des Kernspinsystems erfüllt. Die Beteiligung des paramagnetischen Spinsystems an dem Prozeß der Energieübertragung muß, wie in § 22 behandelt wurde, zu einer Verbreiterung der Linie der NAR und folglich zu einer Verringerung der durch Ultraschall induzierten Wahrscheinlichkeit der Spinübergänge führen. In den Linienbreiten der NMR, die im Experiment beobachtet wurden, kommt das jedoch nicht zum Ausdruck.

In dem Artikel [39] wurde für diese Mechanismen eine Abschätzung der Kopplungskonstanten durchgeführt, wenn die Energieübertragung im ersten Abschnitt über die Dipol-Dipol- und über die Spin-Phonon-Kopplung des Cr^{3+} stattfindet. Sie ergab entsprechend $G \approx 10^5$ Hz bzw. $G \approx 10^6$ Hz.

Schutilow und Antolkolski [40] regten mit Ultraschall Übergänge zwischen den Kern-Zeeman-Niveaus von F^{19} ($I = 1/2$) im Einkristall von LiF an. Als Ultraschallquelle diente ein sorgfältig abgeschirmtes Quarzplättchen im X-Schnitt, das mit der Grundschwingung von 14 MHz angeregt wurde und die akustische Leistung unmittelbar in die Probe einstrahlte. Der Schall breitete sich im kubischen LiF-Einkristall entlang der [100]-Richtung aus, das konstante Magnetfeld wurde senkrecht zu dieser Richtung orientiert. Es wurde die Methode der gepulsten akustischen Sättigung benutzt. Alle Messungen erfolgten bei Zimmertemperatur.

Die Magnetisierung wurde mit Hilfe des Signales der freien Präzession gemessen. Das Verfahren wurde wegen der sehr großen Werte der Spin-Gitter-Relaxation ($T_1 = 110$ s bei Zimmertemperatur) etwas abgewandelt. Normalerweise werden 90°-Impulse zur Beobachtung der Präzessionssignale angelegt. Ein neues Signal der freien Präzession kann man nur beobachten, wenn der zeitliche Abstand der beiden Impulse $\geqq T_1$ ist. Um ein stabiles Präzessionssignal am Oszillografen zu beobachten, müssen einige Resonanzimpulse pro Sekunde angelegt werden. Das war im gegebenen Fall unmöglich, so daß folgendes Experiment benutzt wurde.

Zuerst wurde die Apparatur auf die Fluorsignale mit Hilfe eines Einkristalles von CaF_2 orientiert. Dieser Kristall enthielt paramagnetische Verunreinigungen, so daß die Relaxationszeit T_1 der F^{19}-Kerne nur Bruchteile von Sekunden betrug. Dann wurde die zu messende Probe gegen den CaF_2-Einkristall ausgetauscht. Er wurde mit einer Serie von 10—15 HF-Impulsen im Zeitabstand von 1 s bestrahlt. Die Länge eines Impulses wurde mit $t_i \approx 1$ μs so gewählt, daß er den makroskopischen Magnetisierungsvektor um 20—30° dreht. Da solche Impulse, im Unterschied zu den 90°-Impulsen, die z-Komponente der Magnetisierung nicht zu Null machen, wird ein Signal der freien Präzession mehrfach beobachtet. Die Totzeit des Empfangsteiles des Spektrometers konnte bis zu 1 μs herabgedrückt werden, während die Signaldauer der freien Induktion 2—4 μs betrug. In der Zeit zwischen den Impulsserien wurde die Probe mit akustischen Impulsen der gleichen Frequenz und einer Länge von 10—60 s bestrahlt. Die Intensität der Ultraschallstrahlung betrug bis zu 50 W/cm². Die maximale Sättigung des F^{19}-Spinsystems bei einer Bestrahlungszeit von 60 s erreichte 30%.

Die Analyse der Ergebnisse der akustischen Sättigung nach Formel (25.2) unter Berücksichtigung der Konfiguration des akustischen Feldes liefert $p^A = 2{,}5 \cdot 10^{-3}\,s^{-1}$. Leider konnte eine genaue Berechnung der akustischen Übergangswahrscheinlichkeit für die vorliegende experimentelle Situation nicht durchgeführt werden, da bei der Erhöhung der akustischen Leistung in der Probe ein homogenes System quasistationärer Wellen (die Stirnflächen der Probe waren abgeschrägt) angeregt wird und dafür die Parameter des Schallfeldes nicht bekannt sind. Eine grobe Abschätzung der Autoren [40] läßt erkennen, daß der theoretische Wert der Übergangswahrscheinlichkeit P^A ungefähr mit der experimentellen Größe von $1{,}5 \cdot 10^{-3}\,s^{-1}$ übereinstimmen kann, wenn man einen mittleren Wert der Deformationsamplitude E_0 benutzt. Dieser wurde aus der Schallintensität von 50 W/cm² und den entsprechenden mechanischen Eigenschaften der LiF-Einkristalle berechnet.

Um sicher zu gehen, daß die gemessene Sättigung nicht das Ergebnis parasitärer elektrischer HF-Felder ist, ersetzen die Autoren das 14 MHz-Quarzplättchen durch eine Quarzscheibe mit einer Resonanzfrequenz von 8 MHz. Bei der gleichen Leistung wie der bei 14 MHz zugeführten konnte jetzt keinerlei Sättigung beobachtet werden. Außerdem wurden spezielle Untersuchungen durchgeführt, um den Einfluß der Erwärmung der Probe auf die Eigenschaften des Spinsystems zu ermitteln und die Rolle der Erwärmung bei der akustischen Sättigung der NMR-Linie zu klären.

In dem Artikel [40] wird auch über negative Resultate bei der Ultraschallsättigung berichtet. Die Versuche wurden bei Zimmertemperatur an den Protonen in Aluminium-Kalium-Alaunen und am Fluor in Kalium und Bleifluorid mit verschiedenen Konzentrationen paramagnetischer Zentren und auch im Lithiumfluorid, das bis zu einer merklichen Verfärbung mit Röntgenstrahlen bestrahlt war, ausgeführt. In den Grenzen der Empfindlichkeit der angewandten Impulsmethode (ca. 3%) fehlte bei Zimmertemperatur der Sättigungseffekt bis zu Ultraschallintensitäten von 100 W/cm^2.

Dieses Ergebnis paßt gut in die Vorstellungen der Theorie der Linienbreite der akustischen Resonanz beim Vorhandensein intramolekularer Bewegungen (s. § 22). Bei der Resonanzabsorption des Ultraschalls über die Modulation der Dipol-Wechselwirkung zwischen den Kernen und den paramagnetischen Zentren entsteht durch die Bewegung eine Relaxations-Umorientierung der paramagnetischen Momente der Dotierungen. Vom Standpunkt der Kernspins erscheint die Korrelationszeit dieser Bewegung als Spin-Gitter(T_1)- oder Spin-Spin(T_2)-Relaxation der Elektronenspins, je nachdem, ob die Komponente des magnetischen Elektronenmomentes parallel oder senkrecht zum konstanten Magnetfeld am Prozeß der akustischen Resonanzabsorption teilnimmt. Dabei verbreitert sich die Linie der akustischen Resonanz auf $1/T_1$ bzw. $1/T_2$. Bei Zimmertemperatur überschreiten beide Werte die Linienbreite der NAR beträchtlich und verringern deshalb die Wahrscheinlichkeit für die Induktion von Ultraschallübergängen.

Andererseits verkürzen die paramagnetischen Zentren die Spin-Gitter-Relaxationszeit des Kernspinsystems sehr wesentlich. Dadurch wird die Beobachtung der akustischen Sättigung bei jeder Art von Wechselwirkung zwischen Kernspin- und Phononensystem erschwert.

§ 32. NAR in magnetisch geordneten Systemen

Die Anwendung der NAR in magnetisch geordneten Systemen ist nicht nur wegen des Studiums der Spin-Phonon-Wechselwirkung, sondern auch zur Untersuchung der magnetischen Eigenschaften dieser Stoffe von großem Interesse. Die magnetischen Eigenschaften der Ferro- und Antiferromagnetika werden durch die starke Austausch-Wechselwirkung zwischen den Atomen des Gitters bestimmt. Zur mathematischen Beschreibung wird die Lösung eines Vielteilchenproblems benötigt. Es ist nicht möglich, hier den komplizierten mathematischen Apparat darzustellen, mit dessen Hilfe die Mehrzahl der theoretischen Ergebnisse zur NAR in magnetisch geordneten Systemen gewonnen wurden. Deshalb sollen in diesem Paragraphen nur die Grundideen und die Schlußfolgerungen dargelegt werden.

Die Austausch-Wechselwirkung zwischen den Spinmomenten der Elektronenhülle der Atome führt in Ferromagnetika, wie bekannt ist, zu einer parallelen Ausrichtung der Spins in makroskopischen Volumenelementen des Materials, den sogenannten Domänen. Die Domänen sind untereinander durch „Bloch-Wände“ getrennt, in denen sich die Spinorientierung allmählich von der Richtung der Magnetisierung in einer Domäne zur Ausrichtung in der benachbarten dreht. So nennt man diese Trennzonen beispielsweise 180°-Wände, wenn sie zwei Domänen mit entgegengesetzten Spinorientierungen voneinander trennen. In vielen Fällen beträgt die Stärke der Domänenwände einige Hundert Atomabstände, aber die Zahl der Atome in den Wänden ist 10mal geringer als in den Domänen. Beim Anlegen eines genügend starken konstanten äußeren Magnetfeldes, stellen sich die Domänen in Richtung des Feldes ein, und es entstehen Eindomänen-Ferromagnetika.

Die magnetischen Eigenschaften der Elektronen- und Kernspins in einem Eindomänen-Ferromagnetikum werden durch folgenden HAMILTON-Operator dargestellt:

$$\hat{\mathcal{H}} = -2\hbar\gamma_e H_0 \sum_{j=1}^{N} \hat{S}_z^j - \hbar\gamma_n H_0 \sum_{k=1}^{N} \hat{I}_z^k - \sum_{ji} A_{jk}\hat{\mathbf{S}}_j\hat{\mathbf{S}}_i + \sum_{jk} F_{jk}^{\alpha\beta}\hat{S}_\alpha^j\hat{I}_\beta^k. \qquad (32.1)$$

Die ersten beiden Terme in (32.1) beschreiben die Wechselwirkungsenergie der Elektronen- und Kernspins mit dem konstanten Magnetfeld H_0, das dritte Glied entspricht der Austausch-Wechselwirkung der Elektronenspins, die zur magnetischen Ordnung, führt und das letzte Glied charakterisiert die Hyperfeinwechselwirkung zwischen den Elektronenspins und den Kernspins der nichtmagnetischen Atome.

Man kann annehmen [43], daß der Ultraschall über die Modulation der magnetischen Kern-Elektron-Wechselwirkung

$$\hat{\mathcal{H}}_t' = \sum_{jk,\alpha\beta\gamma\delta} \Lambda_{\alpha\beta\gamma\delta}^{jk}\hat{S}_\alpha^j\hat{I}_\beta^k\mathrm{E}_{\gamma\delta}, \quad \Lambda_{\alpha\beta\gamma\delta}^{jk} = \frac{\partial}{\partial E_{\gamma\delta}} F_{\alpha\beta}^{jk}, \qquad (32.2)$$

und über die Magnetostriktion [44, 43]

$$\hat{\mathcal{H}}_t'' = \sum_{jk,\alpha\beta\gamma\delta} \eta_{\alpha\beta\gamma\delta}^{jk}\hat{S}_\alpha^j\hat{S}_\beta^k\mathrm{E}_{\gamma\delta} \qquad (32.3)$$

auf das Kernspinsystem einwirkt ($\eta_{\alpha\beta\gamma\delta}^{jk}$ ist der Tensor der Magnetostriktion). Die Formeln (32.1) bis (32.3) beziehen sich im speziellen Fall auch auf die NAR-Absorption für die Kerne der magnetischen Atome selbst. In diesem Falle muß man $F^{jk}_{\alpha\beta} = A\,\delta_{jk}\,\delta_{\alpha\beta}$ und $\Lambda^{jk}_{\alpha\beta\gamma\delta} = 0$ setzen, wobei A die Hyperfeinstrukturkonstante ist.

Zur Berechnung der Koeffizienten der NAR-Absorption wird in dem Artikel [43] (wie auch in anderen Arbeiten von BUISCHWILI) die Methode der zweizeitigen GREENschen Funktionen benutzt. Die Anwendung dieses Verfahrens beruht auf der bekannten allgemeingültigen Beziehung, daß der Koeffizient für die Energieabsorption aus einem äußeren Wechselfeld proportional zur GREENschen Funktion für eine bestimmte Kombination von Operatoren des absorbierenden Systems ist. Wenn insbesondere nur eine Komponente des Deformationstensors $\mathrm{E}_{\gamma\delta}(t) = \mathrm{E}^0_{\gamma\delta} \cos \omega t$ von Null verschieden ist, so gilt für diesen Zusammenhang

$$\sigma_{\gamma\delta}(\omega) = \frac{1}{2\pi}\,\frac{1}{d v\, V \omega_0}\, G_\omega(\hat{g}_{\gamma\delta}). \tag{32.4}$$

Hier sind d und V die Dichte bzw. das Volumen des Stoffes, ω_0 die Kernresonanzfrequenz und $G_\omega(\hat{g}_{\gamma\delta})$ die FOURIER-Transformierte an der Frequenz ω der verzögerten zweizeitigen GREENschen Funktion G des Operators $\hat{g}_{\gamma\delta}$. Dieser ist die Ableitung des HAMILTON-Operators der Spin-Phonon-Kopplung nach der Deformation:

$$\begin{aligned}\hat{g}_{\gamma\delta} &= -\frac{\partial}{\partial E_{\gamma\delta}}\,(\mathscr{H}_t' + \mathscr{H}_t'') \\ &= \sum_{\substack{jk\\ \alpha\beta}} [\Lambda^{jk}_{\alpha\beta\gamma\delta} \hat{S}_\alpha{}^j \hat{S}_\beta{}^k + \eta^{jk}_{\alpha\beta\gamma\delta} \hat{S}_\alpha{}^j \hat{S}_\beta{}^k].\end{aligned} \tag{32.5}$$

Zur Bestimmung der Absorptionskoeffizienten muß also $G_\omega(\hat{g}_{\gamma\delta})$ ermittelt werden. Dafür existiert ein gut entwickeltes Verfahren. Zuerst erhält man eine Gleichung für die GREENsche Funktion, die vom Operator (32.5) abhängt, dessen Bewegung durch den HAMILTON-Operator der Gleichungen (32.1) bis (32.3) bestimmt wird. Aus dieser Beziehung findet man $G_\omega(\hat{g}_{\gamma\delta})$ mit Gliedern bis zur 2. Ordnung in der Energie der Spin-Phonon-Kopplung (32.2) und (32.3) und der magnetischen Wechselwirkungsenergie zwischen den Kern- und Elektronenspins. (Diese Wechselwirkungen werden als klein im Vergleich zu den übrigen Gliedern des HAMILTON-Operators dieses Problems vorausgesetzt.

Der bisher beschriebene Weg zur Berechnung der Schallabsorption durch Kerne nichtmagnetischer Atome in Ferromagnetika über die Modulation der Wechselwirkung mit den Elektronenspins liefert [43]

$$G_\omega(\hat{g}_{\gamma\delta}) = \frac{1}{2\pi}\frac{nIS\omega_0}{\omega^2-\omega_0{}^2}\,\mathrm{Re}\{\Lambda^0_{x+iy,z,\gamma\delta}\,\Lambda^0_{x-iy,z,\gamma\delta}\}\,. \qquad (32.5')$$

$\Lambda^0_{\alpha\beta\gamma\delta} = \sum_k \Lambda^{jk}_{\alpha\beta\gamma\delta}$ hängt nicht vom Index j ab, n ist die Zahl der betrachteten Kerne in der Probe.

Für die Schallabsorption der Kerne magnetischer Atome über die Magnetostriktion wird folgende Beziehung von BUISCHWILI [43] gefunden:

$$G_\omega(\hat{g}_{\gamma\delta}) = -\frac{2A^2nS^4\omega_0}{\omega_e{}^2(\omega^2-\omega_0{}^2)}\,\mathrm{Re}\{\eta_{z,x-iy,\gamma\delta}\eta_{z,x+iy,\gamma\delta}\}\,, \qquad (32.6)$$

ω_e ist die Frequenz der Ferromagnetischen Resonanz. Dieses Ergebnis bleibt auch gerechtfertigt für die Absorption durch Kerne nichtmagnetischer Atome, wenn man A durch F[1]) ersetzt. In der gleichen Arbeit werden außerdem Ausdrücke für $G_\omega(\hat{g}_{\gamma\delta})$ aufgestellt, die für die NAR-Absorption nichtmagnetischer Atome gültig sind, wenn gleichzeitig Ultraschall über beide Wechselwirkungskanäle auf die Kernspins einwirkt und auch der Tensorcharakter von $F^{jk}_{\alpha\beta}$ berücksichtigt wird.

---

[1]) Es wird vorausgesetzt, daß $F^{jk}_{\alpha\beta} = F^{jk}\delta_{\alpha\beta}$ und daß F^{jk} für die den magnetischen Ionen benachbarten Kerne gleich und nur dort von Null verschieden ist.

Der große Wert der in [43] ausgearbeiteten Berechnungsverfahren ist die Anwendbarkeit auf eine Vielzahl von Problemstellungen und ihre Richtigkeit in einem weiten Temperaturbereich. Die Vielseitigkeit bestimmt aber gleichzeitig ihren Nachteil — die Kompliziertheit bei der anschaulichen Interpretation der Absorptionsprozesse.

Für den Vorgang der Übertragung akustischer Energie zum Kernspinsystem über die Wechselwirkung (32.2) wird kaum eine tiefergehende Erläuterung benötigt, während man das für die Absorption über die Magnetostriktion nicht sagen kann, da diese Wechselwirkung (32.3) nicht von den Kernspins abhängt.

Auf die Möglichkeit dieser indirekten Energieübertragung wies zum ersten Male SILVERSTEIN [44] bei der Behandlung der NAR in Antiferromagnetika hin. Später überlegte man sich analoge Prozesse bei der Anwendung auf Ferromagnetika [40] und Ionenkristalle mit paramagnetischen Zentren [45, 39].

SILVERSTEIN nahm an, daß die akustische Energie über die Magnetostriktion zum Elektronenspin-System übertragen wird und von dort über die Hyperfeinstruktur zum Kernspinsystem gelangt. Dabei verhält sich das Elektronenspin-System wie ein Zwischenträger, der selbst weder seine Energie vergrößert noch verkleinert. Das Matrixelement für diese zweistufige Energieübertragung zum Kernspin-System ergibt sich über die Störungsrechnung 2. Ordnung:

$$\mathscr{H} = \frac{E_{\text{Magnetostriktion}} \times E_{\text{Hyperfeinstruktur}}}{\text{magnetische Energie der Elektronen}}.$$

Die magnetischen Eigenschaften der antiferromagnetischen Domänen lassen sich durch zwei magnetische Untergitter beschreiben, dabei ist jedes für sich eine ferromagnetische Domäne. Die Magnetisierungen der beiden Untergitter haben die gleiche Größe, und beim Fehlen eines äußeren Magnetfeldes sind sie entgegengesetzt zueinander und parallel zum inneren magnetischen Anisotropiefeld H_A gerichtet. Man nimmt gewöhnlich an, daß die magnetischen Eigenschaften der antiferromagnetischen Domäne in einem äußeren Feld H_0 durch einen HAMILTON-Operator [44]

$$\hat{\mathscr{H}}_e = \sum_{jk} J_{jk} \hat{\boldsymbol{S}}^j \hat{\boldsymbol{S}}^k - 2\hbar\gamma_e H_a \sum_j (\hat{S}^z_{ja} - \hat{S}^z_{jb}) + 2\gamma_e \hbar \boldsymbol{H}_0 \sum_j \hat{\boldsymbol{S}}_{ja} + \hat{\boldsymbol{S}}_{jb}) \tag{32.8}$$

beschrieben werden können. Die Symbole a und b beziehen sich auf die beiden Untergitter.

Der HAMILTON-Operator der Magnetostriktion wird im Artikel [44] in etwas weniger allgemeiner Form als in (32.3) aufgeschrieben:

$$\hat{\mathscr{H}}_t'' = \frac{\eta}{2} \sum_{j,j'} [\hat{S}^z_{ja} \hat{S}^+_{ja} E_{-,z}(j) + \hat{S}^z_{jb} \hat{S}^+_{ja} E_{-,z}(j) + \text{konj. kompl.}], \tag{32.9}$$

$E_{\pm,z}(j) = E_{xz}(j) \pm i E_{yz}(j)$, η ist die Magnetostriktionskonstante. Die ZEEMAN-Energie infolge der Orientierung der Kernspins hat das gleiche Aussehen wie die entsprechenden Glieder im Ausdruck (32.1):

$$\hat{\mathscr{H}}_{0n} = -\hbar\gamma_n \sum_j \hat{\boldsymbol{I}}^j (\boldsymbol{H}_0 + \boldsymbol{H}_A),$$

$$\hat{\mathscr{H}}_{\text{HFS}} = \sum_{jk} F_{jk} \hat{\boldsymbol{S}}^j \hat{\boldsymbol{I}}^k. \tag{32.10}$$

In der Veröffentlichung [44] wurde ein effektiver HAMILTON-Operator $\mathscr{H}_t^{\text{eff}}$ aufgestellt, der die indirekte Wechselwirkung der Kerne mit dem Ultraschall über die Elektronenspins beschreibt:

$$\hat{\mathscr{H}}_t^{\text{eff}} = \frac{F S \eta\, \xi(H_0)}{2\omega_a} \left[\sum_j \hat{I}^+_{ja} E_{-,z}(j) + \sum_{j'} \hat{I}^+_{j'b} E_{-,z}(j') + \text{konj. kompl.}\right]. \tag{32.11}$$

Dabei ist

$$\xi(H_0) = \frac{1}{2} \{1 + [1 + (\gamma_e H_\perp)^2/\omega_e \omega_a]^{1/2}\}, \quad \omega_a = \gamma_e H_A$$

und $H_\perp$ die Komponente von H_0 senkrecht zu H_A. Bei der Aufstellung dieses Operators der indirekten Wechselwirkung wurde über die Zwischensysteme, die in den Ausdrücken vom Typ (32.7) auftreten, gemittelt. Im vorliegenden Fall erfolgte die Mittelung über die Zustände der Elektronenspins.

Bei Anwendung des effektiven HAMILTON-Operators (32.11) ergibt sich für den Absorptionskoeffizienten der NAR

$$\sigma_\lambda(\omega) = \left[\frac{2\eta F S \xi(H_\perp)}{\omega_a}\right]^2 \frac{\pi^3 b \hbar I(I+1)\omega^2}{\Omega k^4 T_D{}^3 T M} g(\omega) f_\lambda(\theta). \tag{32.12}$$

Hier ist Ω das Volumen der Elementarzelle, M die Molekülmasse, b die Anzahl der Resonanzkerne pro Molekül, T_D die DEBYE-Temperatur und θ der Winkel zwischen H_A und der Polarisationsrichtung des Ultraschalles. Die Funktion $f_\lambda(\theta)$ lautet für longitudinale Schallwellen $\frac{1}{2} \sin^2 2\theta$ und für transversale Wellen, wobei die Polarisationsrichtung so gewählt ist, daß der Wellenvektor und H_A auf einer Ebene liegen, $\frac{1}{2} \cos^2 2\theta$.

Wir wollen im Ausdruck (32.12) als Beispiel die Parameter von F^{19} in MnF_2-Einkristallen als Werte einsetzen:

$$SF = 10^{-18}\,\text{erg}, \quad T_D = 450\,\text{K}, \quad H_A = 10^4\,\text{G},$$
$$\Omega = 3{,}9 \cdot 10^{-23}\,\text{cm}^3, \quad T_2 = 10^{-5}\,\text{s}, \quad M = 1{,}7 \cdot 10^{-22}\,\text{g},$$
$$\omega_e \omega_A = 3 \cdot 10^{24}\,\text{s}^{-2},$$

dann ergibt sich für den Absorptionskoeffizienten der NAR

$$\sigma_\lambda \approx \frac{\eta^2}{T} \cdot 10^{30}\,\text{cm}^{-1}.$$

Ähnliche Zahlenwerte sind auch für zahlreiche andere Kerne in Antiferromagnetika gültig. Die Messung der Größe η für Mn^{2+} mit Hilfe der EPR [46] und der akustischen Resonanz [47] lieferte $\eta \approx 10^{-16}$ erg. Mit diesem Wert hat der Absorptionskoeffizient die Größe $\sigma \approx 10^{-2}\, T^{-1}$ cm und ist damit um einige Größenordnungen höher als in Ionenkristallen. Der gleiche Mechanismus führt nach den Abschätzungen von Buischwili [43] in ferromagnetischen Domänen zu ähnlichen Werten von σ.

Wenn sich das Ferro- oder Antiferromagnetikum nicht im Eindomänenzustand befindet, so beziehen sich die betrachteten Relaxationsmechanismen auf die Kerne, die im Inneren der Domänen liegen. Die Kerne in den Bloch-Wänden befinden sich unter anderen physikalischen Bedingungen, und es ist natürlich zu erwarten, daß sie den Schall über andere Mechanismen absorbieren. Zugunsten dieser Behauptung spricht insbesondere der Umstand, daß sich die Eigenschaften der NMR-Absorption in den Bloch-Wänden wesentlich von der NMR-Absorption im Inneren der Domänen unterscheiden.

Diesen Ergebnissen begegnete zum ersten Male Portis und Gossard [48] bei der Untersuchung der NMR im ferromagnetischen Kobalt. Der Charakter der Absorption verhielt sich so, als würde auf die Kerne ein zeitabhängiges Resonanzfeld mit einer Amplitude einwirken, die die Amplitude des äußeren angelegten Feldes um das tausendfache überschreitet. Das läßt sich erklären, wenn man annimmt, daß das äußere Wechselfeld erzwungene Schwingungen der Domänenwände anregt. Als Folge davon entstehen in den angrenzenden Schichten zusätzliche Magnetfelder, die nach den Abschätzungen in [48] die erzeugenden Felder selbst um einige Größenordnungen übertreffen. Diese Schlußfolgerungen lassen sich durch Kontrollexperimente sehr gut bestätigen: Beim Anlegen eines genügend großen konstanten Magnetfeldes geht das Ferromagnetikum zum Eindomänenzustand über, und die Intensität der Resonanzabsorption nimmt sehr stark ab [48].

Die erzwungenen Schwingungen der Domänenwände können nicht nur durch zeitabhängige magnetische Felder, sondern auch mit Ultraschall angeregt werden [49]. Diese erzwungenen Schwingungen erzeugen an den Kernen auch veränderliche Magnetfelder der akustischen Frequenz, und ihre Absorption führt zu einer Verringerung der Energie der akustischen Schwingungen, d. h. zur NAR [50].

Die Berechnungen von Buischwili [50] zeigten, daß die Absorption in den Domänenwänden stark von der Polarisation und der Ausbreitungsrichtung des Schalles in bezug auf die Domänenwände abhängt und daß der Absorptionskoeffizient von Ultraschall für den gleichen Kern in den Domänenwänden zwei Größenordnungen höher ist als im Inneren der Domäne.

Wenn die Anzahl der Kerne in den Domänen um eine Ordnung größer ist als die Zahl in den Wänden, wird die Intensität der Absorption in einem Eindomänenkristall folglich um eine Größenordnung geringer.

Abgesehen davon, daß die Theorie in der gegenwärtigen Form die wichtigen Größen der Wahrscheinlichkeit der Spinübergänge durch Ultraschall in magnetisch geordneten Systemen mit zufriedenstellender Genauigkeit liefert, gibt es gegenwärtig nur einen Artikel einer Gruppe amerikanischer Autoren [51] über die Beobachtung der NAR-Absorption von F^{19} im antiferromagnetischen Einkristall $KMnF_2$.

Bei der Probe handelt es sich in diesem Versuch um ein Eindomänensystem. In einem starken äußeren Feld wurde es durch zyklische Temperaturänderung mehrere Male über den antiferromagnetischen Übergangspunkt (88 K) bewegt. Die Untersuchungen erfolgen dann nach der Abkühlung der Probe bei der Temperatur des flüssigen Heliums (4,2 K).

Wegen der großen Linienbreite der NMR von Fluor konnte man zur Untersuchung der akustischen Sättigung das gewöhnliche Impulsverfahren nicht benutzen. Deshalb wurde das Experiment in folgender Weise durchgeführt. Die Probe befand sich in einem äußeren Magnetfeld $H_0 = 2{,}39$ kG. Für die Dauer von 3 s wurde eine akustische Schwingung mit der LARMOR-Frequenz von F^{19} ($\nu_a = 25{,}33$ MHz) angelegt. Gleichzeitig war die Probe von einer Spule des NMR-Spektrometers umgeben, die ein HF-Magnetfeld bei einer Frequenz von $\nu = 25{,}73$ MHz erzeugte. 10 ms nach Abschalten der akustischen Sättigung (diese Zeit ist bedeutend kürzer als die longitudinale Relaxationszeit $T_1 = 56$ ms von F^{19}) wurde das konstante Magnetfeld so geändert, daß die Resonanzfrequenz der Fluorkerne jetzt bei 25,73 MHz, der Eigenfrequenz des NMR-Spektrometers, lag. Die Differenz zwischen dieser Frequenz und der Frequenz der akustischen Sättigung war nötig, um die Sättigung der Kernspin-Niveaus durch das veränderliche magnetische Feld des NMR-Spektrometers zu verhindern.

Beim Resonanzdurchgang ändert sich der Arbeitspunkt des Generators im Kernresonanzspektrometer. Das wird über den Oszillografen nachgewiesen. Aus diesen oszillografischen Anzeigen kann man deutlich einen Einfluß der akustischen Sättigung von F^{19} erkennen. Dabei war die Amplitude der Hochfrequenzspannung zur Anregung des Quarzes nicht sehr groß, so daß man daraus schließen kann, daß der Absorptionskoeffizient der NAR doch recht groß sein sollte.

Als wahrscheinlichster Mechanismus der Energieübertragung wird in dieser Arbeit [51] die Modulation der magnetischen Wechselwirkung (32,2) zwischen den Kernen und den Elektronenspins von Mn^{2+} angesehen. Eine Abschätzung der Übergangswahrscheinlichkeit wie auch ein Vergleich mit der Theorie der NAR-Absorption über die Magnetostriktion [44] werden im Artikel [51] nicht angestellt.

Die aufgeführten theoretischen Werte der Absorptionskoeffizienten für die NAR sind bedeutend größer als die Absorptionskoeffizienten in Ionenkristallen. Da es bis jetzt jedoch nur in einem Falle [51] gelang, den Effekt nachzuweisen, kann man fast annehmen, daß in den theoretischen Modellen gewisse Besonderheiten, die die Beobachtung des Effektes erschweren, nicht berücksichtigt werden. Von sehr großer Bedeutung könnten die Spin-Spin- und Spin-Gitter-Relaxationszeiten des Elektronensystems sein, die in den dargelegten Berechnungen vollständig vernachlässigt wurden. Im § 22 wurde nämlich gezeigt, daß diese Prozesse die akustische Resonanzlinie um einige Größenordnungen verbreitern und folglich den Absorptionskoeffizienten der NAR verringern können.

Literatur

[1] W. G. Proctor, W. H. Tanttila, Phys. Rev. **98**, 1855, 1955.
[2] W. G. Proctor, W. H. Tanttila, Phys. Rev. **104**, 1344, 1956.
[3] O. Kraus, W. H. Tanttila, Phys. Rev. **109**, 1052, 1958.
[4] D. A. Jennings, W. H. Tanttila, O. Kraus, Phys. Rev. **109**, 1059, 1958.
[5] E. F. Taylor, N. Bloembergen, Phys. Rev. **113**, 431, 1959.
[6] R. M. Sternheimer, W. H. Foley, Phys. Rev. **112**, 731, 1956.
[7] K. Josida, T. Moriya, J. Phys. Soc. Japan **11**, 33, 1956.
[8] A. H. Silver, Phys. Chem. Solids **23**, 273, 1962.
[9] S. B. Grigorew, L. G. Merkulow, A. M. Sasonow, Fis. twerd. Tela **9**, 2670, 1967.
[10] V. Hovi, M. Punkkinen, Ann. Acad. Sci. Fenn. A. VI, N 202, 1966.
[11] V. Hovi, M. Luukkala, M. Punkkinen, Phys. Lett. **10**, 21, 1964. Ann. Acad. Sci. Fenn., A. VI, N 140, 1964.
[12] A. M. Sasonow, S. B. Grigorew, Fis. twerd. Tela **7**, 1389, 1965.
[13] J. W. Wladimirzew, W. A. Golenistschew-Kutusow, N. A. Samukow, I. S. Amerjanow, Fis. twerd. Tela **9**, 2426, 1967.
[14] J. W. Wladimirzew, W. A. Golenistschew-Kutusow, N. A. Samukow, Lit. shurn. fis., im Druck.
[15] R. G. Shulman, B. J. Wyluda, P. W. Anderson, Phys. Rev. **107**, 953, 1957.
[16] J. W. Wladimirzew, W. A. Golenistschew-Kutusow, N. A. Samukow, Materialien der wiss. Konferenz KFTI, Kasan 1967.

[17] M. MENES, D. I. BOLEF, Phys. Rev. **109**, 218, 1958.
[18] D. I. BOLEF, M. MENES, Phys. Rev. **114**, 1441, 1959.
[19] D. I. BOLEF, D. DE KLERK, Geräte für wiss. Unters. **33**, 38, 1962 (russ.).
[20] D. I. BOLEF, I. DE KLERK, IIIE Trans. on Ultrasonics Enging VUE-10, 19, 1963.
[21] D. I. BOLEF, Science **136**, 359, 1962.
[22] D. I. BOLEF, Physical Acoustics, Vol. 4, Ed. W. P. Manson, New York, Acad. Press, 1965.
[23] W. A. SCHUTILOW, Akust. shurn. **8**, 383, 1962.
[24] D. I. BARNES, Nature, N **4903**, 253, 1963.
[25] E. H. GREGORI, H. E. BÖMMEL, Phys. Rev. Lett. **15**, 404, 1965.
[26] W. W. LEMANOW, Shurn. eksper. teor. Fis. **40**, 775, 1961.
[27] W. L. BOGDANOW, W. W. LEMANOW, Fis. twerd. Tela **9**, 469, 1967; **9**, 289, 1967.
[28] G. BENEDECK, N. BLOEMBERGEN, T. KUSHIDA, Bull. Amer. Phys. Soc., Series II, **1**, 1956, 11; Phys. Rev. **104**, 1364, 1956.
[29] D. DAUTREPPE, B. DREYFUS, Compt. Ren. **242**, 766, 1956.
[30] G. B. BENEDECK, Magnetic Resonance at High Pressure, New York, Interscience Publ., 1963.
[31] M. H. COHEN, F. REIF, Solid State Physics, Vol. 5, New York, Acad. Press, 1955, S. 322.
[32] E. G. WIKNER, T. P. DAS, Phys. Rev. **109**, 360, 1958.
[33] A. R. KESSEL, Shurn. eksper. teor. Fis. **36**, 1451, 1959.
[34] K. JOSIDA, T. MORIYA, J. Phys. Soc. Japan **11**, 33, 1956.
[35] I. KONDO, I. JAMASHITA, J. Phys. Chem. Solids **10**, 245, 1959.
[36] E. G. WIKNER, W. E. BLUMBERG, E. L. HAHN, Phys. Rev. **118**, 631, 1960.
[37] M. MENES, D. I. BOLEF, J. Phys. Chem. Solids **19**, 79, 1961.
[38] E. BRUN, H. MAHON, Helv. phys. acta **39**, 203, 1966.
[39] J. W. WLADIMIRZEW, W. A. GOLENISTSCHEW-KUTUSOW, U. C. KOPWILLEM, Fis. twerd. Tela **9**, 361, 1967.
[40] W. A. SCHUTILOW, G. L. ANTOKOLSKI, Fis. twerd. Tela **9**, 1231, 1967.
[41] N. LAURENCE, E. C. MEIRVINE, I. LAMBE, J. Phys. Chem. Solids, **23**, 512, 1962.
[42] J. W. WLADIMIRZEW, W. A. GOLENISTSCHEW-KUTUSOW, Prib. i Technika Eksper. **4**, 125, 1967.
[43] L. L. BUISCHWILI, N. P. GIORGADSE, Fis. twerd. Tela **7**, 769, 1965.

[44] S. D. SILVERSTEIN, Phys. Rev. **132**, 997, 1963.
[45] S. F. MURTASIN, Fis. twerd. Tela 8, 1847, 1966.
[46] G. W. WATKINS, E. FEHER, Bull. Amer. Phys. Soc. **7**, 29, 1962.
[47] N. S. SHIREN, Magnetic and electric Resonance and Relaxation, Proc. Coll. Ampere, Eindhoven 1962, p. 114.
[48] A. M. PORTIS, A. C. GOSSARD, J. appl. Suppl. **31**, 205, 1960.
[49] I. M. BINTER, Phys. Rev. **124**, 452, 1961.
[50] L. L. BUISCHWILI, Fis. twerd. Tela 4, 1367, 1962.
L. L. BUISCHWILI, N. P. GIORGADSE, G. A. CHARADSE, Fis. twerd. Tela 7, 3665, 1965.
[51] A. B. DENNISON, L. W. JAMES, I. D. CURRIN, W. H. TANTTILA, R. I. MAHLER, Phys. Rev. Lett. **12**, 244, 1964.
[52] A. ABRAGAM, W. G. PROCTOR, Compt. Rend. Acad. Sci. **246**, 1258, 1958.
[53] A. HANING, M. MENDEL, M. L. STITCH, C. H. TOWNES, Phys. Rev. **96**, 269, 1954.

7. Anwendung der NAR für physikalische Untersuchungen

Im vorausgegangenen Abschnitt wurden die Ergebnisse der Untersuchung der Spin-Phonon-Wechselwirkung der Kerne in festen Körpern mit Hilfe der NAR dargelegt. In diesem Abschnitt sollen einige Anwendungen der experimentellen Methoden der NAR zur Gewinnung allgemeiner physikalischer Aussagen beschrieben werden. Wir wollen dabei im § 33 die Grundlagen des Begriffes „Spintemperatur", im § 34 die Untersuchungen der Phonon-Phonon-Wechselwirkung in festen Körpern, im § 35 die Suche nach den Sechzehnpol-Kernmomenten und im § 36 die Besonderheiten der NAR-Absorption in Proben mit dynamischer Kernpolarisation erörtern.

§ 33. Bestätigung für die Existenz einer Spintemperatur durch Versuche mit akustischer Sättigung

Eine der überzeugendsten Bestätigungen des physikalischen Sinnes der Konzeption der Spintemperatur wurde von ABRAGAM und PROCTOR [1] durch Anwendung der NAR-Sättigung demonstriert. Sie benutzten die Möglichkeit, mit Ultraschall die Übergänge $\Delta m = \pm 2$ zwischen den Kern-ZEEMAN-Niveaus anzuregen und auf diese Weise die BOLTZMANN-Verteilung der Kerne auf die Spinniveaus zu zerstören.

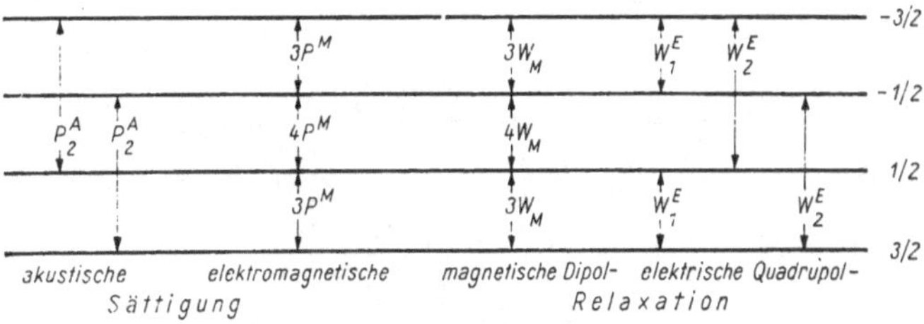

Abb. 27. Relative Übergangswahrscheinlichkeiten zwischen den Kernspin-Niveaus für $I = 3/2$.
P_2^A und P^M bezeichnen durch Ultraschall bzw. zeitabhängige Magnetfelder induzierte Übergänge, W_M, W_1^E und W_2^E sind entsprechend durch magnetische Dipol-Wechselwirkung und elektrische Quadrupolwechselwirkung induzierte Relaxationsübergänge (mit $\Delta m = \pm 1$ und $\Delta m = \pm 2$)

Zur Deutung des Versuches berechneten ABRAGAM und PROCTOR das Verhalten des Kernspinsystems bei Sättigung eines Übergangs $\Delta m = \pm 2$ mit Ultraschall und eines Übergangs $\Delta m = \pm 1$ mit einem elektromagnetischen Resonanzfeld ohne Benutzung des Konzepts der Spintemperatur. Wir wollen uns auf die Betrachtung einer konkreten Spinquantenzahl beschränken. In Abb. 27 sind die vier Energieniveaus für den Spin $I = 3/2$ in einem konstanten Magnetfeld dargestellt. Gleichzeitig sind die relativen Wahrscheinlichkeiten für Übergänge zwischen den Spinniveaus infolge der Relaxation und infolge von äußeren Störungen eingezeichnet.

Wir setzen in die Master-Gleichung (9.1) die in Abb. 27 bezeichneten Übergangswahrscheinlichkeiten durch die Spin-Gitter-Relaxation ein. Dabei berücksichtigen wir das Verhältnis (9.2), wo wir bei der Entwicklung nur die linearen Glieder in Δ_{nm} benutzen:

$e^{\Delta_{mn}} = 1 + \Delta_{mn}$. Die so erhaltenen Gleichungen für N_m multiplizieren wir mit $m\,(= \pm 3/2$ und $\pm 1/2)$ und summieren anschließend. Dann erhalten wir als Ergebnis folgende Gleichung:

$$\frac{d\langle \hat{I}_z \rangle}{dt} = -\frac{\langle \hat{I}_z \rangle - \hat{I}_0}{\tau_1} - \frac{\langle \hat{z} \rangle}{\tau_2}, \tag{33.1}$$

$$\frac{1}{\tau_1} = 2\,W_M + \frac{2}{3}\,(W_1{}^E + 4\,W_2{}^E),$$

$$\frac{1}{\tau_2} = \frac{2}{5}\,(W_1{}^E - W_2{}^E).$$

Hier ist $I_0 = \dfrac{5N}{4}\,\dfrac{\hbar\omega_0}{kT}$ der Gleichgewichtswert von I_z und $\hat{z} = N_{3/2} - 3\,N_{1/2} + 3\,N_{-1/2} - N_{-3/2} = 2/3\,\hat{I}_z\,[5\hat{I}_z{}^2 - 3\,I \times (I + 1) + 1]$ ein Diagonaloperator mit den Matrixelementen

$$\langle \chi_{\pm 3/2} \,|\hat{z}|\, \chi_{\pm 3/2} \rangle = \pm 1 \quad \text{und} \quad \langle \chi_{\pm 1/2} \,|\hat{z}|\, \chi_{\pm 1/2} \rangle = \mp 3.$$

Die Gleichung (33.1) enthält zwei unbekannte Funktionen und ist deshalb unbestimmt. Es ist notwendig, noch eine Gleichung für $\hat{z}$ aufzustellen. Die gewinnt man wieder durch eine entsprechende Kombination der Master-Gleichungen $\dfrac{dN_m}{dt}$:

$$\frac{d}{dt}\,\langle \hat{z} \rangle = \frac{d}{dt}\,\langle N_{3/2} - 3\,N_{1/2} + 3\,N_{-1/2} - N_{-3/2} \rangle$$

$$= -\frac{\langle \hat{z} \rangle}{\tau_4} - \frac{\langle \hat{I}_z \rangle - I_0}{\tau_3}, \tag{33.2}$$

$$\frac{1}{\tau_3} = \frac{8}{5}\,(W_1{}^E + 2\,W_2{}^E), \quad \frac{1}{\tau_4} = 12\,W_M + \frac{4}{5}\,(2\,W_1{}^E - W_2{}^E).$$

Die gleichzeitige Lösung der Gleichungen (33.1) und (33.2) liefert im vorliegenden Fall für das Spinsystem zwei Spin-Gitter-Relaxationszeiten T_1' und T_1''. Sie ergeben sich als Wurzeln der quadratischen Gleichung

$$\left(\frac{1}{T_1}\right)^2 - \frac{1}{T_1}\left(\frac{1}{\tau_1} + \frac{1}{\tau_4}\right) + \frac{1}{\tau_1 \tau_4} - \frac{1}{\tau_2 \tau_3} = 0. \quad (33.3)$$

Mit anderen Worten folgt hieraus, daß der Aufbau des Gleichgewichtswertes von $\hat{I}_z$ (und auch von $\hat{\mathfrak{z}}$) durch zwei Exponentialfunktionen $\exp\{-t/T_1'\}$ und $\exp\{-t/T_1''\}$ beschrieben wird. Wir wollen hier noch darauf hinweisen, daß nur eine Spin-Gitter-Relaxationszeit $T_1 = (2W_M)^{-1}$ existiert, wenn der Relaxationsprozeß nur über die magnetische Dipolwechselwirkung erfolgt ($W_1^E = W_2^E = 0$). Wenn der Relaxationsprozeß über die elektrische Quadrupolwechselwirkung abläuft ($W_M = 0$), erhalten wir aus Gl. (33.3) die beiden Lösungen

$$\frac{1}{T_1'} = 2W_1^E \quad \text{und} \quad \frac{1}{T_1''} = \frac{4W_2^E}{5}.$$

Wir wollen jetzt neben den Relaxationsübergangswahrscheinlichkeiten auch die Übergangswahrscheinlichkeiten beim Anlegen von Ultraschall (P_2^A, $\Delta m = \pm 2$) und infolge eines magnetischen Wechselfeldes P_M, wie sie in Abb. 27 eingezeichnet sind, berücksichtigen. Dazu erhalten wir anstelle von (33.1) und (33.2) folgende Gleichungssysteme:

$$\begin{aligned}\frac{d\langle\hat{I}_z\rangle}{dt} &= -\left(2P_M + \frac{8}{5}P_2^A\right)\langle\hat{I}_z\rangle + \frac{2}{5}P_2^A\langle\hat{\mathfrak{z}}\rangle \\ &\quad - \frac{\langle\hat{I}_z\rangle - I_0}{\tau_1} - \frac{\langle\hat{\mathfrak{z}}\rangle}{\tau_2}, \\ \frac{d\langle\hat{\mathfrak{z}}\rangle}{dt} &= -\left(12P_M + \frac{2}{5}P_2^A\right)\langle\hat{\mathfrak{z}}\rangle + \frac{8}{5}P_2^A\langle\hat{I}_z\rangle \\ &\quad + \frac{\langle I_z\rangle - I_0}{\tau_3} - \frac{\langle\hat{\mathfrak{z}}\rangle}{\tau_4}.\end{aligned} \quad (33.4)$$

Für stationäre akustische Sättigung ($P_M = 0$) liefert dieses Gleichungssystem die Ergebnisse

$$\frac{\langle \hat{I}_z \rangle}{I_0} = \frac{3 + P_2{}^A T_1/5}{3 + 5P_2{}^A T_1}, \quad \frac{1}{T_1} = 2\,W_M, \tag{33.5}$$

wenn die Spin-Gitter-Relaxation durch magnetische Dipolwechselwirkungen der Kerne bestimmt wird, und

$$\frac{\langle \hat{I}_z \rangle}{I_0} = \frac{W_2{}^E + P_2{}^A/5}{W_2{}^A + P_2{}^A}, \tag{33.6}$$

wenn die Relaxation durch elektrische Quadrupolwechselwirkungen verursacht wird. Diese beiden Ausdrücke (33.5) und (33.6) machen deutlich, daß induzierte akustische Übergänge mit $\Delta m = \pm 2$ nicht zu einer vollständigen akustischen Sättigung des Spinsystems führen können. Bei einem unbegrenzten Anwachsen der Schallintensität strebt das Verhältnis $\langle \hat{I}_z \rangle / I_0$ bei magnetischer Dipolrelaxation gegen den Grenzwert 1/25 und bei elektrischer Quadrupolrelaxation gegen den Wert 1/5. Man kann zeigen, daß beim Vorhandensein von beiden Relaxationsmechanismen der Grenzwert des Verhältnisses $\langle \hat{I}_z \rangle / I_0$ zwischen 1/25 und 1/5 liegt.

Man kann sich durch eine ähnliche Rechnung leicht überzeugen, daß ein veränderliches magnetisches Feld das Spinsystem unabhängig vom Relaxationsmechanismus vollständig sättigt. Die experimentelle Überprüfung der Aussagen von (33.5) und (33.6) wurde in der Arbeit [1] durchgeführt und ergab, daß sie falsch sind und das tatsächliche Sättigungsverhalten bei akustischer Einstrahlung durch den Ausdruck (9.14) mit Berücksichtigung des Spintemperaturkonzeptes beschrieben wird. Das wird durch Abb. 14 demonstriert, in der die Abhängigkeit des Verhältnisses $\langle \hat{I}_z \rangle / I_0$ für die Kerne Na^{23} und Cl^{35} im NaCl-Einkristall von der Spannung V am Quarzanreger (mit der doppelten LARMOR-Frequenz) dargestellt ist. Wie Abb. 14 erkennen läßt, sättigen die Ultraschallübergänge mit $\Delta m = \pm 2$ das Spinsystem im NaCl-Einkristall vollständig. Spätere Untersuchungen der akustischen Sättigung in anderen Stoffen unterstützten diese Aussagen.

Dabei kann der Einwand entstehen, daß der Grenzwert von $\langle I_z \rangle / I_0$ bei magnetischer Dipolrelaxation mit 1/25 genügend klein ist und deshalb schwer von der vollständigen Sättigung unterschieden werden kann. Diese Frage kann man mit Hilfe eines Versuches klären, der auf folgenden Überlegungen beruht.

Im Moment $t = t_0$ setzt die Ultraschallsättigung der Probe mit hoher Intensität ein, so daß die Wahrscheinlichkeit für die akustischen Übergänge $P_2{}^A$ die Wahrscheinlichkeit für die Spin-Gitter-Relaxation bedeutend überschreitet, $P_2{}^A \gg 1/T_1$. Dann stellt sich im Spinsystem in einer Zeit $\approx 1/P_2{}^A$ eine Magnetisierung $M_2 = M_0/5$ ein, die der akustischen Sättigung beim Fehlen von Relaxationsprozessen entspricht[1]). Das weitere Sättigungsverhalten wird dann durch die Zeitkonstante $\approx T_1$ bestimmt, so daß bei großer Schallintensität die Einstellung eines Sättigungsprozesses durch zwei charakteristische Zeitkonstanten bestimmt ist: $\tau_a \approx 1/P_2{}^A$ und $\tau_p \approx T_1$, die sich stark voneinander unterscheiden. Die von ABRAGAM und PROCTOR [1] veröffentlichten Abhängigkeiten für den Vorgang der Ein-

---

[1]) Für die Gleichgewichtsbesetzung der Spinniveaus bei der Gittertemperatur gilt

$$N^p_{\pm 3/2} = \frac{N}{4}\left(1 \pm \frac{3\Delta}{2}\right) \quad \text{und} \quad N^p_{\pm 1/2} = \frac{N}{4}\left(1 \pm \frac{\Delta}{2}\right)$$

mit $\Delta = \hbar\omega_0/kT$. Bei Sättigung des Systems durch Einstrahlung eines Überganges $\Delta m = \pm 2$ und vernachlässigbarer Relaxation folgt

$$N_{3/2} = N_{-1/2} = \frac{1}{2}\left(N^p_{3/2} + N^p_{-1/2}\right) = \frac{N}{4}\left(1 + \frac{\Delta}{2}\right),$$

$$N_{-3/2} = N_{1/2} = \frac{1}{2}\left(N^p_{-3/2} + N^p_{1/2}\right) = \frac{N}{4}\left(1 - \frac{\Delta}{2}\right).$$

Hieraus finden wir $\langle \hat{I}_z \rangle = \sum\limits_m m N_m = N \dfrac{\Delta}{4} = I_0/5.$

stellung einer Gleichgewichtssättigung (Abb. 28) entspricht einem Übergangsprozeß mit einer charakteristischen Zeitkonstanten, was für die Nützlichkeit des Begriffes der Spintemperatur spricht.

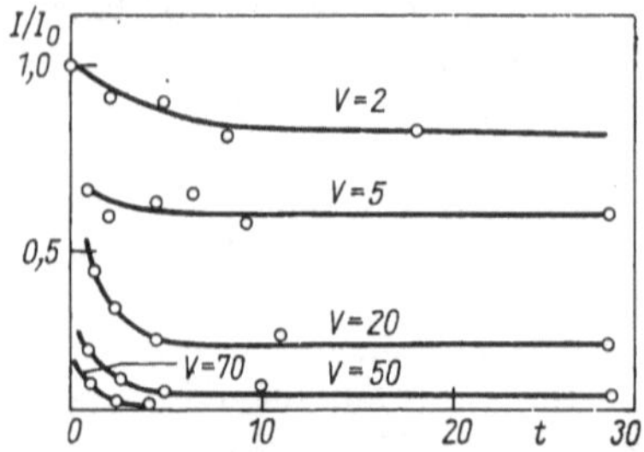

Abb. 28. Zeitliche Einstellung eines stationären Sättigungsverhaltens der magnetischen Kernresonanz von Na^{23} im NaCl-Einkristall nach Beginn der akustischen Einstrahlung mit der doppelten LARMOR-Frequenz [1].
V ist die Hochfrequenzamplitude am akustischen Erreger

Zum Abschluß der Behandlung dieser Frage wollen wir die Bedingungen aufstellen, für die das Gleichungssystem (33.4) in eine Gleichung vom Typ (9.13) übergeht, d. h., daß die Behandlung auf der Existenz einer Spintemperatur aufbaut. Als Wesentlichstes können wir festhalten, daß bei magnetischer Dipolrelaxation ($1/\tau_2 = 0$) und elektromagnetischer Sättigung ($P_2{}^A = 0$) die erste Gleichung im System (33.4) nicht mehr $\langle\hat{z}\rangle$ enthält und in eine Gleichung vom Typ (9.13) übergeht (auch ohne Berücksichtigung der Spin-Spin-Wechselwirkung). Das bedeutet, daß bei einer Veränderung der Besetzung der Spinniveaus infolge elektromagnetischer Felder und magnetischer Relaxationsprozesse die BOLTZMANN-Verteilung nicht zerstört wird. Bei diesem Prozeß existiert immer eine Spintemperatur.

Ein analoger Übergang von (33.4) zu (9.13) ist sowohl für akustische Sättigung als auch für elektrische Quadrupolrelaxation durchführbar, wenn man voraussetzt, daß die Spin-Spin-Wechselwirkungen für die magnetischen ZEEMAN-Niveaus beständig eine Spintemperatur T_s aufrechterhalten und daß diese Spintemperatur groß ist im Vergleich zum Abstand zwischen den Energieniveaus $kT_s \gg \hbar\omega_0$.

In diesem Falle ist der Mittelwert des Operators $\hat{z}$ tatsächlich gleich $\langle\hat{z}\rangle = (N/4)\,\Delta_s^3$ mit einer Genauigkeit bis zur kleinsten nichtverschwindenden Ordnung des kleinen Parameters $\Delta_s = \hbar\omega_0/kT_s$. Deshalb kann man in Gl. (33.4) den Mittelwert $\langle\hat{z}\rangle$ vernachlässigen, wenn man nur Glieder 1. Ordnung in Δ_s und Δ berücksichtigt. Dann wird Gl. (33.4) ein Spezialfall von (9.13). Zum Aufstellen dieser Identität genügt es, für den Spin $I = 3/2$ nach der Definition $P^M = 3P_M$ zu setzen.

§ 34. Untersuchung der Spin-Phonon-Wechselwirkung in Festkörpern

Bisher haben wir lediglich die Anregung von Spinsystemen durch akustische Schwingungen der Resonanzfrequenz diskutiert. MAHLER, MAHON, MILLER und TANTTILA [2] beobachteten Spinübergänge, die durch gleichzeitige Wirkung zweier akustischer Moden induziert wurden, deren Frequenzdifferenz der doppelten LARMOR-Frequenz entsprach.

Das Experiment wurde an As^{75}-Kernen ($I = 3/2$) in einem Galliumarsenideinkristall ausgeführt, der annähernd Würfelform aufwies ($L \approx 1{,}2$ cm). Zwei Quarztransducer (X-Schnitt) mit Grundfrequenzen von 10 und 25 MHz wurden an den gegenüberliegenden (110)-Flächen des Kristalls angebracht. Die Probe mit den Schwingern wurde in die Spule eines Impulskernresonanzspektrometers gesteckt, das bei einer Frequenz von 7,5 MHz arbeitete. Das gesamte System befand sich in einem konstanten Magnetfeld $H_0 = 10{,}287$ kG, das in [100]-Richtung anlag und senkrecht zur Ausbreitungsrichtung des Schalls orientiert war. Die Untersuchungen wurden bei der Temperatur des flüssigen Stickstoffs durchgeführt; dabei betrug die Spin-Gitter-Relaxationszeit 5 s.

Die Messungen wurden mit der Methode der akustischen Sättigung (Impulsverfahren) ausgeführt. Der akustische Sättigungsgrad wurde aus der Signalgröße der Kerninduktion bestimmt, die sich im Anschluß an einen elektromagnetischen 90°-Impuls der Frequenz 7,5 MHz ergab.

Die in der Arbeit [2] beobachtete Verringerung des Signals der freien Präzession der As^{75}-Kerne, wobei auf die Probe gleichzeitig zwei akustische Frequenzen (25 und 10 MHz) einwirkten, wird durch den Ausdruck

$$\frac{\langle \hat{I}_z \rangle}{I_0} = [1 + \mathrm{const}\, V_{25}^2 V_{10}^2]^{-1}$$

beschrieben; hierbei sind V_{25} und V_{10} die Amplituden der Spannungen von 25 und 10 MHz, die an den Quarzschwingern anlagen.

Die Messungen zeigten, daß die Linienbreite in diesem Falle gleich der Linienbreite bei der direkten Anregung der akustischen Übergänge $\Delta m = \pm 2$ bei 15 MHz ist (und etwa 3 G beträgt).

Man kann mindestens vier Gründe nennen, die die Sättigung der Spinniveaus in diesem Falle hervorrufen können. Der erste Grund besteht in der Sättigung durch ein elektromagnetisches Wechselfeld bei der Frequenz von 7,5 MHz. Diese Möglichkeit entfällt aber aus mehreren Gründen: die hochfrequenten Versorgungsspannungen für die akustischen Schwinger haben andere Frequenzen, die elektromagnetischen 90°-Impulse werden von einem Impulsgenerator erzeugt (es wurden auch andere spezielle Kontrollen durchgeführt).

Zur Erklärung der nächsten beiden möglichen Gründe für die akustische Sättigung schreiben wir den phänomenologischen Ausdruck für den Operator der Spin-Phonon-Kopplung bis zu Gliedern zweiter Ordnung in den Deformationen auf:

$$\hat{\mathcal{H}}_Q{}^t = \mathcal{A} \sum_{\alpha\beta\gamma\delta} S_{\alpha\beta\gamma\delta} \hat{I}_\alpha \hat{I}_\beta [\mathrm{E}^{10}_{\gamma\delta} + \mathrm{E}^{25}_{\gamma\delta}] + \mathcal{A} \sum_{\alpha\beta\gamma\delta\lambda\mu} G_{\alpha\beta\gamma\delta\lambda\mu} \hat{I}_\alpha \hat{I}_\beta$$

$$\times [\mathrm{E}^{10}_{\gamma\delta}\mathrm{E}^{10}_{\lambda\mu} + \mathrm{E}^{10}_{\gamma\delta}\mathrm{E}^{25}_{\lambda\mu} + \mathrm{E}^{25}_{\gamma\delta}\mathrm{E}^{10}_{\lambda\mu} + \mathrm{E}^{25}_{\gamma\delta}\mathrm{E}^{25}_{\lambda\mu}]. \tag{34.1}$$

Hier wurde in Analogie zu (5.1) der Tensor $G_{\alpha\beta\gamma\delta\lambda\mu}$ eingeführt. E^{10} und E^{25} sind die Deformationstensoren, die durch die akustischen Schwingungen bei den Frequenzen 10 und 25 MHz erzeugt werden.

Als zweiter Übertragungskanal für die akustische Energie an das Spinsystem können Prozesse zweiter Ordnung bezüglich des Operators $\hat{\mathcal{H}}_1{}^t = \mathcal{A} \sum_{\alpha\beta\gamma\delta} S_{\alpha\beta\gamma\delta} \hat{I}_\alpha \hat{I}_\beta \mathrm{E}_{\gamma\delta}$ wirken. Die Übergangswahrscheinlichkeit zwischen den Niveaus E_m und E_{m+2} unter dem Einfluß eines solchen Prozesses ist proportional zum Quadrat des Matrixelements

$$\langle E_m \mid \hat{\mathcal{H}}_{\mathrm{eff}} \mid E_{m-2}\rangle = \sum_k \frac{\langle E_m \mid \hat{\mathcal{H}}_1{}^t \mid E_k\rangle \langle E_k \mid \hat{\mathcal{H}}_1{}^t \mid E_{m-2}\rangle}{E_k - E_m} \tag{34.2}$$

und macht folglich einen Bruchteil $(S_{\alpha\beta\gamma\delta}\mathrm{E}_0/\hbar\omega_0)^2 \leq 10^{-7}$ der Wahrscheinlichkeit der direkten akustischen Sättigung bei 15 MHz und gleicher Deformationsamplitude ($\mathrm{E}_0 \approx 10^{-6}$) aus. Induzierte Übergänge mit solchen Wahrscheinlichkeiten können keine Sättigung hervorrufen.

Der dritte Sättigungskanal kann durch die Wechselwirkung mit 10- und 25-MHz-Phononen über RAMAN-Prozesse gebildet werden. Dabei wird ein Phonon der Frequenz 25 MHz absorbiert, der Kern geht vom Niveau E_m zum Niveau E_{m-2} über, und gleichzeitig wird ein Phonon der Frequenz 10 MHz erzeugt. Diese Prozesse werden durch die folgenden Terme des HAMILTON-Operators (34.1) beschrieben:

$$\mathscr{A} \sum_{\alpha\beta\gamma\delta\varepsilon\mu} G_{\alpha\beta\gamma\delta\varepsilon\mu} \hat{I}_\alpha \hat{I}_\beta \,[\mathrm{E}^{10}_{\gamma\delta} \mathrm{E}^{25}_{\varepsilon\mu} + \mathrm{E}^{25}_{\gamma\delta} \mathrm{E}^{10}_{\varepsilon\mu}].$$

Schließlich können die akustischen Schwingungen der Frequenz 15 MHz den vierten Grund für die Sättigung darstellen. Diese Schwingungen entstehen im Kristall unter dem Einfluß der Schwingungen von 10 und 25 MHz infolge der Anharmonizität der Schwingungen des Kristallgitters [3]. Grob kann man sagen, daß unter dem Einfluß der Anharmonizität die 25-MHz-Phononen in Gegenwart von 10-MHz-Phononen in Phononen mit den Frequenzen 10 und 15 MHz „zerfallen". Die auf diese Weise entstandenen 15-MHz-Phononen verursachen über die direkten Prozesse (infolge einer Wechselwirkung $\mathscr{A} \sum_{\alpha\beta\gamma\delta} S_{\alpha\beta\gamma\delta} \hat{I}_\alpha \hat{I}_\beta \mathrm{E}^{15}_{\gamma\delta}$) die akustische Sättigung.

Es ist äußerst schwierig, mit Hilfe numerischer Abschätzungen die letzten beiden Prozesse zu vergleichen. Daher wurden in [2] ergänzende Untersuchungen angestellt, die in folgendem bestehen: In die Probe werden zwei akustische Frequenzen eingestrahlt: 15 und 25 MHz. Der Schall von 15 MHz rief eine teilweise Sättigung hervor, danach wurden 25-MHz-Schwingungen angeregt, worauf sich die Sättigung verstärkte. Diese zusätzliche Sättigung hing nicht von der exakten Frequenz der Spannung ab, die an den 25-MHz-Schwinger angelegt wurde. Diese Fakten können nicht durch einen RAMAN-Mechanismus erklärt werden, sondern durch Anharmonizitäten. Unter dem Einfluß des Schalls von 15 MHz „zerfallen" die Phononen anderer Frequenzen $\nu' > 15$ MHz ($\nu' = 25$ MHz usw.) teilweise in Phononen $\nu'' = \nu' - 15$ MHz und 15 MHz. Die letzteren rufen eine zusätzliche Sättigung hervor. Eine Vergrößerung der Sättigung kann daher nur bei $\nu' > 15$ MHz erfolgen. Dieser Fakt wurde auch empirisch durch das Nichtauftreten einer zusätzlichen Sättigung bestätigt, wenn im Kristall Schwingungen von

14 MHz statt 25 MHz erregt wurden. Schließlich spricht für den Mechanismus der Anharmonizität, daß die Linienbreite der NAR bei Sättigung zweier Frequenzen mit der Linienbreite der gewöhnlichen NAR-Absorption bei 15 MHz infolge direkter Prozesse übereinstimmt. Bei gleichzeitiger Zeilnahme von zwei Phononen (RAMAN-Prozeß) an der Absorption müßte sich die Linienbreite verändern.

Somit wird in Arbeit [2] gezeigt, daß infolge der Anharmonizität in Kristallen eine bedeutende Zahl von Phononen mit einer Frequenz erzeugt werden, die gleich der Frequenzdifferenz zweier akustischer Schwingungen ist, die den Kristall anregen.

§ 35. Nachweis von Kern-Sechzehnpol-Übergängen zwischen Spinniveaus

Zu den wichtigsten Anwendungen der kernmagnetischen Resonanz und der Kernquadrupolresonanz gehört die Messung solcher Größen von Kernen, wie des gyromagnetischen Verhältnisses, des Spin- und des Quadrupolmoments. Kerne mit einem Spin $I > 1$ können höhere Multipolmomente besitzen, deren Messung von großer Wichtigkeit für die Kernphysik ist.

In der Arbeit [4] wurde der Versuch unternommen, durch Ultraschall induzierte Spinübergänge nachzuweisen, die durch das Sechzehnpolmoment von Kernen hervorgerufen werden. Bevor auf die Arbeit eingegangen wird, ist es jedoch zweckmäßig, die Eigenschaften der Kern-Sechzehnpol-Wechselwirkung zu betrachten.

Ein elektrisches Sechzehnpolmoment K_4 (Multipolmoment vierter Ordnung) können Kerne mit einem Spin $I > 3/2$ besitzen. Seine Wechselwirkungsenergie mit den umgebenden Ladungen ist bedeutend geringer als die Energie der magnetischen Dipol- und der elektrischen Quadrupolwechselwirkung mit der Umgebung. Die Beziehung für die Wechselwirkungsenergie des Sechzehnpolmoments mit dem elektrischen Feld $\boldsymbol{E}$ der den Kern umgebenden Ladungen wurde in der Arbeit [5] erhalten:

$$\hat{\mathscr{H}}_k = \sum_{n=-4}^{4} \hat{K}_4^n E_4^{-n} = \sum_{n=-4}^{4} \hat{\mathscr{H}}_{K_4}^n. \tag{35.1}$$

Die Komponenten des Operators des Sechzehnpolmoments lauten

$$\hat{K}_4^0 = B\,[35\hat{I}_z^4 - 30\hat{I}^2\hat{I}_z^2 + 25\hat{I}_z^2 - 6\hat{I}^2 + 3\hat{I}^4],$$

(35.2)

$$K_4^{\pm 1} = B\sqrt{5}\,[(7\hat{I}_z^3 - 3\hat{I}^2\hat{I}_z - \hat{I}_z)\,\hat{I}_\pm + \hat{I}_\pm\,(7\hat{I}_z^3 - 3\hat{I}^2\hat{I}_z - \hat{I}_z)],$$

$$\hat{K}_4^{\pm 2} = B\sqrt{\frac{5}{2}}\,[(7\hat{I}_z^2 - \hat{I}^2 - 5)\,\hat{I}_\pm^2 + \hat{I}_\pm^2\,(7\hat{I}_z^2 - \hat{I}^2 - 5)],$$

$$\hat{K}_4^{\pm 3} = B\sqrt{35}\,[\hat{I}_z\hat{I}_\pm^3 + \hat{I}_\pm^3\hat{I}_z],$$

$$\hat{K}_4^{\pm 4} = B\frac{\sqrt{70}}{2}\,\hat{I}_\pm^4.$$

Dabei ist

$$B = eK_4[16I(I-1)(2I-1)(2I-3)]^{-1},\ \hat{I}^2 = I(I+1).$$

Die Größe des Sechzehnpolmoments K_4 wird durch den Ausdruck

$$K_4 = \langle \psi_{I,1}(r_n) \mid 35z_n^2 - 30r_n^2z_n^2 + 3r_n^4 \mid \psi_{I,1}(r_n)\rangle$$

gegeben, wo $\psi_{I,1}(r_n)$ die Eigenfunktion des Kerns in einem Zustand mit einem Spin I und einer Komponente $I_z = 1$ in Richtung der z-Achse darstellt.

Die Parameter E_4^m werden in folgender Weise durch die vierten Ableitungen des Potentials V gegeben (dabei ist $V_{xyzx} = \frac{\partial^4 V}{\partial^2 x\, \partial y\, \partial z}$ usw.):

$$E_4^0 = 1/2\, [V_{zzzz}]_0, \tag{35.3}$$

$$E_4^{\pm 1} = \frac{\sqrt{5}}{15}\, [V_{zzzx} \pm i\, V_{zzzy}]_0,$$

$$E_4^{\pm 2} = \frac{\sqrt{10}}{60}\, [V_{zzxx} - V_{zzyy} \pm i 2\, V_{zzxy}]_0,$$

$$E_4^{\pm 3} = \frac{\sqrt{35}}{105}\, [V_{zxxx} \pm i\, V_{zyyy} - 3\,(V_{zxyy} \pm i\, V_{zxxy}])_0,$$

$$E_4^{\pm 4} = \frac{\sqrt{70}}{35 \cdot 48}\, [V_{xxxx} + V_{yyyy} - 6\, V_{xxyy} \pm 4i(V_{xxxy} - V_{xyyy})]_0.$$

$[\ldots]_0$ bedeutet, daß die Ableitungen des Potentials am Kern zu nehmen sind. Die Wechselwirkung des Sechzehnpolmoments mit dem statischen Feld des Kristallgitters kann im Prinzip zu einer Verschiebung der Spinniveaus führen. In Abb. 28a sind 4 Energieniveaus dargestellt, die durch Sechzehnpol-Wechselwirkung eines Kerns in einem kubischen Gitter zustandekommen. Wie man sieht, hebt die Sechzehnpol-Wechselwirkung die Spinentartung teilweise auf. Im Gegensatz dazu steht das Kernquadrupolmoment, das mit einem kubischen Gitter nicht wechselwirkt und daher die Energie der Spinniveaus nicht ändert.

Da die Sechzehnpol-Wechselwirkung sehr schwach ist, ist es nicht möglich, das durch sie erzeugte Spektrum im kubischen Kristall nachzuweisen. Jedoch wurden die durch die Wechselwirkung (35.1) verursachten Verschiebungen der Energieniveaus des reinen Quadrupol-

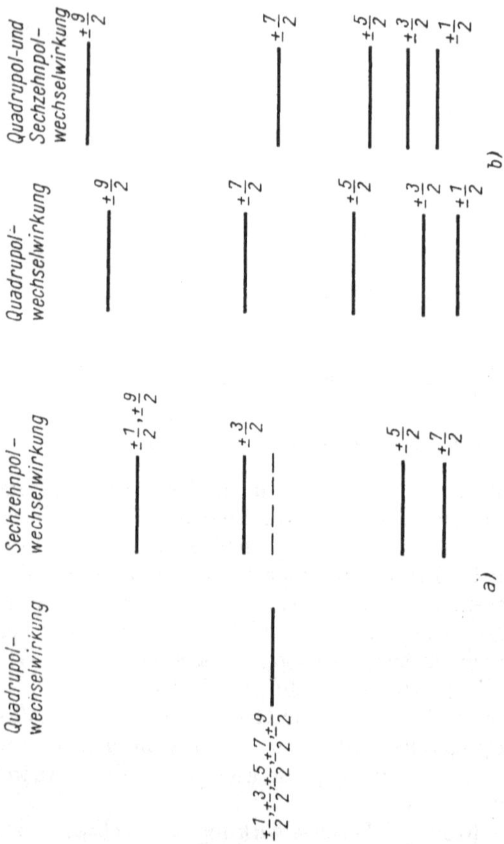

Abb. 29. Einfluß der elektrischen Sechzehnpolwechselwirkung auf die Lage der Energieniveaus eines Spins 9/2

a — im elektrischen Feld des kubischen Gitters,
b — im elektrischen Feld axialer Symmetrie

spektrums (Abb. 29b) an Sb^{121}- und Sb^{123}-Kernen in einem nichtkubischen Gitter gefunden [5].

Die Energie (35.1) führt auch zu einer Verschiebung der Energieniveaus der magnetischen Resonanz $E_m = -\hbar\omega_0 m$. Im kubischen Gitter sind nur die drei gleichen Terme $V_{iiii} = a$ und die 18 gleichen Größen $V_{jjii} = b$ ungleich Null, wobei für ein Potential, das der LAPLACE-Gleichung genügt, die Energie (35.1) nur durch einen Parameter bestimmt wird: $a = -2b$. Bei der Betrachtung der Energie (35.1) als Störung erhält man für diese Verschiebung in erster Näherung (nur Diagonalterm $K_4^0 E_4^0$) den folgenden Ausdruck [5]:

$$E_m - m\hbar\omega_0 = \frac{eK_4 a[35m^4 - 30I^2m^2 + 25m^2 - 6I^2 + 3I^4]}{38I(I-1)(2I-1)(2I-3)} \times \left[1 + \frac{5}{2}\sin^2\theta\right], \qquad (35.4)$$

θ ist der Winkel zwischen der [001]-Achse und dem äußeren Magnetfeld. Die Verschiebungen (35.4) wurden in kubischen Kristallen noch nicht beobachtet.

Die Nichtdiagonalterme $\hat{\mathscr{H}}_k^n$ ($n \neq 0$) der Energie (35.1) haben zwischen den Spinzuständen χ_{m-n} und χ_m von Null unterschiedliche Matrixelemente. Sie bestimmen den Operator $\hat{\mathscr{H}}_k^t$ der Spin-Phonon-Kopplung der Kerne über das Sechzehnpolmoment. Der Operator $\hat{\mathscr{H}}_k^t$ wird in der üblichen Weise (s. (4.7)) aus dem Ausdruck (35.1) gewonnen, wobei die Funktion E_4^m in eine Reihe nach den Verschiebungen U_{0j} der umgebenden Ladungen (j) relativ zum Sechzehnpolkern entwickelt wird. Da die Energien $\hat{\mathscr{H}}_k$ und $\hat{\mathscr{H}}_k^t$ klein sind, hat es nur Sinn, den Teil des Operators $\hat{\mathscr{H}}_k^t$ zu betrachten, der Übergängen mit einer Änderung der magnetischen Quantenzahl m um ± 3 und ± 4 entspricht. Sechzehnpolübergänge $\Delta m = \pm 1$ und $\Delta m = \pm 2$ kann man nicht von den intensiveren Quadrupolübergängen $\Delta m = \pm 1$ und $\Delta m = \pm 2$ sowie den magnetischen Dipolübergängen $\Delta m = \pm 1$ unterscheiden. Bei beliebigen Richtungen des magnetischen Feldes und der akustischen Deformation ist die Form des Operators $\hat{\mathscr{H}}_k{}^t$ sehr kompliziert. In der Arbeit [5] wurde ein Ausdruck für die in [4] verwendeten Richtungen von $\boldsymbol{H}_0$ und $\boldsymbol{k}$ abgeleitet: Die longitudinalen akustischen Schwingungen breiten sich in [111]-Richtung des kubischen Kristalls (Symmetrie $\bar{4}3$m) aus, und das konstante Magnetfeld ist unter dem Winkel θ zu dieser Richtung orientiert:

$$\hat{\mathscr{H}}_k{}^t = BD\,\mathrm{E}(t)\,[(\hat{C}^3 + \hat{C}^{-3})\,f_3(\theta) + (\hat{C}^4 + \hat{C}^{-4})\,f_4(\theta)], \tag{35.5}$$

$$D = \frac{7a}{(12)^3} \sum_\alpha \left[\frac{\partial}{\partial U_{0a}} (V_{xxxx} - 3\,V_{xxyy})\right]_0,$$

$$f_3(\theta) = 4\sin^3\theta\cos\theta, \qquad f_4(\theta) = -\sin^4\theta.$$

Dabei ist $C^{\pm 3} = K_4{}^{\pm 3}/B\sqrt{35}$ und $C^{\pm 4} = K_4{}^{\pm 4}\sqrt{70}\,B$. $\mathrm{E}(t)$ ist die akustische Deformation und a die Gitterkonstante.

Die Übergangswahrscheinlichkeit zwischen den Spinniveaus m und $m' = m \mp n$ ist unter dem Einfluß des Operators (35.5) bei periodischem $\mathrm{E}(t) = \mathrm{E}_0 \cos n\omega_0 t$ gleich

$$W_{m,m\mp n} = \left(\frac{BD\mathrm{E}_0}{2\hbar}\right)^2 f_n{}^2(\theta)\,|\langle m\,|\,C^{\pm n}\,|\,m \mp n\rangle|^2\,\frac{1}{\Delta\nu_n}$$

$$\equiv W_n\,|\,\hat{C}^{\pm n}_{(m)}\,|^2. \tag{35.6}$$

Dabei ist $\Delta\nu_n$ die Halbwertsbreite der Absorptionslinie für die Übergänge $E_m \leftrightarrows E_{m\mp n}$ und

$$\mathrm{W}_n = \left(\frac{BD\mathrm{E}_0}{2\hbar}\right)^2 \frac{f_n{}^2(\theta)}{\Delta\nu_n}.$$

Man kann erwarten, daß die Kern-Sechzehnpol-Übergänge eine Sättigung der Energieniveaus der magnetischen Resonanz hervorrufen. Verwendet man die Wahrscheinlichkeiten (35.6) zur Berechnung dieser Sättigung nach dem Schema, das in § 9 dargelegt ist, erhält man [5] für Übergänge $\Delta m = \pm 3$

$$\frac{M_z}{M_0} = \left[1 + 7{,}26 \cdot 10^{-4} \left(\frac{e K_4 D E_0}{\hbar}\right)^2 \frac{T_1}{\Delta \nu_3} \sin^6 \theta \cos^2 \theta\right]^{-1} \tag{35.7}$$

und für Übergänge $\Delta m = \pm 4$

$$\frac{M_z}{M_0} = \left[1 + 8{,}62 \cdot 10^{-5} \left(\frac{e K_4 D E_0}{\hbar}\right)^2 \frac{T_1}{\Delta \nu_4} \sin^8 \theta\right]^{-1}. \tag{35.8}$$

In [4] wurden mit Hilfe des üblichen Verfahrens der impulsweisen akustischen Sättigung durch den Schall induzierte ($\Delta m = \pm 3$)-Übergänge zwischen den Niveaus der magnetischen Resonanz von In^{115} in einem InAs-Einkristall beobachtet. Vom Quarzschwinger (X-Schnitt), der eine Resonanzfrequenz $\nu_a = 14{,}9$ MHz hatte, gelangten die akustischen Schwingungen in die Probe und breiteten sich in ihr parallel zur [111]-Richtung aus. Die Abhängigkeit der Kernmagnetisierung vom akustischen Sättigungsgrad wurde mit einem Impulsspektrometer registriert, das bei einer Frequenz von 4,97 MHz arbeitete. Die Messungen erfolgten bei der Temperatur des flüssigen Stickstoffs.

Die maximale Sättigung, die erreicht wurde, betrug 2,6%. Die Linienbreite der NAR-Absorption ($\Delta \nu_3 \approx 19$ kHz) für Übergänge $\Delta m = \pm 3$ wurde über die Messung des Verhältnisses M_z/M_0 als Funktion der akustischen Sättigungsfrequenz bei ungeändertem Wert des äußeren konstanten Magnetfeldes und der Hochfrequenzspannung (etwa 350 V) am Quarz bestimmt (s. § 25, Abb. 14 und 15).

Als mögliche Gründe für die ($\Delta m = \pm 3$)-Übergänge werden in der Arbeit folgende Mechanismen betrachtet: 1. mechanische oder elektrische Resonanz im System

Probe + NMR-Spule; 2. parasitäre Hochfrequenzleistung, die in der Probe gestreut wird; 3. durch den Schall induzierte magnetische Oktupolübergänge $\Delta m = \pm 3$; 4. gleichzeitige Quadrupolübergänge $\Delta m = \pm 2$ und $\Delta m = \pm 1$ zweier benachbarter In^{115}-Kerne; 5. elektrische Sechzehnpolübergänge $\Delta m = \pm 3$.

Der erste Grund für die Sättigung der ($\Delta m = \pm 3$)-Übergänge wurde experimentell sicher ausgeschlossen. Insbesondere wurde dei direktem Anschluß der NMR-Spule des Spektrometers an den Generator, der den akustischen Transducer mit Hochfrequenz versorgte (bei der dreifachen LARMOR-Frequenz) keinerlei Sättigung bemerkt; ein Beweis dafür, daß die parasitäre Leistung keinen Einfluß auf die Sättigung hat.

Die Energie der magnetischen Oktupolwechselwirkung eines Kerns ist etwa $(R_n/a)^2 \approx 10^{-10}$mal kleiner als seine magnetische Dipolwechselwirkung (R_n: Kernradius, a: Gitterkonstante). Weil es nur an der Grenze der Empfindlichkeit der experimentellen Methoden in der akustischen Resonanz gelingt, durch den Schall induzierte magnetische Dipolübergänge nachzuweisen, können die magnetischen Oktupolübergänge schwerlich eine wesentliche Rolle bei der akustischen Sättigung spielen.

Die nächste Möglichkeit der Sättigung besteht darin, daß der Schall die Quadrupolwechselwirkung des In^{115}-Kerns mit dem elektrischen Feldgradienten moduliert, der durch das Quadrupolmoment eines benachbarten In^{115}-Kerns erzeugt wird. Der eine Kern führt dann einen Übergang $\Delta m = \pm 2$ aus, der andere einen Übergang $\Delta m = \pm 1$. Die entsprechende Wechselwirkungsenergie beträgt größenordnungsmäßig

$$\hat{\mathscr{H}}^t_{QQ} \approx \frac{\mathrm{E}(t)}{r_{jk}^5} [\gamma_Q{}^j \hat{Q}^j_{\pm 2} \gamma_Q{}^k \hat{Q}^k_{\pm 1} + \gamma_Q{}^j \hat{Q}^j_{\pm 1} \gamma_Q{}^k \hat{Q}^k_{\pm 1}]. \quad [35.9)$$

r_{jk} ist der Abstand des Kernes j vom Kern k, $\gamma_Q{}^j$ und $\gamma_Q{}^k$ sind ihre Antishielding-Faktoren. Die Rolle dieser Prozesse bei der Sättigung wurde durch die folgenden beiden

Experimente geklärt. Erstens wurde der Versuch unternommen, das In-Spektrum durch gleichzeitige Anregung der Übergänge $\Delta m = \pm 2$ der In-Kerne und der Übergänge $\Delta m = \pm 1$ der As-Kerne durch Schall der Frequenz $\nu_a = 2\nu_0^{\mathrm{In}} + \nu_0^{\mathrm{As}}$ zu sättigen (ν_0^{In} und ν_0^{As} sind die LARMOR-Frequenzen der In- bzw. As-Kerne). Solche Übergänge entstehen bei der Modulation der Quadrupol-Wechselwirkungsenergie benachbarter Kerne In^{115} und As^{75} durch den Schall. Nach einer groben Abschätzung ergibt diese Möglichkeit eine Wechselwirkung, die etwa um einen Faktor 10 stärker ist als (35.9) für zwei In-Kerne. Zweitens wurden vom Schall induzierte ($\Delta m = \pm 3$)-Übergänge im Spektrum von As^{75} gesucht. Der Kern von As^{75} ($I = 3/2$) hat kein Sechzehnpolmoment, und daher können Übergänge $\Delta m = \pm 3$ nur als gemeinsame Übergänge $\Delta m = \pm 2$ und $\Delta m = \pm 1$ zweier benachbarter As^{75}-Kerne erfolgen.

Der negative Ausgang beider Versuche spricht gegen die Teilnahme der Quadrupol-Quadrupol-Wechselwirkung benachbarter Kerne am Prozeß der akustischen Sättigung.

Die Autoren der Arbeit [4] erklären die aufgetretene Sättigung mit dem Auftreten elektrischer Sechzehnpolübergänge, die durch den Schall induziert werden. Zur Erklärung der experimentellen Resultate muß angenommen werden, daß das Sechzehnpolmoment von In^{115} gleich $K_4 = 10^{-47}\,\mathrm{cm}^4$ ist, daß der Antishieldingfaktor des Sechzehnpolmoments hundertmal größer als der des Quadrupolmoments ist (für In^{115} gleich 10^3) und daß für die Sättigung der ($\Delta m = \pm 3$)-Übergänge eine vierhundertmal größere akustische Energie benötigt wird als für die Anregung der Quadrupolübergänge.

Sechzehnpolübergänge $\Delta m = \pm 4$ wurden nicht beobachtet. In [4] wird diese Tatsache mit der Winkelabhängigkeit der Wahrscheinlichkeit für die Sechzehnpolübergänge (36.5) erklärt. Die Richtungen der Schallausbreitung und des magnetischen Feldes wurden im Experiment so gewählt, daß eine maximale Wahrscheinlichkeit für die ($\Delta m = \pm 3$)-Übergänge gewährleistet war (diese Wahrscheinlichkeit wurde bei Abweichung von den optimalen Richtungen kleiner). Die Wahrscheinlichkeit der ($\Delta m = \pm 4$)-Übergänge betrug bei diesen Bedingungen 1/3 ihres Maximalwertes und entsprach einer Sättigung von weniger als 1%, die schwerlich nachweisbar ist.

Leider wird in der Arbeit [4] eine Möglichkeit zur Anregung von ($\Delta m = \pm 3$)-Übergängen nicht betrachtet, die darin besteht, daß die Niveaus der magnetischen Resonanz nicht streng durch eine Quantenzahl m charakterisiert werden. Infolge der Spin-Spin-Wechselwirkungen und der Wechselwirkung der Kerne mit den Gitterdefekten sind der Wellenfunktion Ψ_m eines jeden Niveaus m Spinzustände mit anderen Quantenzahlen m' beigemischt:

$$\Psi_m = \chi_m + \sum_{m'} C_{mm'} \chi_{m'}.$$

Die Koeffizienten $C_{mm'}$ sind größenordnungsmäßig gleich dem Verhältnis der Linienbreite zur Resonanzfrequenz. Die Beimischung anderer Spinzustände macht „verbotene" Übergänge möglich, deren Wahrscheinlichkeit um einen Faktor $C^2_{mm'}$ geringer ist als die der erlaubten. Wenn man die in der Arbeit [3] beobachteten ($\Delta m = \pm 3$)-Übergänge als durch den Schall angeregte „verbotene" Übergänge ansieht, so muß ihre Wahrscheinlichkeit ungefähr 10^5mal kleiner als die der erlaubten Quadrupolübergänge sein ($\Delta\nu \approx 19$ kHz, $\nu \approx 4{,}9$ MHz).

Die Parameter $C_{mm'}$ können unabhängig durch Vergleich der durch das äußere magnetische Wechselfeld induzierten Wahrscheinlichkeiten für die erlaubten ($\Delta m = \pm 1$)- und die verbotenen ($\Delta m = \pm 2$)-Übergänge abgeschätzt werden.

Es muß angemerkt werden, daß kubische Kristalle nicht sehr geeignet zur Beobachtung von Sechzehnpolübergängen sind. Günstige Bedingungen existieren in Kristallen mit niedrigerer Symmetrie, in denen die Kerne ein Quadrupolresonanzspektrum aufweisen. Bringt man sie in ein konstantes Feld, so sind die Abstände zwischen allen Spinenergieniveaus ungleich, so daß es möglich ist, Übergänge zwischen jedem geeigneten Paar von Niveaus einzeln anzuregen.

Eine Betrachtung der Operatoren (35.2) zeigt, daß Sechzehnpolübergänge $\Delta m = \pm 3$ zwischen den Energieniveaus $\pm 3/2$ verboten sind, ähnlich wie die Quadrupolübergänge $\Delta m = \pm 1$ zwischen den Niveaus $\pm 1/2$ verboten sind. Dieser Umstand ist günstig für die Identifizierung der Sechzehnpolübergänge, deren Existenz bis zum heutigen Tage als noch nicht endgültig geklärt angesehen werden muß.

§ 36. Doppelresonanz unter Beteiligung der kernakustischen Übergänge

In den letzten Jahren wurden in der Hochfrequenzspektroskopie verstärkt Doppelresonanzmethoden eingesetzt (z. B. Elektron-Kern-, Kern-Kern-Doppelresonanz). Es zeigte sich, daß man in vielen Fällen eine wesentliche Erhöhung der Empfindlichkeit und des Auflösungsvermögens von Messungen bei einer der Resonanzfrequenzen erreichen kann, wenn man gleichzeitig Resonanzübergänge an einem anderen Paar von Niveaus im diskreten Spektrum des Teilchens im Festkörper anregt. Es existiert eine Vielzahl von Doppelresonanzvarianten, die sich z. B. durch die an der Doppelresonanz beteiligten Teilchen (Elektronen, Kerne), durch den Typ des diskreten Spektrums, die Art der Übertragung der Anregung von einem Paar von Niveaus zu einem anderen, durch die Art der Relaxationsprozesse, die Methode des Nachweises der Resonanz (Impuls- bzw. stationäre Methode) unterscheiden.

Man kann erwarten, daß die Methode der Doppelresonanz unter Beteiligung akustischer Schwingungen bestimmte Vorteile im Vergleich zu den direkten NAR-Methoden bringt. Faktisch gehören alle beschriebenen

Methoden zur indirekten Beobachtung der NAR mit Hilfe der Sättigung der NMR-Linien durch Ultraschall zu den Doppelresonanzmethoden.

Besonderes Interesse verdienen die Perspektiven, die die Doppelresonanz bezüglich des Nachweises der akustischen Resonanz an Kernen mit einem Spin 1/2 eröffnet, deren Wechselwirkung mit dem Schall bedeutend schwächer ist als bei den Kernen mit einem Quadrupolmoment. ABRAGAM und PROCTOR [7] fanden, daß durch Anregung akustischer Übergänge bei der Differenz der LARMOR-Frequenzen von zwei Kernsorten wegen der Modulation ihrer magnetischen Dipol-Dipol-Wechselwirkung ein Effekt entsteht, der an den bei der dynamischen Kernpolarisation auftretenden Festkörpereffekt (solid state effect) [8] erinnert. Die Vergrößerung der Polarisation (d. h. der Magnetisierung M_z) der Kerne führt zu einem Anwachsen des NMR-Signals und ermöglicht es somit, akustische Übergänge nachzuweisen.

Zur Erklärung dieses Vorgangs betrachten wir die ZEEMAN-Niveaus eines Systems von zwei nichtäquivalenten Kernen mit Spins $I = 1/2$ und $J = 1/2$. In Abb. 30 sind die vier Energieniveaus $E_{m_J m_I}$ dargestellt. Der Einfachheit halber wird angenommen, daß die Lage dieser Niveaus durch die magnetische Dipolwechselwirkung der Kerne nur vernachlässigbar beeinflußt wird.

Die Kernpolarisation wird gegeben durch

$$\mathscr{P}_I = \langle \hat{I}_z \rangle = \sum_m N_m \langle m \mid \hat{I}_z \mid m \rangle \,/\, \sum_m \langle N_m \rangle . \qquad (36.1)$$

Hierbei ist über alle ZEEMAN-Niveaus des Spins I zu summieren. N_m ist die Besetzungszahl eines solchen Niveaus. In der Spalte a von Abb. 30 sind die relativen Werte der Besetzungszahlen $N_{m_J m_I}$ der Niveaus (m_J, m_I) bei thermischem Gleichgewicht mit dem Gitter angegeben ($\Delta = \hbar\omega_J{}^0/kT$, $\delta = \hbar\omega_I{}^0/kT$; T: Gittertemperatur; $\omega_J{}^0$ und $\omega_I{}^0$: LARMOR-Frequenzen der Kerne).

Damit erhält man für das thermische Gleichgewicht (bei $\Delta, \delta \ll 1$)

$$\mathscr{P}_I{}^0 = -\frac{\delta}{4}, \quad \mathscr{P}_J{}^0 = -\frac{\Delta}{4}. \tag{36.2}$$

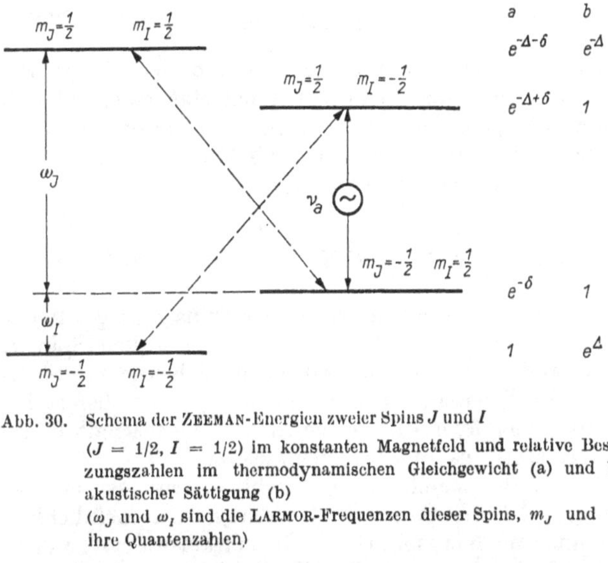

Abb. 30. Schema der ZEEMAN-Energien zweier Spins J und I ($J = 1/2$, $I = 1/2$) im konstanten Magnetfeld und relative Besetzungszahlen im thermodynamischen Gleichgewicht (a) und bei akustischer Sättigung (b) (ω_J und ω_I sind die LARMOR-Frequenzen dieser Spins, m_J und m_I ihre Quantenzahlen)

Wir nehmen an, daß der Ultraschall Resonanzübergänge zwischen den Niveaus $E_{1/2,-1/2} \leftrightarrows E_{-1/2,1/2}$ mit einer Frequenz, die gleich der Differenz der LARMOR-Frequenzen der betrachteten Kerne ist, anregt. Solche Übergänge sind wegen der Modulation der Anteile der magnetischen Dipol-Dipol-Wechselwirkung der Kerne (4.11), die proportional zu den Operatoren

$$\hat{J}_+\hat{I}_- + \hat{J}_-\hat{I}_+ \tag{36.3}$$

sind, durch das Schallfeld möglich. Ist die Intensität des Ultraschalls so groß, daß Sättigung auftritt, so ist $N_{1,2,-1.2} = N_{-1/2,1/2}$. Die Besetzungen der anderen

Niveaus hängen von den vorherrschenden Relaxationsprozessen ab. Nimmt man an, daß die Spin-Gitter-Relaxation der Spinsorte J (gestrichelte Linie in Abb. 30) bedeutend schneller verläuft als die der anderen Spins, so finden wir mit (9.2) für die stationäre Sättigung

$$N_{1/2,-1/2}/N_{-1/2,-1/2} = N_{1/2,1/2}/N_{-1/2,+1/2} = e^{-\Delta}. \quad (36.4)$$

Dieser Ausdruck gibt die relativen Werte der Besetzungszahlen der Spinniveaus bei stationärer akustischer Sättigung der Frequenz $\omega_J - \omega_I$ im dynamischen Gleichgewicht an (Spalte b in Abb. 30). Man sieht sofort, daß unter diesen Bedingungen

$$\mathscr{P}_J = \mathscr{P}_I = \mathscr{P}_J{}^0 = -\frac{\Delta}{4} \quad \text{bei} \quad \Delta \ll 1 \quad (36.5)$$

gilt, d. h., die Kernpolarisation der Spins I ist gleich der Gleichgewichtspolarisation der Kerne mit dem Spin J. Eine Änderung der Polarisation der I-Kerne bei Sättigung des Übergangs der Frequenz $\omega_J - \omega_I$ liefert Informationen über die verschiedenen Eigenschaften des Spinsystems, insbesondere der I-Kerne.

Damit der beschriebene Effekt eintritt, ist es notwendig, daß die akustische Übergangswahrscheinlichkeit P^A und die Kernspin-Gitter-Relaxationswahrscheinlichkeit W_I der I-Kerne bzw. W_J der J-Kerne der Ungleichung

$$W_J \gg P^A \gg \mathrm{W}_I \quad (36.6)$$

genügen. Wahrscheinlich sind LiF-Einkristalle die Proben, die diesen Forderungen am besten genügen, weil sich die Spin-Gitter-Relaxationszeiten von F^{19}- und Li^6-Kernen sehr unterscheiden: Bei Zimmertemperatur beträgt T_1 von F^{19}-Kernen etwa 10^2 s, und von Li^6 liegt T_1 in der Größenordnung einer Woche. Zur Erfüllung der Ungleichung (36.6) ist es in diesem Falle nötig, daß P^A bei $10^{-4}\,s^{-1}$ liegt. Wir schätzen nun ab, welche Schallintensität dazu notwendig ist.

Die Größenordnung der uns interessierenden Wahrscheinlichkeit für den akustischen Übergang kann man mit Gleichung (6.10) abschätzen. Setzen wir $\gamma_F/2\pi = 4007$ Hz/G, $\gamma_{Li}/2\pi = 626$ Hz/G, $a = 4 \cdot 10^{-8}$ cm und $\Delta\nu = 12$ kHz ein [9], so finden wir $P^A \approx 300\, E_0^2$. Folglich wird die Bedingung (36.6) erfüllt, wenn die Amplitude der akustischen Deformation E_0 etwa 10^{-3} bis 10^{-4} beträgt, was z. B. für Frequenzen von 10^7 Hz einer Schallintensität der Größenordnung von 50 W/cm² entspricht.

Die oben durchgeführten Betrachtungen sind ohne Änderung gültig, wenn die Spins J Elektronenspins sind. In diesem Falle ist die Spin-Gitter-Relaxationszeit T_{1J} praktisch immer wesentlich kürzer als T_{1I}, was günstig für die Erfüllung der Ungleichung (36.6) ist. Der Grenzwert der Vergrößerung der Kernpolarisation, der in einem konkreten Fall erreicht werden kann, ist gleich dem Verhältnis der magnetischen Momente von Elektron und Kern, d. h. liegt größenordnungsmäßig bei 10^3. Ein wesentlicher Unterschied der dynamischen Kernpolarisation unter Beteiligung von Elektronenspins besteht darin, daß die akustische Sättigungsfrequenz $\omega_a = \omega_J - \omega_I$ nahe bei der Frequenz der Elektronenresonanz und nicht der Kernresonanz liegt. Daher muß man, um eine dynamische Kernpolarisation auf diese Weise zu erreichen, zum Zwecke einer merklichen Sättigung in die Probe ausreichend intensiven Schall bei einer Frequenz von etwa 10^{10} Hz einstrahlen, was erhebliche technische Schwierigkeiten bereitet.

Eine andere Möglichkeit besteht in der Beobachtung der akustischen Resonanz an Kernen, die in üblicher Weise dynamisch polarisiert wurden, d. h. mit Hilfe eines magnetischen Wechselfeldes. Für ein solches Wechselfeld sind die Übergänge $E_{1/2,-1/2} \leftrightarrows E_{-1/2,1/2}$ durch Auswahlregeln verboten. Jedoch können diese verbotenen Übergänge bei hinreichender Intensität des Wechselfeldes gesättigt werden. Diese Übergänge entstehen folgendermaßen:

Die Wellenfunktionen der Spinniveaus können nur in nullter Näherung durch zwei Quantenzahlen m_J und m_I charakterisiert werden. Infolge der zwischen den Kernen und Elektronen bestehenden Dipol-Dipol-Wechselwirkung können die Eigenfunktionen von jedem der Niveaus $E_{m_J m_I}$ in der Form

$$\Psi_{m_J,m_I} = \chi_{m_J}\chi_{m_I} + \alpha\chi_{m'_J}\chi_{m_I} + \beta\chi_{m_J}\chi_{m'_I} + \gamma\chi_{m'_J}\chi_{m'_I} + \cdots \tag{36.7}$$

geschrieben werden; χ_{m_J} und χ_{m_I} sind die Spinfunktionen von Elektron und Kern. α, β und γ sind kleine Größen. Sie liegen in der Größenordnung des Verhältnisses der Dipol-Wechselwirkungsenergie Kern-Elektron zu ihrer ZEEMAN-Energie. Die Wahrscheinlichkeit für einen verbotenen Übergang ist um einen Faktor α^2, β^2, ... kleiner als für einen erlaubten; jedoch kann man, wie Experimente zeigen, bei verbotenen Übergängen oftmals totale Sättigung erreichen. Die weitere Berechnung der Größe der Kernpolarisation erfolgt wie oben.

Der Nachweis dieser Polarisation kann sowohl mit den Methoden der NMR als auch mit den Methoden der NAR erfolgen. Im letzteren Falle muß der Kernspin größer als 1/2 sein. BREITBART und BARKER [10] untersuchten theoretisch die Möglichkeiten, dynamische Polarisation in Festkörpern mit den Methoden der NAR nachzuweisen. Sie betrachteten die Sättigung der verbotenen elektromagnetischen Übergänge in einem System von 8 Energieniveaus (ZEEMAN-Energien eines Kernspins $I = 3/2$ und eines Elektronenspins $S = 1/2$) in einem kubischen Kristall. Als Wechselwirkungen, die für die Mischung der Wellenfunktionen mit verschiedenen Paaren von Quantenzahlen m_S, m_I verantwortlich sind, wurde die magnetische Dipol-Dipol-Wechselwirkung der Kerne mit den Elektronen und die elektrische Quadrupolwechselwirkung der Kerne mit den Gitterdefekten angenommen. Die Berechnung der Vergrößerung der NMR- und NAR-Signale (Übergänge $\Delta m = \pm 1$ und $\Delta m = \pm 2$) bei dynamischer Kernpolarisation zeigte, daß bis zu Temperaturen der Größenordnung 1 K die Vergrößerung aller drei Linien gleich ist und $-\omega_s^0/\omega_I^0$ beträgt. Unterschiede treten erst bei noch niedrigeren Temperaturen auf, wenn die Kern-Zeeman-Energie vergleichbar mit kT wird.

Der negative Wert des Vergrößerungsfaktors weist darauf hin, daß die oberen Energieniveaus der Kernspins bei der dynamischen Polarisation stärker besetzt sind als die unteren. In diesem Zustand strahlt das System mehr Phononen der Frequenz ω_I^0 und $2\omega_I^0$ ab als es absorbiert. Das heißt, es wirkt wie ein Phononen-Maser [11 bis 13].

Analog zur Elektronen-Kern-Doppelresonanz [14] existiert eine andere Nachweismethode der NAR, bei der die Resonanzübergänge zwischen den Kernspinenergieniveaus über den Einfluß auf die paramagnetische Elektronenresonanz der mit den Kernen wechselwirkenden magnetischen Elektronenmomente nachgewiesen werden.

Die Bedingungen, die an eine Probe gestellt werden müssen, um an ihr Elektronen-Kern-Doppelresonanz beobachten zu können, sind ziemlich hart. Insbesondere ist es nötig, daß die Proben eine ausreichende Zahl von paramagnetischen Elektronenmomenten enthalten, die mit den Kernen in Wechselwirkung stehen. Diese Bedingungen werden am besten von einigen Halbleitern mit paramagnetischen Verunreinigungen und Defekten, von Einkristallen des NaCl-Typs mit F-Zentren und einer Reihe anderer Substanzen erfüllt.

Ein Hauptproblem bei der Durchführung von magnetoakustischen Elektronen-Kern-Doppelresonanzen ist die Frage nach der Größe und dem Ursprung der akustischen Resonanzabsorption von Kernen, die sich in Wechselwirkung mit anderen paramagnetischen Teilchen befinden. Baschkirow und Kopwillem [15] schätzten die Größe der Schallabsorption von Siliziumkernen ab, die sich neben im Gitter eingebauten Donatoratomen befinden, und auch von den Kernen der Donatoratome. Dabei wurde angenommen, daß die Kopplung der Kernspins mit dem Schall über die Modulation ihrer magnetischen Hyperfeinwechselwirkung mit den Donatorelektronen erfolgt.

Die Arbeit von DEIGEN und SHERU [16] behandelt detailliert die Berechnung der Absorptionskoeffizienten der akustischen Resonanz von Kernen in kubischen Kristallen, die sich in der Koordinationssphäre eines lokalen Elektronenzentrums befinden. Die Autoren benutzten als Operator der Spin-Phonon-Kopplung den von ihnen früher [17] gruppentheoretisch abgeleiteten phänomenologischen HAMILTON-Operator und berechneten den NAR-Absorptionskoeffizienten für verschiedene Richtungen des Wellenvektors und der Schallpolarisation relativ zu den Kristallachsen. Die in [16] durchgeführten numerischen Abschätzungen für F-Zentren in KCl-Einkristallen zeigten, daß Schall relativ geringer Intensität (etwa 2 W/cm^2) eine wesentliche Sättigung der Kernspinniveaus verursacht. Diese Sättigung kann durch ihren Einfluß auf die Resonanz-Linie der F-Zentren nachgewiesen werden.

Literatur

[1] A. ABRAGAM, W. G. PROCTOR, Phys. Rev. **109**, 1441, 1958.
[2] R. I. MAHLER, H. P. MAHON, W. H. TANTTILA, Phys. Rev. Letters **10**, 395, 1963.
[3] J. M. ZIMAN, Electrons and Phonons, Oxford, 1960.
[4] R. I. MAHLER, L. W. JAMES, W. H. TANTTILA, Phys. Rev. Letters **16**, 259, 1966.
[5] R. I. MAHLER, Phys. Rev. **152**, 325, 1966.
[6] T. C. WANG, Phys. Rev. **99**, 566, 1956.
[7] A. ABRAGAM, W. G. PROCTOR, C. R. Acad. Sci. **246**, 1258, 1958.
[8] C. D. JEFFRIES, Dynamic Nuclear Orientation, New York—London—Sydney, 1963.
[9] E. BRUN, H. MAHON, Helv. Phys. Acta **39**, 203, 1966.

[10] M. D. S. Breitbart, W. A. Barker, J. Acoust. Soc. America **41**, 557, 1967.
[11] C. H. Townes, Proc. Quantum Electronics Conf., New York, 1960, S. 402.
[12] U. C. Kopwillem, W. D. Korepanow, Shurn. eksper. teor. Fis. **41**, 221, 1961; Fis. twerd. Tela **3**, 2014, 1961.
[13] C. Kittel, Phys. Rev. Letters **6**, 449, 1961.
[14] Elektronenspinresonanz (russ.), Artikelsammlung, Moskau, Verlag IL, 1962.
[15] S. S. Baschkirow, U. C. Kopwillem, V. Allunionskonferenz über Halbleiterphysik, Zusammenfassung der Vorträge, Baku 1962, S. 9.
[16] M. F. Deigen, I. I. Sheru, Fis. twerd. Tela **9**, 2611, 1967.
[17] M. F. Deigen, I. I. Sheru, Fis. twerd. Tela **9**, 1679, 1967.

Anhang

A. Irreduzible Spintensoren

Der Spinoperator $\hat{I}$ ist ein Vektoroperator. Das bedeutet, daß sich bei Drehung des Koordinatensystems seine Komponenten $\hat{I}_x$, $\hat{I}_y$, $\hat{I}_z$ wie die Komponenten eines Vektors oder wie die Koordinaten transformieren. Anstelle der kartesischen Komponenten des Spinvektors verwendet man günstigerweise die Linearkombinationen

$$\hat{I}_z, \hat{I}_\pm = \hat{I}_x \pm i\hat{I}_y; \tag{A.1}$$

für den Kommutator ergibt sich

$$[\hat{I}_z, \hat{I}_\pm] = \pm\hat{I}_\pm, \; [\hat{I}_+, \hat{I}_-] = 2\hat{I}_z. \tag{A.2}$$

Es ist bequem, die Operatoren (A.1) einzuführen, da man ihre Matrixelemente mit den Eigenfunktionen $\chi(I, m)$

des Operators $\hat{I}_z$ leicht angeben kann:

$$\langle \chi(I, m) \mid \hat{I}_z \mid \chi(I, m') \rangle = m\, \delta_{mm'}, \tag{A.3}$$

$$\langle \chi(I, m) \mid \hat{I}_\pm \mid \chi(I, m') \rangle = \sqrt{(I + m)(I - m + 1)}\, \delta_{m', m \mp 1}. \tag{A.4}$$

Es ist klar, daß sich das Produkt zweier Spinkomponenten wie ein Tensor zweiten Ranges transformiert, das Produkt dreier Spinkomponenten wie ein Tensor dritten Ranges usw. Aus den Spinkomponenten lassen sich irreduzible Spintensoren $\hat{T}_{Lm}$ vom Rang L ($L = 0, 1, 2, \ldots$) konstruieren, die eine Gesamtheit von $(2L + 1)$ Operatoren $\hat{T}_{Lm}$ mit $m = L, L - 1, L - 2, \ldots, -L$ darstellen und sich bei Drehungen wie Kugelfunktionen der Ordnung L transformieren:

$$\hat{\tilde{T}}_{Lm} = \sum_{m'} D^L_{mm'}(\varphi, \theta, \psi)\, \hat{T}_{Lm'}. \tag{A.5}$$

Hier ist $\hat{\tilde{T}}_{Lm}$ die Komponente m des Spintensors vom Rang L in einem Koordinatensystem, das gegenüber dem anfänglichen System um die Eulerschen Winkel φ, θ, ψ verdreht ist. Die Elemente der Drehmatrix sind aus der Gruppentheorie bekannt [1]:

$$D^L_{m'm}(\varphi, \theta, \psi) = e^{-im'\varphi} e^{-im\psi}\, d^L_{m'm}(\theta). \tag{A.6}$$

$$d^L_{m'm}(\theta) = \sum_{s=-\infty}^{+\infty} \frac{(-1)^s [(L+m)!\,(L-m)!\,(L+m')!\,(L-m')!]^{1/2}}{s!\,(L-m'-s)!\,(L+m-s)!\,(m'-m+s)!} \times \left(\cos\frac{\theta}{2}\right)^{2L+m-m'-2s} \left(-\sin\frac{\theta}{2}\right)^{m'-m+2s}.$$

Dabei ist wie üblich $n! = 1 \cdot 2 \cdot 3 \cdot \cdots \cdot n$, und es wird $0! = 1$, $(n!)^{-1} = 0$ bei $n < 0$ angenommen.

Es existiert ein Theorem, welches besagt, daß ein beliebiger Spinoperator in eine Summe irreduzibler Spintensoren zerlegt werden kann. Der Grund für die Einführung irreduzibler Spintensoren liegt nicht nur darin, daß man sie relativ einfach in andere Koordinatensysteme transformieren und auch die Matrixelemente relativ leicht berechnen kann. Der tiefere Grund besteht darin, daß durch die irreduziblen Tensoroperatoren die Multipolmomente des Kerns dargestellt werden: das magnetische Dipolmoment durch den Tensor ersten Ranges $\hat{T}_{1m}$, das elektrische Quadrupolmoment durch $\hat{T}_{2m}$ usw.

Die in der Kernresonanz häufig verwendeten irreduziblen Tensoroperatoren ersten und zweiten Ranges lauten:

$$\hat{T}_{1,0} = \hat{I}_z, \; \hat{T}_{1,\pm 1} = \mp \frac{1}{\sqrt{2}} \hat{I}_{\pm}, \tag{A.7}$$

$$\hat{T}_{2,0} = 3\hat{I}_z^2 - I(I+1), \quad \hat{T}_{2,\pm 1} = \mp \sqrt{\frac{3}{2}} (\hat{I}_{\pm}\hat{I}_z + \hat{I}_z\hat{I}_{\pm}),$$

$$\hat{T}_{2,\pm 2} = \sqrt{\frac{3}{2}} (\hat{I}_{\pm})^2. \tag{A.8}$$

Die Drehmatrizen für sie haben die Form:

$$d^1_{m'm}(\theta) = \begin{vmatrix} \frac{1+\cos\theta}{2} & -\frac{\sin\theta}{\sqrt{2}} & \frac{1-\cos\theta}{2} \\ \frac{\sin\theta}{2} & \cos\theta & -\frac{\sin\theta}{\sqrt{2}} \\ \frac{1-\cos\theta}{2} & \frac{\sin\theta}{\sqrt{2}} & \frac{1+\cos\theta}{2} \end{vmatrix}, \tag{A.9}$$

$$d^2_{m'm}(\theta) = \begin{vmatrix} \cos^4\frac{\theta}{2} & -\sin\theta\cos^2\frac{\theta}{2} & \frac{\sqrt{6}}{4}\sin^2\theta & -\sin\theta\sin^2\frac{\theta}{2} & \sin^4\frac{\theta}{2} \\ \sin\theta\cos^2\frac{\theta}{2} & \cos^2\frac{\theta}{2}\left(1-4\sin^2\frac{\theta}{2}\right) & -\frac{\sqrt{6}}{4}\sin 2\theta & -\sin^2\frac{\theta}{2}\left(1-4\cos^2\frac{\theta}{2}\right) & -\sin\theta\sin^2\frac{\theta}{2} \\ \frac{\sqrt{6}}{4}\sin^2\theta & \frac{\sqrt{6}}{4}\sin 2\theta & 1-\frac{3}{2}\sin^2\theta & -\frac{\sqrt{6}}{4}\sin 2\theta & \frac{\sqrt{6}}{4}\sin^2\theta \\ \sin\theta\sin^2\frac{\theta}{2} & -\sin^2\frac{\theta}{2}\left(1-4\cos^2\frac{\theta}{2}\right) & \frac{\sqrt{6}}{4}\sin 2\theta & \cos^2\frac{\theta}{2}\left(1-4\sin^2\frac{\theta}{2}\right) & -\sin\theta\cos^2\frac{\theta}{2} \\ \sin^4\frac{\theta}{2} & \sin\theta\sin^2\frac{\theta}{2} & \frac{\sqrt{6}}{4}\sin^2\theta & \sin\theta\cos^2\frac{\theta}{2} & \cos^4\frac{\theta}{2} \end{vmatrix} \tag{A.10}$$

Die Beziehung (A.5) definiert die Operatoren $\hat{T}_{Lm}$ bis auf einen für alle Operatoren konstanten Faktor a_L. Um diese Unbestimmtheit zu beseitigen, werden die Tensoren normiert. Eine der häufigsten gebrauchten Normierungen lautet

$$\mathrm{Sp}\, \hat{T}_{Lm} \hat{T}^{\dagger}_{Lm} = 1\,, \tag{A.11}$$

wo $\hat{T}^{+}_{Lm}$ den hermitesch konjugierten Operator darstellt.

Insbesondere muß man, um die Forderung (A.11) zu erfüllen, die Operatoren (A.7) und (A.8) mit den Konstanten

$$a_1 = 2\sqrt{3}\,[(2I+2)\,2I\,(2I+1)]^{-1/2}\,, \tag{A.12}$$

$$a_2 = 2\sqrt{5}\,(2I+3)\,(2I+2)\,(2I+1)\,2I(2I-1)]^{-1/2} \tag{A.13}$$

multiplizieren.

Zum Abschluß seien einige nützliche Beziehungen aufgeführt, die für irreduzible Tensoren beliebigen Ranges gelten:

$$[\hat{I}_z, \hat{T}_{Lm}] = m\hat{T}_{Lm}\,, \tag{A.14}$$

$$[\hat{I}_{\pm}, \hat{T}_{Lm}] = \sqrt{(L \mp m)\,(L \pm m + 1)}\; \hat{T}_{L,m\pm 1}\,, \tag{A.15}$$

$$\hat{T}_{L,\pm L} = \mathrm{const}\,(\hat{I}_{\pm})^{L}\,.$$

Die weiteren Komponenten ($m \neq \pm L$) eines Tensoroperators $\hat{T}_{Lm}$ kann man erhalten, wenn man den Kommutator (A.15) auf $\hat{T}_{L,\pm L}$ anwendet.

B. Der Tensor der dynamischen Quadrupolwechselwirkung für verschiedene Symmetrieklassen des Kristallfeldes [2]

Die dynamische Quadrupolwechselwirkung der Kerne mit dem Kristallfeld monokliner Symmetrie (Klasse C_2, C_{2h} und C_{1h}) wird durch 16 unabhängige Parameter, die

$$\|S\| = \begin{vmatrix} S_{11} & S_{12} & S_{13} & 0 & 0 & S_{16} \\ S_{21} & S_{22} & S_{23} & 0 & 0 & S_{26} \\ -(S_{11}+S_{21}) & -(S_{12}+S_{22}) & -(S_{13}+S_{23}) & 0 & 0 & -(S_{16}+S_{26}) \\ 0 & 0 & 0 & S_{44} & S_{45} & 0 \\ 0 & 0 & 0 & S_{54} & S_{55} & 0 \\ S_{61} & S_{62} & S_{63} & 0 & 0 & S_{66} \end{vmatrix} , \tag{B.1}$$

$$\|S\| = \begin{vmatrix} S_{11} & S_{12} & -\frac{S_{33}}{2} & S_{14} & S_{15} & S_{16} \\ S_{12} & S_{11} & -\frac{S_{33}}{2} & -S_{14} & -S_{15} & -S_{16} \\ -(S_{11}+S_{12}) & -(S_{11}+S_{12}) & S_{33} & 0 & 0 & 0 \\ S_{41} & -S_{41} & 0 & S_{44} & S_{45} & S_{46} \\ -S_{46} & S_{46} & 0 & -S_{45} & S_{44} & S_{41} \\ -S_{16} & S_{16} & 0 & -S_{15} & S_{14} & \frac{(S_{11}-S_{12})}{2} \end{vmatrix} \tag{B.2}$$

Elemente des $\|S\|$-Tensors bestimmt. In der Bezeichnungsweise (5.2) hat der Tensor die Form (B. 1) (s. S. 306). Hier und im folgenden liegt die Drehachse längs der Kristallachse x_3 (z-Richtung).

Der $\|S\|$-Tensor für orthorhombische Symmetrie (Klassen D_2, C_{2v} und D_{2h}) kann aus dem Tensor (B. 1) erhalten werden, wenn in ihm $S_{16} = S_{26} = S_{45} = S_{54} = S_{61} = S_{62} = S_{63} = 0$ gesetzt wird.

Der Tensor $\|S\|$ hat für die Klassen C_3 und C_{3i} trigonaler Symmetrie die Gestalt (B.2) (s. S. 306).

Er besitzt 12 unabhängige Elemente.

Um den $\|S\|$-Tensor für die anderen trigonalen Symmetrieklassen und für die tetragonalen und hexagonalen Klassen zu erhalten, kann man (B. 2) verwenden und in folgender Weise vereinfachen:

für die trigonalen Klassen C_{3v}, D_3 und D_{3d} ist $S_{15} = S_{16} = S_{45} = S_{46} = 0$ zu setzen;

für die tetragonalen Klassen C_{4v}, D_2, D_4 und D_{4h} ist $S_{14} = S_{15} = S_{16} = S_{41} = S_{46} = 0$ zu setzen und $(S_{11} - S_{12})/2$ durch S_{66} zu ersetzen;

für die tetragonalen Symmetrieklassen C_4, S_4 und C_{4h} hat man $S_{14} = S_{15} = S_{41} = S_{46} = 0$ zu setzen und $(S_{11} - S_{12})/2$ durch S_{66} sowie $-S_{16}$ in der ersten Spalte durch S_{16} zu ersetzen;

für die Klassen C_6, C_{3h} und C_{6h} hexagonaler Symmetrie ist $S_{14} = S_{15} = S_{41} = S_{46} = 0$ zu setzen;

für die hexagonalen Symmetrieklassen D_{3h}, C_{6v}, D_6 und D_{6h} ist $S_{14} = S_{15} = S_{16} = S_{41} = S_{45} = S_{46} = 0$ zu setzen.

Die $\|S\|$-Tensoren für die kubischen Symmetrieklassen sind in § 5 angegeben.

C. Beispiel für die Berechnung des zweiten Moments der NAR-Linien

Es werde angenommen, daß das Spektrum des Spinsystems äquidistant ist und die Breite der Resonanzlinien durch isotrope Austauschwechselwirkung der Kernspins bestimmt wird:

$$\hat{\mathscr{H}}' = \sum_{i<j} A_{ij} \hat{I}_i \hat{I}_j = \sum_{i>j} A_{ij} \left[\hat{I}_z^{\,i} \hat{I}_z^{\,j} + \frac{1}{2} (\hat{I}_+^{\,i} \hat{I}_-^{\,j} + \hat{I}_-^{\,i} \hat{I}_+^{\,j}) \right]. \tag{C.1}$$

Wir wollen das zweite Moment der NAR-Linien berechnen, die Übergängen $\Delta m = \pm 2$ entsprechen. Der Wechselwirkungsoperator der Kerne mit dem Schallfeld hat in diesem Fall die Form (siehe § 5)

$$\hat{\mathscr{H}}_2^{\alpha} = \sum_{k=1}^{N} [\varepsilon_2(t) (\hat{I}_+^{\,k})^2 + \varepsilon_2^*(t) (\hat{I}_-^{\,k})^2]. \tag{C.2}$$

Bei der Berechnung der Momente benutzen wir die aus der Mathematik bekannte Tatsache, daß die Spur unabhängig von der Darstellung ist, in der die Operatoren gegeben sind. Daher kann eine solche Darstellung gewählt werden, in der der Operator $\hat{I}_z^{\,k}$ eines jeden Teilchens k diagonal ist. Als Basisfunktionen der Darstellung nimmt man in diesem Fall günstigerweise den Satz der $(2I + 1)^N$-Spinfunktionen $\chi(m_1)\, \chi(m_2) \ldots \chi(m_N)$, wo m_k eine der Quantenzahlen des Spins k ist, die die Werte von $-I$ bis I annehmen kann.

Mit diesem Funktionensystem folgt für die Spuren von Spinoperatoren

$$\mathrm{Sp}\, \hat{I}_\alpha^{\,k} = (2I + 1)^{N-1} \sum_{m_k=-I}^{I} \langle m_k | \hat{I}_\alpha^{\,k} | m_k \rangle,$$

$$\mathrm{Sp}\, \hat{I}_\alpha^{\,k} \hat{I}_\beta^{\,l} = (2I + 1)^{N-2} \sum_{m_k=-I}^{I} \langle m_k | \hat{I}_\alpha^{\,k} | m_k \rangle \times \sum_{m_l=-I}^{I} \langle m_l | \hat{I}_\beta^{\,l} | m_l \rangle \quad \text{usw.}$$

Mit den Operatoren (C.1) und (C.2) berechnen wir die Ausdrücke

$$\operatorname{Sp}\{\hat{\mathcal{H}}^a\}^2 = \operatorname{Sp}\sum_{i,j}(\varepsilon\hat{I}_+^{i2} + \varepsilon^*\hat{I}_-^{i2})(\varepsilon\hat{I}_-^{j2} + \varepsilon^*\hat{I}_-^{j2}), \tag{C.3}$$

$$\begin{aligned}
&-\operatorname{Sp}\{[\hat{\mathcal{H}}', \hat{\mathcal{H}}^a]^2\}\\
&= -\operatorname{Sp}\sum_{i<j,\,k<l} A_{ij}A_{kl}\{2[\varepsilon(\hat{I}^i_z\hat{I}_+^{j2} + \hat{I}^j_z\hat{I}_+^{i2})\\
&\quad - \varepsilon^*(\hat{I}_z^j\hat{I}_-^{i2} + \hat{I}_z^i\hat{I}_-^{j2})] - \varepsilon[\hat{I}_+^i(\hat{I}_z^j\hat{I}_+^j + \hat{I}_+^j\hat{I}_z^j)\\
&\quad + \hat{I}_+^j(\hat{I}_z^i\hat{I}_+^i + \hat{I}_+^i\hat{I}_z^i + \varepsilon^*[\hat{I}_-^j(\hat{I}_z^i\hat{I}_-^i + \hat{I}_-^i\hat{I}_z^i)\\
&\quad + \hat{I}_-^i(\hat{I}_z^j\hat{I}_-^j + \hat{I}_-^j\hat{I}_z^j)]]\}\{2[\varepsilon(\hat{I}_z^k\hat{I}_+^{l2} + \hat{I}_z^l\hat{I}_+^{k2})\\
&\quad - \varepsilon(\hat{I}_z^l\hat{I}_-^{k2} + \hat{I}_z^k\hat{I}_-^{l2})] - \varepsilon[\hat{I}_+^k(\hat{I}_z^l\hat{I}_+^l + \hat{I}_+^l\hat{I}_z^l)\\
&\quad + \hat{I}_+^l(\hat{I}_z^k\hat{I}_+^k + \hat{I}_+^k\hat{I}_z^k)] + \varepsilon^*[\hat{I}_-^l(\hat{I}_z^k\hat{I}_-^k + \hat{I}_-^k\hat{I}_z^k)\\
&\quad + \hat{I}_-^k(\hat{I}_z^l\hat{I}_-^l + \hat{I}_-^l\hat{I}_z^l)]]\}.
\end{aligned}\tag{C.4}$$

Die Summation über j in (C.3) und über k und l in (C.4) liefern keinen Beitrag, weil die Operatoren I_+ und $I_\pm{}^2$ keine diagonalen Matrixelemente haben. Nach Berechnung der Spuren erhalten wir

$$\begin{aligned}
\operatorname{Sp}\{\hat{\mathcal{H}}^a\}^2 &= |\varepsilon|^2\operatorname{Sp}\sum_i\{\hat{I}_+{}^2\hat{I}_-{}^2 + \hat{I}_-{}^2\hat{I}_+{}^2\}^i\\
&= \frac{4}{15}I(I+1)(4I^2+4I-3)(2I+1)^N N|\varepsilon|^2;
\end{aligned}$$

$$\begin{aligned}
&-\operatorname{Sp}\{[\hat{\mathcal{H}}', \hat{\mathcal{H}}^a]^2\} = |\varepsilon|^2\operatorname{Sp}\sum_{i>j}A_{ij}^2\{8(\hat{I}_z{}^2)^j(\hat{I}_+{}^2\hat{I}_-{}^2\\
&\quad + \hat{I}_-{}^2\hat{I}_+{}^2)^i + 2[\hat{I}_-^i\hat{I}_+^i(\hat{I}_-^j\hat{I}_z^j\hat{I}_z^j\hat{I}_+^j + \hat{I}_z^j\hat{I}_-^j\hat{I}_z^j\hat{I}_+^j\\
&\quad + \hat{I}_-^j\hat{I}_z^j\hat{I}_+^j\hat{I}_z^j + \hat{I}_z^j\hat{I}_-^j\hat{I}_+^j\hat{I}_z^j) + \hat{I}_+^i\hat{I}_-^i(\hat{I}_z^j\hat{I}_+^j\hat{I}_z^j\hat{I}_-^j\\
&\quad + \hat{I}_z^j\hat{I}_+^j\hat{I}_-^j\hat{I}_z^j + \hat{I}_+^j\hat{I}_z^j\hat{I}_-^j\hat{I}_z^j + \hat{I}_+^j\hat{I}_z^j\hat{I}_z^j\hat{I}_-^j)\\
&\quad + \hat{I}_-^i\hat{I}_z^i\hat{I}_+^i\hat{I}_-^j\hat{I}_z^j\hat{I}_+^j + \hat{I}_-^i\hat{I}_+^i\hat{I}_z^i\hat{I}_-^j\hat{I}_z^j\hat{I}_+^j\\
&\quad + \hat{I}_+^i\hat{I}_z^i\hat{I}_-^i\hat{I}_z^j\hat{I}_+^j\hat{I}_-^j + \hat{I}_+^i\hat{I}_-^i\hat{I}_z^i\hat{I}_z^j\hat{I}_+^j\hat{I}_-^j\\
&\quad + \hat{I}_+^i\hat{I}_z^i\hat{I}_-^i\hat{I}_+^j\hat{I}_z^j\hat{I}_-^j + \hat{I}_+^i\hat{I}_-^i\hat{I}_z^i\hat{I}_+^j\hat{I}_z^j\hat{I}_-^j\\
&\quad + \hat{I}_z^i\hat{I}_-^i\hat{I}_+^i\hat{I}_-^j\hat{I}_z^j\hat{I}_+^j + \hat{I}_z^i\hat{I}_-^i\hat{I}_+^i\hat{I}_-^j\hat{I}_+^j\hat{I}_z^j]\}\\
&= \frac{16}{15}I^2(I+1)^2(2I+1)^N(4I^2-4I-3)\sum_{i>j}A_{ij}^2|\varepsilon|^2.
\end{aligned}$$

Damit ergibt sich für das zweite Moment der Ausdruck

$$M_2 = -\frac{\mathrm{Sp}\{[\hat{\mathscr{H}}' \hat{\mathscr{H}}^a]^2\}}{\hbar^2 \mathrm{Sp}\{\hat{\mathscr{H}}^a\}^2} = \frac{4I(I+1)}{\hbar^2} \sum_{i<j} \frac{A_{ij}^2}{N}.$$

Der Wert des Austauschintegrals A_{ij} verringert sich im allgemeinen schnell mit zunehmendem Abstand zwischen den Kernen i und j. Indem die Kerne an der Oberfläche der Probe vernachlässigt werden, kann man daher annehmen, daß die Summe $\sum_i A_{ij}^2$ nicht vom Index j abhängt. Mit $\sum_{i>j} A_{ji}^2 = \frac{N}{2} \sum_i A_{ji}^2$ finden wir für M_2 endgültig

$$M_2 = \frac{2I(I+1)}{\hbar^2} \sum_i A_{ji}^2. \tag{C.5}$$

Dieser Ausdruck ist identisch mit dem Ergebnis (8.7) für isotrope Austauschwechselwirkung ($D_{ji} = 2C_{ji} = A_{ji}$).

Der Ausdruck (C.5), wie auch alle Momente aus § 8, entsteht durch den in $\hat{\mathscr{H}}_1$-Darstellung diagonalen Anteil des Operators $\hat{\mathscr{H}}'$. Sie werden als adiabatisch bezeichnet, weil die von ihnen hervorgerufene Verbreiterung mit der adiabatischen Verschiebung der Niveaus des Hamilton-Operators $\hat{\mathscr{H}}_1$ verknüpft ist. In einigen Fällen ist es notwendig, kompliziertere Verbreiterungsmechanismen der Resonanzlinien zu berücksichtigen, die von der Mischung der Spinzustände und dem Energieaustausch mit dem dissipativen Untersystem (Gitter) herrühren. Die Berücksichtigung des Einflusses dieser Prozesse auf die Form der Resonanzlinien erfordert die Berechnung nichtadiabatischer zweiter Momente, die durch den Nichtdiagonalanteil des Operators $\hat{\mathscr{H}}'$ verursacht werden. Die nichtadiabatischen zweiten Momente der NAR-Linien in kubischen Ionenkristallen wurden in der Arbeit [3] berechnet. In den Fällen, wo die magnetischen Dipol- und Austauschwechselwirkungen der Kerne (8.4),

$$\hat{\mathscr{H}}' = \sum_{k<j} \sum_{\alpha,\beta=x,y,z} \mathscr{P}_{\alpha\beta}^{kj} \hat{I}_\alpha^k \hat{I}_\beta^j,$$

den Grundbeitrag zur Linienbreite bilden, wurde in [3] folgendes erhalten:

1. akustische Übergänge $\Delta m = \pm 1$:

$$\begin{aligned}
\sigma_{10}^2 &= (2\pi)^{-2} M_2 = \frac{1}{4} I(I+1)\hbar^{-2} \sum_k [5(\mathcal{P}_{xx}^{jk} + \mathcal{P}_{yy}^{jk})^2 \\
&\quad + 4(\mathcal{P}_{zz}^{jk})^2], \\
\sigma_{11}^2 &= I(I+1)\hbar^{-2} \sum_k [5(\mathcal{P}_{xz}^{jk})^2 + 2(\mathcal{P}_{yz}^{jk})^2], \qquad \text{(C.6)} \\
\sigma_{12}^2 &= \frac{5}{4}(I+1)\hbar^{-2} \sum_k [(\mathcal{P}_{xx}^{jk} - \mathcal{P}_{yy}^{jk})^2 + 4(\mathcal{P}_{yx}^{zk})^2];
\end{aligned}$$

2. akustische Übergänge $\Delta m = \pm 2$:

$$\begin{aligned}
\sigma_{20}^2 &= \frac{1}{2} I(I+1)\hbar^{-2} \sum_k [(\mathcal{P}_{xx}^{jk} + \mathcal{P}_{yy}^{jk})^2 + 8(\mathcal{P}_{zz}^{jk})^2], \\
\sigma_{21}^2 &= 5I(I+1)\hbar^{-2} \sum_k [(\mathcal{P}_{xz}^{jk})^2 + (\mathcal{P}_{yz}^{jk})^2], \\
\sigma_{22}^2 &= \frac{1}{2} I(I+1)\hbar^{-2} \sum_k [(\mathcal{P}_{xx}^{jk} - \mathcal{P}_{yy}^{jk})^2 + 4(\mathcal{P}_{xy}^{jk})^2].
\end{aligned}$$

In den Arbeiten [3] wurden auch die zweiten Momente $\sigma_{\alpha y}^2$ für akustische Linien berechnet, die durch elektrische Quadrupolwechselwirkung mit Gitterdefekten verbreitert sind.

Literatur

[1] M. E. Rose, Elementary Theory of the Angular Momentum, New York., John Wiley, 1961.

[2] W. I. Dobrov, Phys. Rev. **134**, Nr. 3A, 734, 1964.

[3] N. G. Koloskowa, U. C. Kopwillem, Fis. twerd. Tela 4, 697, 1962; Physikalische Probleme der Spektroskopie (russ.), II, Verlag der Akademie der Wissenschaften der UdSSR, 1963, S. 133.

Sachwortverzeichnis

Der Verfasser

- **führt den Leser in die Grundlagen der akustischen Resonanz ein**

- **behandelt ausführlich die Theorie der akustischen Kernresonanz**

- **gibt einen Überblick über die Technik der akustischen Kernresonanz und die experimentellen Resultate der Untersuchungen an Festkörpern**

- **wendet sich an Physiker, Studenten der Physik höherer Semester sowie an all jene, die sich mit den Grundlagen und den Anwendungsmöglichkeiten der akustischen Kernresonanz vertraut machen wollen.**

WISSENSCHAFTLICHE TASCHENBÜCHER

FSC
www.fsc.org
MIX
Papier | Fördert gute Waldnutzung
FSC® C083411

Zeitfracht Medien GmbH
Ferdinand-Jühlke-Straße 7
99095 Erfurt, Deutschland
produktsicherheit@kolibri360.de